U0342278

高职高专规划教材

通用机械设备

（第 2 版）

张庭祥　主编

北　京

冶金工业出版社

2018

内 容 提 要

本书主要讲述起重机械、运输机械、泵、风机以及液压传动等方面的基本知识，重点对这些设备的构造、工作原理、性能、类型、选择方法以及使用维护进行了详细阐述。本书理论联系实际，内容全面实用，较大程度地反映了机械设备的新技术与新发展。

本书可作为高职高专冶金工程专业和其他相关专业的教材，也可作为在职人员的培训教材或自学用书。

图书在版编目（CIP）数据

通用机械设备/张庭祥主编 . —2 版 . —北京：冶金工业
出版社，2007. 8 （2018. 8 重印）
高职高专规划教材
ISBN 978-7-5024-4189-0

Ⅰ. 通… Ⅱ. 张… Ⅲ. 通用设备：机械设备—高等学校：
技术学校—教材 Ⅳ. TH4

中国版本图书馆 CIP 数据核字（2007）第 115278 号

出 版 人 谭学余
地 址 北京市东城区嵩祝院北巷 39 号 邮编 100009 电话 （010）64027926
网 址 www. cnmip. com. cn 电子信箱 yjcbs@ cnmip. com. cn
责任编辑 杨 敏 宋 良 美术编辑 李 新 版式设计 张 青
责任校对 石 静 李文彦 责任印制 李玉山
ISBN 978-7-5024-4189-0
冶金工业出版社出版发行；各地新华书店经销；北京印刷一厂印刷
1998 年 6 月第 1 版，2007 年 8 月第 2 版，2018 年 8 月第 13 次印刷
787mm×1092mm 1/16；14.75 印张；392 千字；223 页
26.00 元
冶金工业出版社 投稿电话 （010）64027932 投稿信箱 tougao@ cnmip. com. cn
冶金工业出版社营销中心 电话 （010）64044283 传真 （010）64027893
冶金书店 地址 北京市东四西大街 46 号（100010） 电话 （010）65289081（兼传真）
冶金工业出版社天猫旗舰店 yjgycbs. tmall. com
（本书如有印装质量问题，本社营销中心负责退换）

第 2 版前言

本书为中国钢铁工业协会"十一五"规划教材,是在原冶金部"九五"规划教材《通用机械设备》的基础上重新修订编写的。

全书共分5章,主要讲述起重机械、运输机械、泵、风机以及液压传动等方面的基础知识。本书的特点是对起重机械、运输机械、泵、风机以及液压传动的基本理论与基本概念的阐述力求简明、清晰。着重讲解各种设备的构造、工作原理、性能、类型、安装、使用和维护以及常见故障处理,使其与实际应用相结合。针对高职教育的特点,本教材在修订过程中依据理论内容以"必需够用"的原则,力求突出应用能力和综合职业技能的培养。在修订过程中,删减了一些陈旧过时的内容,增加了一些新技术和新工艺方面的内容,力求满足高职教育课程体系的改革的要求。本书在较大程度上反映了我国起重机械、运输机械、泵、风机以及液压传动技术的发展与进步,并全部使用了国家法定单位和最新标准。

本次修订,主要由张庭祥负责,并得到了太原理工大学王晋生、太钢烧结厂李玉玲、太钢第二炼钢厂李保才、临钢设备处崔振祥、山西工程职业技术学院张颖帅等同志的大力支持和帮助。在修订过程中,参阅了有关文献及国内外生产厂家及公司的相关资料。在此一并表示感谢!

本书适合作为高职高专院校冶金类、机械类专业的教材,也可作为各类业余大学、函授大学、电视大学及中等职业学校相关专业的教学参考书,并可供有关专业的工程技术人员和科技工作者参考使用。

由于编者水平有限,书中难免有不足之处,恳请广大读者批评指正。

编　者
2007 年 3 月

第 1 版前言

本书为高等职业技术学院冶金工程专业教学用书,是冶金部"九五"规划教材。全书共分 5 章,主要讲述起重机械、运输机械、泵、风机以及液压传动等方面的基本知识。

本书着重对各种设备的构造、工作原理、性能、类型、选择方法以及使用维护等进行讲解,以期学生在学过本门课程之后,能具备合理选择和正确使用这些设备的知识。本书的编写力求贯彻少而精和理论联系实际的原则,突出理论知识的应用,加强针对性和实用性,在体现职业技术教育特色方面做了很多努力。此外,本书在较大程度上反映了我国起重机械、运输机械、水泵、风机以及液压传动技术新的发展与进步,并全部使用国家法定单位和最新标准。

本书第 1 章、第 2 章由山西工程职业技术学院冀立平编写,第 3 章由张庭祥和山东省工业学校王庆义编写,第 4 章、第 5 章由张庭祥编写,第 5 章中的 5.4 节和 5.6 节由山西工程职业技术学院白柳编写。全书由张庭祥主编,太原理工大学机械工程系陆世鑫教授主审。在编写过程中,全国冶金职业技术学校冶金机械课程组和冶金工业部教育咨询服务中心教材编辑室给予了大力支持,我们在此深表感谢。

由于编写水平有限,书中难免有一些缺点和错误,敬请广大读者批评指正。

编 者
1997 年 10 月

目　　录

绪　论

钢铁工业作为一个完整的工业门类,是从事黑色金属矿山采选和黑色冶炼加工为主的工业生产单位的统称。在我国现行的《国民经济分类》中,钢铁工业包括金属铁、铬、锰矿山采选、烧结球团、炼铁、炼钢、连续铸钢、钢压延加工、铁合金冶炼、金属丝绳制造等多个工业行业。作为一个全面的生产系统,钢铁工业的生产又必然涉及化学、建材和机械等一些其他工业门类,如焦化、耐火材料、炭素制品、环境保护和冶金机械等,这些工业产品直接关系到钢铁工业的生产能否实现,因此,它们与钢铁工业生产密切相关,在日常生产组织和管理工作中往往将它们与钢铁工业视为一个整体,但从严格意义上来说,它们不应划入钢铁工业范畴内。

冶金工业按其规范含义应该包括黑色金属和有色金属两个工业门类。钢铁工业和冶金工业两个概念在实际管理中往往混淆或相互代用。所以,在涉及一些专业性较强的管理中,或在进行专业间、企业间、行业间和国际间的经济分析、比较和研究中,必须重视这些概念的科学使用。

钢铁工业生产专业化较强,必须配备专门的冶炼设备。但作为一个产业系统,其生产的对象、手段、形式等多种多样,因此,钢铁工业生产又需要大量冶金通用机械设备。冶金通用机械设备是指在各种冶金工业部门均能使用的设备。冶金通用机械设备主要包括起重机械、运输机械、泵、风机、液压传动设备等。

A　通用机械在冶金生产中的地位

在钢铁冶金工业生产中,通用机械设备处于不可缺少的重要地位。在任何生产过程中,原料、半成品及成品的搬运工作是必不可少的。在一个年产 700 万 t 的钢铁联合企业当中,各种物品的流通量就高达 5000 万 t 左右,而且其中多数是要求在高温、快速的情况下完成运输工作的。为了完成这些任务,通常要装备各种类型的起重、运输机械。此外,在生产中,各种起重、运输机械的投入使用,直接影响着生产流程上各种工艺设备的配置情况。这些起重、运输机械便是联系各工艺设备之间的重要组成环节,从而超出了辅助工作的地位。

钢铁冶炼中的各种冶金炉,必须由泵和风机供给冷却水和助燃的空气;在有色湿法冶炼中需要各种泵来输送生产过程中的各种流质。以一个年产 10 余万吨铅、锌、铜的冶金厂为例,它应用的各类泵和风机在 1000 台左右,占全部机械设备的 50% 以上。高炉炼 1t 生铁需要供应 2200~2500m³ 的空气,炼钢炉炼 1t 钢需要十几吨冷却水。可见,对一个冶金厂来说,没有具备相当能力的泵和风机来完成如此大量的流体输送任务,冶金生产是不可能进行的。

液压传动是近几十年来获得迅速发展的一门技术,在冶金机械中得到广泛的使用。如目前在应用着的高炉液压炉顶、液压传动泥炮、全液压炼钢电炉、转炉的液压烟罩提升机、连续铸钢设备、轧钢设备、金属热加工设备、有色金属生产中用的液压锌锭码垛机以及液压传动起重机等。从事冶炼生产的工程技术和实际操作人员,必须熟悉液压传动的性质及有关知识,以适应工作的需要。

B　影响设备生产能力的因素

某种设备的生产能力的大小,决定于设备的数量、设备的有效工作时间和设备生产效率三个因素。

设备的数量是企业可能使用的设备数量。因此，必须包括企业已安装的全部设备，不论这些设备是正在生产、正在修理或因某种原因暂时停止生产的，均应计算在内。设备的有效工作时间是指设备全年最大可能运转的时间。不同的机械设备有效工作时间是不同的。

连续生产的设备有效工作时间可按下式计算：连续生产的设备有效工作时间 = 365 × 24 − 计划大修时间（时）。（有些连续生产的设备，如不以小时而以日为单位，则上式不必乘 24）非连续生产的设备有效工作时间 = （365 天 − 全年节假日天数）× 设备开动班次 × 每班应开动的时数 − 计划检修的时数设备生产效率，通常是指单台设备在单位时间内的最大可能产量。根据上述三个基本因素，设备的生产能力一般按下式计算：

某种设备的生产能力 = 设备的数量 × 设备的有效工作时间 × 设备生产效率

C　设备利用指标

设备利用指标包括设备时间利用率、设备能力利用率和设备综合利用系数三方面。设备利用指标是反映设备工作状态及生产效率的技术经济指标。减少设备停车时间，提高设备的利用指标，是生产控制的重点之一，是质量管理的重要手段。影响设备利用程度的因素有两个：一是操作人员的素质、设备的维护保养等管理水平；二是设备本身的质量、技术装备水平。因此，提高设备利用指标的措施主要有以下两点：

（1）保持设备经常处于良好的技术状态。冶金通用机械与冶炼设备大部分在高温、高压、重负荷、金属粉尘的恶劣条件下连续作业，在运行过程中不可避免地会降低设备的原有性能。发生设备故障和事故的停机率比较高，这些都影响设备的利用指标，因此，坚持集中维修、区域负责、点检定修、操检并重的方针，是提高设备利用指标的有效措施。冶金通用机械与冶炼设备维修工作大体可归纳为：

1）保持整洁的工作环境和井然的秩序。冶金生产现场环境复杂，除专用设备外，还有冶金通用机械设备，如起重、运输机械等，稍不注意就容易发生事故。因此，生产现场必须保持整洁的环境和井然的秩序。

2）注意润滑。冶金生产现场环境差，高温、粉尘都给设备的润滑系统造成威胁，因此，润滑工作十分重要，要通过及时合理的润滑，减少部件磨损，延长维修周期，增加设备的使用寿命，进而提高设备的利用指标。

3）严格执行操作规程。使用设备时要严格遵守操作规程的要求，不允许超过规定的设备允许额定负荷，重要设备一般都有安全装置，一旦超负荷即自行停运，使设备卸去负荷，对这种安全装置必须重视，并加强管理。

4）定期检查。冶金通用机械与冶炼设备种类繁多，使用环境复杂，负荷各异，必须有切实可行的定期检修方法。一般设备的定期检查分为定点、定标、定期、定项、定人、定法、检查、记录、处理、分析、改进和评价几个环节。

（2）认真做好设备的挖潜、革新、改造和更新工作。冶金通用机械与冶炼设备是为生产工艺服务的，新的工艺需要新的设备来实现。目前我国冶金通用机械与冶炼设备在结构和性能与工业发达国家相比还有一定的差距，主要表现为：品种规格不全、产品质量低、配套不全、成套技术差等方面。因此，对现有设备进行挖潜、革新、改造和更新是钢铁工业生产的一项重要任务。

1 起重机械

1.1 概述

1.1.1 起重机械的用途

起重机械是起升、搬运和输送物料及产品的机具,是国民生产各部门提高劳动生产率、生产过程机械化不可缺少的大型机械设备。起重机械对于提高工程机械各生产部门的机械化,缩短生产周期和降低生产成本,起着非常重要的作用。

起重机械是现代工业生产不可缺少的设备,被广泛地应用于各种物料的起重、装卸、安装等作业中,从而大大减轻了体力劳动强度,提高了劳动生产率。有些起重机械还能在生产过程中进行某些特殊的工艺操作,使生产过程实现机械化和自动化。在工厂、矿山、车站、港口、建筑工地、水电站、仓库等各生产部门中,都得到广泛的应用。在现代化的钢铁企业中,起重机械更是不可缺少的。近年来,由于工业技术的不断发展,生产水平不断提高,起重机械的作用已超出作为辅助设备的范围,进而直接应用于生产工艺过程中,成为生产流水作业线上的主体设备组成部分。因此世界上各国都在不断改进起重机械产品的性能,提高运转速度和生产能力,提高自动化水平,制造方便可靠、新型、高效能的起重机来满足生产的需要。

随着现代科学技术的飞跃发展,在国民经济各部门和基本建设中,新结构、新工艺、新技术、新材料的不断应用,一些大、中型构件、桥梁等设备的垂直运输及在高难度建筑上的安装就位等工作,没有起重机械设备是很难完成的。

我国在发明和使用起重机械方面,历史最悠久。早在奴隶社会的商朝时期,由于农业灌溉上的需要,劳动人民创造了用于汲水的起重工具,这是由杠杆和取物装置构成的简单起重装置。早在古代,我国劳动人民就发明了辘轳以汲取更深的井水,辘轳是由支架、卷筒、绳索和曲柄等简单元件组成的,成为现代绞车的原始雏形。在公元200年左右出现了用于汲水和排水的翻车。翻车的发明,从工作原理上来说,是一个很大的飞跃,它从间歇动作发展为连续动作,与现代的刮板输送机极为相似。

随着我国生产制造业的发展和进步,起重运输机械制造业也得到了很大的发展和应用,起重运输机械领域也从无到有、由小到大逐步发展起来,一批起重机械的科研机构和生产工厂逐步建立,设计、研制力量日趋壮大。不仅产品的种类基本齐全,而且有了自己的系列和标准。不仅能生产小型轻巧的起重机械,而且也能生产吨位很大的、技术较先进的大型起重机。但是,与世界先进水平比较,无论在产品的品种、数量方面,还是机械的性能、质量等方面都存在着较大的差距。为尽快地赶超世界先进水平,我们应该在独立自主的原则下,认真学习外国的先进技术。

1.1.2 起重机械的工作特点

起重机是以间歇、重复的工作方式,通过起重吊钩或其他吊具起升、下降或升降与运移物料的机械设备。它在搬运物料时,经历上料、运送、卸料及返回原处的过程,工作范围较大。

起重机械由三大部分组成,即工作机构、金属结构和电气设备。工作机构常见的有起升、运行、回转和变幅机构,通常称之为四大工作机构。依靠这四个机构的复合运动,可以使起重机在所需的任何指定位置进行上料和卸料,但不是所有的起重机械中都同时具有这些机构,而是根据工作的需要,可以有其中的一个或几个。需要特别指出的是,不论该起重机拥有多少个机构,起升机构是必不可少的。金属结构是构成起重机械的躯体,是安装各机构和承受全部载荷的主体部分。电气设备是起重机械的动力装置和控制系统。

起重机械通常具有庞大和比较复杂的机构,能完成一个起升运动、一个或几个水平运动。所吊运的重物多种多样,载荷是变化的。有的重物重达几百吨乃至上千吨,有的物体长达几十米,形状很不规则。大多数起重机械,需要在较大的范围内运行,有的要装设轨道和车轮,有的要装设轮胎或履带在地面上行走(如汽车吊、履带吊等),还有的需要在钢丝绳上行走(如客运、货运架空索道),活动空间较大,一旦造成事故,影响的面积也较大。

有些起重机械,需要直接载运人员在导轨、平台或钢丝绳上做升降运动(如电梯、升降平台等),其可靠性直接影响人身安全。

起重机械的工作特点如下:

(1) 吊物一般具有很大的质量和很高的势能。被搬运的物料个大体重(一般物料均几吨重以上)、种类繁多、形态各异(包括成件、散料、液体、固液混合等物料),起重搬运过程是重物在高空中的悬吊运动。

(2) 起重作业是多种运动的组合。起重机的金属机构、传动机构和控制装置等机构组成多维运动,大量结构复杂、运动各异的金属机构给作业安全带来了潜在的危险。速度多变的可动零部件,形成起重机械的危险点多且分散的特点,给安全防护增加了难度。

(3) 作业范围大。金属结构横跨车间或作业场地,高居其他设备、设施和施工人群之上,起重机带载可以部分或整体在较大范围内移动运行,使危险的影响范围加大。

(4) 多人配合的群体作业。起重作业的程序是地面司索工捆绑吊物、挂钩;起重司机操纵起重机将物料吊起,按地面指挥,通过空间运行,将吊物放到指定位置摘钩、卸料。每一次吊运循环,都必须是多人合作完成,无论哪个环节出问题,都可能发生意外。

(5) 作业条件复杂多变。在车间内,地面设备多,人员集中;在室外,受气候、气象条件和场地限制的影响,特别是流动式起重机还涉及地形和周围环境等多因素的影响。

(6) 暴露的、活动的零部件较多。在起重作业现场,大量机构与作业人员直接接触(如吊钩、钢丝绳等),容易对人身安全造成伤害。

总之,重物在空间的吊运、起重机的多机构组合运动、庞大金属结构整机移动性,以及大范围、多环节的群体运作,使起重作业的安全问题尤其突出。

1.1.3　起重机械的发展趋势

随着科技的日新月异,当今国际起重机械朝着大型化、液压化、多用途、高效率的方向发展。这在不同程度上扩大了产品标准化、参数、尺寸规格化和零部件通用化的范围,为起重机械制造的机械化和自动化提供了方便的条件,对实现自动化设计、加强流水作业生产、提高劳动生产率、降低产品成本和材料消耗,改进工艺流程,增强和提高企业管理水平等都具有很大的现实意义。有的企业已基本上实现了钢构件的连续生产,应用光电系统、数字程序控制系统及激光器切割下料,并从搬运、平料到组装等形成了生产的自动控制和管理系统。

当今起重机械的发展方向如下:

(1) 向大型、高效和节能方向发展。目前,世界上最大的浮游起重机起重量达 6500t,最大的履带起重机起重量为 3000t,最大桥式起重机起重量为 1200t。带式输送机最大带宽达 3.2m,输送能力最大可达 40000t/h,单机最大距离可达 60km 以上。自动化立体库堆垛机最大运行速度达 240m/min。

(2) 向自动化、智能化、集成化和信息化发展。将机械技术和电子技术相结合,将先进的微电子技术、电力电子技术、光缆技术、液压技术、模糊控制技术应用到机械的驱动和控制系统,实现自动化和智能化,以适应多批次少批量的柔性生产模式。目前已出现了能自动装卸物料、有精确位置检测和有自动过程控制的桥式起重机用于自动化生产线。起重机上还装有微机自诊断监控系统,对自身的运行状态进行监测和维护。

(3) 向成套化、系统化、综合化和规模化发展。将各种起重机械的单机组合为成套系统,加强生产设备与物料搬运机械的有机结合,提高自动化程度,改善人机系统。通过计算机模拟与仿真,寻求参数与机种的最佳匹配与组合,发挥最佳效用。重点发展的有港口散料和集装箱装卸系统、工厂生产搬运自动化系统、自动化立体仓库系统、商业货物配送集散系统、交通运输部门和邮电部门行包货物的自动分拣与搬运系统等。

(4) 向模块化、组合化、系列化和通用化发展。许多通用起重机械是成系列成批量的产品,为了降低制造成本,提高通用化程度,可采用模块组合的方式,用较少规格的零部件和各种模块组成多品种、多规格和多用途的系列产品,充分满足各类用户的需要。也可使单件小批量生产起重运输机械的方式改换成具有相当批量和规模的模块生产,实现高效率的专业化生产。

(5) 向小型化、轻型化、简易化和多样化发展。有相当批量的起重机械是在一般的车间和仓库等处使用,用于代替人力和提高生产效率,但工作并不十分频繁。为了考虑综合效益,要求这部分起重机械尽量减少外形尺寸,简化结构,降低造价和使用维护费用,按最新设计理论开发出来的这类设备比我国用传统理论设计的同类产品其自重轻 60%。由于自重轻、轮压小、外形尺寸小,使厂房建筑结构的建造费用和起重机运行费用也大大减少。

(6) 采用新理论、新方法、新技术和新手段提高设计质量。进一步应用计算机技术,不断提高产品的设计水平与精度。开展对起重运输机械载荷变化规律、动态特性和疲劳特性的研究,开展对可靠性的试验研究,全面采用极限状态设计法、概率设计法、优化设计和可靠性设计等,利用 CAD 提高设计效率与质量,与计算机辅助制造系统相衔接,实现产品设计与制造一体化。

(7) 采用新结构、新部件、新材料和新工艺提高产品性能。结构方面采用薄壁型材和异型钢,减少结构的拼接焊缝,采用各种高强度低合金钢新材料,提高承载能力,改善受力条件,减轻自重和增加外形美观。在机构方面进一步开发新型传动零部件,简化机构,以焊代铸,采用机电一体化技术,提高使用性能和可靠性。在电控方面开发性能好、成本低、可靠性高的调速系统和电控系统。今后还会更加注重起重机械的安全性、重视司机的工作条件。

由于我国起重机械行业起步较晚,虽然在技术水平上有了长足的发展和进步,但是与国际先进水平相比,还存在着一定差距:

(1) 产品性能一般。产品性能是设计、制造、安装、维护使用的综合反映。大型骨干企业的产品性能尚可满足用户的需求。但是许多不上规模的企业低价无序竞争、降低质量标准,其零部件不过关,整机水平难以提高。如产品电气控制故障较多、传动部件噪声较大、操作设施较落后、外观造型缺乏美观等。

(2) 产品开发能力较弱。起重机械制造业产品更新换代较慢,对大型关键设备的产品研发和系统成套能力,对通用起重机械的模块化设计与制造,对计算机辅助设计和可靠性设计的普遍应用等,尚待进一步提高。科技人员素质、研发经费、测试手段和管理水平仍为提升产品开发能力的较薄弱环节。

（3）制造工艺水平较低。起重机械制造业的装备力量较为薄弱，在采用高精度的数控加工设备、计算机辅助工艺与制造方面、对钢材预处理和自动焊接等先进的制造工艺的普遍应用，尚待进一步提高。

（4）产品检测水平不高。起重运输机械制造业的检测力量较为薄弱，往往仅对产品的一些出厂性能考核，而对产品的可靠性等长期性能指标，如平均无故障工作时间（MTBF）、平均首次无故障工作时间（MTTFF）、可用度（A）等较少涉及。许多不上规模企业的产品故障较多、寿命较短、市场信誉较差。与国外企业或合资企业的品牌竞争，产品检测水平尚待进一步提高。

（5）配套件供应和质量问题影响较大。起重机械制造业的品种规格繁多，配套件与原材料供应和质量问题尤为关键。一些国产的主要配套件，如减速器、制动器、电控设备和元器件等性能和质量尚未达到一流水平；一些国产原材料，如起重机的轨道型材、结构用的异形型材、薄壁型材等品种规格较少，供应较为短缺。这势必影响到整机设计所需求的配套件和原材料的合理选用，使整机水平难以提升，拉大了与国际水平的差距。

（6）产品技术标准更新滞后、实施乏力。我国产品技术标准的制定采取跟踪国际标准和先进国家、地区标准的方式，但消化创新能力不足，更新滞后期间较长。先进国家的知名品牌企业，都有自己的企业标准，并随着技术和市场的发展而及时更新。其内控的企业标准都高于现行的国际标准，是他们保持品牌效应、参与国际市场竞争的有效手段。我国制定产品技术标准的机制和投入尚待提高，企业内控标准制定尚需自身动力。

1.1.4　起重机械的种类

起重机械按其构造特点的不同，分为轻小型起重机械、桥架型起重机和臂架型起重机。

起重机械的种类如图 1-1 所示，构造见图 1-2。

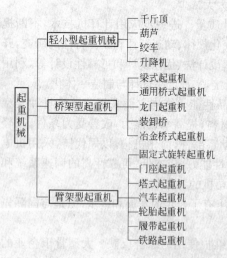

图 1-1　起重机械的种类

1.1.5　起重机械的基本参数

起重机械的基本参数有起重量、起升高度、跨度、幅度、各机构的工作速度及起重机械的工作级别，此外，还有最大轮压和外形尺寸等。这些参数是起重机械工作性能和技术经济指标，也是设计和选用起重机械的依据。

1.1.5.1　起重量

起重机在各种工况下安全作业所允许起吊的最大货物的质量称为额定起重量，简称为起重量，以 Q 表示，单位为 kg 或 t。我国标准规定，起重量不包括吊钩动滑轮及不可卸下的起吊模具等的自重，但对于可分吊具，如抓斗、夹钳、电磁盘等取物装置的质量，则必须计入额定起重量内。

在计算中，为了方便起见，将吊重产生的载荷称为起重载荷，以 P_Q 表示，单位为 N 或 kN。

起重量较大的起重机常备有两套起升机构，起重量较大的称为主起升机构或主钩，较小的称为副起升机构或副钩。一般副钩的起重量约为主钩的 $\frac{1}{5} \sim \frac{1}{3}$。副钩的起升速度较高，以便提高轻货的吊运效率。主副钩的起重量用一个分数表示，例如 15/3，表示主钩 15t，副钩 3t。

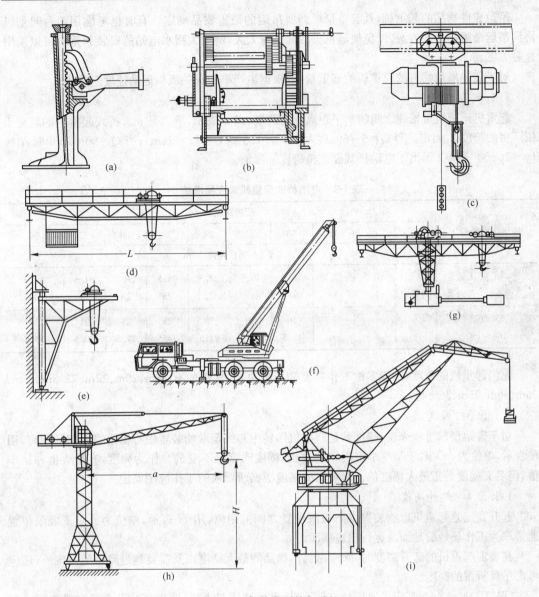

图 1-2 各种类型的起重机

(a) 千斤顶；(b) 手动绞车；(c) 电动葫芦；(d) 桥式起重机；(e) 转柱式起重机；

(f) 汽车起重机；(g) 桥式装料机；(h) 塔式起重机；(i) 门座起重机

表 1-1 列出了我国国家标准规定的起重量。

表 1-1 起重机械起重量系列（单位为 t）

0.1	0.125	0.16	0.2	0.25	0.32	0.4	0.5	0.63	0.8	1	1.25
1.6	2	2.5	3.2	4	5	6.3	8	10	(11.2)	12.5	(14)
16	(18)	20	(22.5)	25	(28)	32	(36)	40	(45)	50	(56)
63	(71)	80	(90)	100	(112)	125	(140)	160	(180)	200	(225)
250	(280)	320	(360)	400	(450)	500	(560)	630	(710)	800	(900)
1000											

　　吊运成件物品的起重机,其起重量根据所吊运的最重物品确定。有时也考虑用两台起重机协同吊运最重物品的方案,以免使起重机的起重量太大,例如大型水电站的安装起重机可以采用这种方案。

　　对于装卸散粒物料的起重机的起重量,应根据生产率和有关机构运动速度来决定。

1.1.5.2　跨度

　　起重机运行轨道轴线之间的水平距离称为跨度,以 L 表示,单位是 m。桥式起重机的跨度 L 依厂房的跨度 L_c 而定。当 $Q=3\sim50\mathrm{t}$ 时,$L=L_c-1.5$ 或 $L=L_c-2(\mathrm{m})$;当 $Q=80\sim250\mathrm{t}$ 时,$L=L_c-2(\mathrm{m})$。表 1-2 示出了电动桥式起重机跨度标准值。

表 1-2　电动桥式起重机跨度标准值

额定起重量 Q/t		厂房跨度 L_c/m									
		9	12	15	18	21	24	27	30	33	36
		起重机跨度 L/m									
≤50	无通道	7.5	10.5	13.5	16.5	19.5	22.5	25.5	28.5	31.5	34.5
	有通道	7	10	13	16	19	22	25	28	31	34
63~125		—	—	—	16	19	22	25	28	31	34
160~250		—	—	—	15.5	18.5	21.5	24.5	27.5	30.5	33.5

　　龙门起重机的跨度,一般多由工作需要和场地决定,常用的有 18m、20m、22m、22.5m、25m、26m、30m、35m、36m 等。

1.1.5.3　幅度

　　对于臂架型起重机来说,幅度就是起重机回转中心线至取物装置中心铅垂线之间的距离,用 R 表示,单位为 m。对于某些小型旋转起重机,幅度通常是不变的。作为幅度,有最大值和最小值,但名义幅度是指最大幅度值。起重机的幅度根据所要求的工作范围而定。

1.1.5.4　起升高度

　　起升高度是起重机取物装置上下极限位置之间的距离,用 H 表示,单位为 m。下极限位置通常取为工作场地的地面或运行轨道顶面。

　　在确定起重机的起升高度时,除考虑起吊物品的最大高度以及需要越过障碍的高度外,还应考虑吊具所占的高度。

　　GB/T 790—1995 规定了通用桥式起重机、慢速桥式起重机、防爆桥式起重机和绝缘桥式起重机的起升高度和电动单梁起重机、电动葫芦桥式起重机的起升高度(见表 1-3 和表 1-4)。

表 1-3　桥式起重机的起升高度

额定起重量 Q/t	吊　钩				抓　斗		电动吸盘
	一般起升高度		加大起升高度		起升高度		一般起升高度
	主钩	副钩	主钩	副钩	一般	加大	
≤5	16	18	24	26	18~26	30	16
63~125	20	22	30	32	—	—	—
160~250	22	24	30	32	—	—	—

表 1-4　电动单梁起重机和电动葫芦桥式起重机的起升高度

起 重 机 的 名 称	起升高度/m
电动单梁起重机	3.2～20
电动葫芦桥式起重机	

1.1.5.5　工作速度

起重机各机构的工作速度 v 根据工作需要而定。一般用途的起重机采用中等的工作速度，这样可以使驱动电动机功率不致过大。装卸工作要求有尽可能高的速度，安装工作有时要求很低的工作速度，为此常备有专门的微速装置。

现代起重机技术的发展有逐步提高机构工作速度的趋势，特别是用于大宗散料装卸的起重机。货物升降速度已达 $1.6～2.0m/s$，钢轨上运行的小车速度达 $4～6m/s$，在承载绳上运行的小车的运行速度达 $6～10m/s$，起重机的回转速度达 $3r/min$。

表 1-5 列出了常用的起重机各机构工作速度的参考值。

表 1-5　常用工作速度

工作速度分类	起 重 机 类 型	工作速度/m·min^{-1}
起升速度	一般用途起重机	6～25
	装卸用起重机	40～90
	安装用起重机	<1
运行速度	桥式起重机与龙门起重机小车	40～50
	装卸桥小车	180～240
	桥式起重机大车	90～120
	龙门起重机大车	40～60
	门座起重机及装卸桥大车	20～30
	轮胎起重机	10～20(km/h)
	汽车起重机	50～65(km/h)
变幅速度	门座起重机(工作性)	40～60
	浮式起重机(工作性)	25～40
	汽车及轮胎起重机(调整性)	10～30
旋转速度	门座起重机	$n \approx \dfrac{10}{\sqrt{R}}$(约 2r/min)
	汽车及轮胎起重机	$n \approx \dfrac{5～8}{\sqrt{R}}$(2～3.5r/min)
	浮式起重机	$n \approx \dfrac{3～6}{\sqrt{R}}$(0.5～2r/min)

1.1.5.6　工作级别

起重机工作级别是表征起重机工作繁重程度的参数。对于同一型号的起重机，若具体使用条件不同，即工作在时间方面的繁忙程度和吊重方面的满载程度不同，则对起重机金属结构、机构的零部件、电动机与电气设备的强度、磨损和发热等影响也不同。为了能合理地选用、设计、制造起重机,取得较好的技术经济效果,我国国家标准对起重机及其机构,按照其利用等级和载荷状态分别进行了分级。起重机的工作级别分为 A1～A8 八级;起重机机构的工作级别分为 M1～M8 八级。

起重机工作级别的划分见表 1-6。其中,利用等级是按起重机整个有效寿命期内总的工作循环次数来划分的,分为十级,见表 1-7;起重机的载荷状态是表征起重机受载的轻重程度,表 1-8 为起重机载荷状态分类的定性说明。

表 1-6　起重机工作级别的划分

载荷状态	名义载荷谱系数 K_P	利　用　等　级									
		U_0	U_1	U_2	U_3	U_4	U_5	U_6	U_7	U_8	U_9
Q1—轻	0.125			A1	A2	A3	A4	A5	A6	A7	A8
Q2—中	0.25		A1	A2	A3	A4	A5	A6	A7	A8	
Q3—重	0.5	A1	A2	A3	A4	A5	A6	A7	A8		
Q4—特重	1.0	A2	A3	A4	A5	A6	A7	A8			

表 1-7　起重机的利用等级

利用等级	总的工作循环次数 N	说　　明
U_0	1.6×10^4	
U_1	3.2×10^4	
U_2	6.3×10^4	不经常使用
U_3	1.25×10^5	
U_4	2.5×10^5	经常休闲地使用
U_5	5×10^5	经常中等地使用
U_6	1×10^6	不经常繁忙地使用
U_7	2×10^6	
U_8	4×10^6	繁忙地使用
U_9	$>4 \times 10^6$	

表 1-8　起重机载荷状态

载荷状态	说　　明
Q1—轻	很少起升额定载荷,一般起升轻微载荷
Q2—中	有时起升额定载荷,一般起升中等载荷
Q3—重	经常起升额定载荷,一般起升较重载荷
Q4—特重	频繁地起升额定载荷

起重机机构工作级别的划分见表 1-9。其中,利用等级是按机构总使用寿命来划分的,见表 1-10;机构的载荷状态用来表征机构的受载轻重程度,表 1-11 对机构载荷状态分类作了定性说明。

表 1-9　机构工作级别

载荷状态	机构工作级别									
	T_0	T_1	T_2	T_3	T_4	T_5	T_6	T_7	T_8	T_9
L1			M1	M2	M3	M4	M5	M6	M7	M8
L2		M1	M2	M3	M4	M5	M6	M7	M8	
L3	M1	M2	M3	M4	M5	M6	M7	M8		
L4	M2	M3	M4	M5	M6	M7	M8			

表 1-10　机构利用等级

机构利用等级	总使用寿命/h	说　明
T_0	200	
T_1	400	不经常使用
T_2	800	
T_3	1600	
T_4	3200	经常休闲地使用
T_5	6300	经常中等地使用
T_6	12500	不经常繁忙地使用
T_7	25000	
T_8	50000	繁忙地使用
T_9	100000	

表 1-11　机构载荷状态

载荷状态	说　明
L1—轻	机构经常承受轻微载荷,偶尔承受最大载荷
L2—中	机构经常承受中等载荷,较少承受最大载荷
L3—重	机构经常承受较重载荷,也常承受最大载荷
L4—特重	机构经常承受最大载荷

1.2　起重机的主要零部件

　　起重机械是由众多的零部件构成的。其中有轴、螺栓、齿轮、减速器、联轴器等通用零部件;也有像钢丝绳、滑轮、吊钩、制动器、车轮与轨道等专用零部件。通用零部件已在先修课程内学习过,此处不再重复,本节只介绍专用零部件。

l.2.1　钢丝绳

　　钢丝绳是起重运输机械中最常用的挠性构件之一,由于它具有强度高、自重轻、挠性好、运动平稳、极少突然断裂等优点,广泛应用于起升机构、变幅机构、牵引机构中,有时也用于旋转机构。钢丝绳是由一定数量的钢丝和绳芯经过捻绕而成。钢丝绳通常采用高强度优质碳素钢制造而成。为适应各种潮湿、酸性的工作,将钢丝绳表面镀锌抗腐蚀。绳芯位于钢绳的中央以填充中央断面并增加钢绳的挠性,绳芯通常有有机纤维(如棉、麻)、合成纤维、石棉芯(高温条件)、软金属等材料。

1.2.1.1　钢丝绳的构造

钢丝绳的种类很多,在起重机中广泛采用断面构造如图 1-3 和图 1-4 所示的形式。它由许多钢丝(常用 19 丝)按左旋方向捻绕成股,然后再把若干股(常用 6 股)围绕绳芯按右旋方向捻绕制成的双绕右旋交互捻绳,用 ZS 表示。图 1-3 所示的钢丝绳绳股中各层钢丝直径相同,而内外层钢丝的捻距不同,因而相互交叉,接触在交叉点上(见图 1-5),称为点接触钢丝绳。这种钢丝绳接触应力较高,在反复弯曲的工作过程中钢丝易于磨损折断。点接触钢丝绳过去曾广泛用于起重机,现在多被线接触绳所代替。在线接触钢丝绳(见图 1-4)中,通过合理选择和适当配置钢丝断面的几何尺寸,使每一层钢丝的捻距相等,并使外层钢丝位于内层钢丝之间的沟槽内,内外层钢丝间形成线接触(见图 1-5)。这样就改善了接触情况,增加了有效钢丝总面积,因而这种绳的挠性好,承载能力大,使用寿命长。在起重机中得到日益广泛的应用。

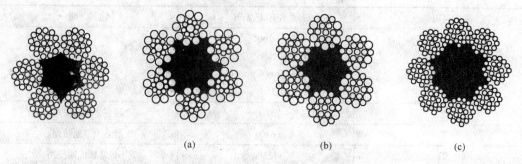

图 1-3　点接触钢丝绳　　　　　　图 1-4　线接触钢丝绳

(a) 外粗型(西尔型,S 型);(b) 粗细型(瓦林吞型,W 型);(c) 填充型(T 型)

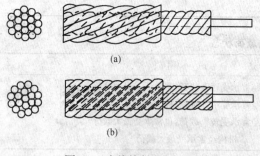

(a)

(b)

图 1-5　点线接触的钢丝绳

(a) 点接触;(b) 线接触

线接触钢丝绳根据绳股构成原理的不同,有三种常用类型:瓦林吞型(又称粗细式),代号用 W;西尔型(又称外粗式),代号用 S;填充型,代号用 T(见图 1-4)。

绳芯的作用是增加钢丝绳的挠性与弹性。由于制绳时绳芯浸泡有润滑油,因工作时油液渗出,可起到润滑作用。常用的绳芯有石棉芯、纤维芯和金属丝芯。纤维芯具有较高的挠性和弹性,但不能承受横向压力。纤维芯有天然纤维芯(NF),如麻、棉等和合成纤维芯(SF),如聚乙烯、丙乙烯等两种;金属丝芯也有两种,即金属丝绳芯(IWR)和金属丝股芯(IWS),其强度较高,能承受高温和横向压力,但挠性较差,适于在受热和受挤压条件下使用。

钢丝绳的标记方法举例如下:公称抗拉强度 1770N/mm², 天然纤维绳芯,表面状态为光面的钢丝制成的直径为 18mm,右向交互捻 6 股 19 丝瓦林吞式钢丝绳的标记为

钢丝绳 18NAT6×19W + NF1770ZS190

其中,"18"代表钢丝绳公称直径 18mm;"NAT"代表钢丝的表面状态(光面钢丝);"6"代表钢丝绳股数(6 股);"19"代表每股钢丝数(19 根);"W"代表瓦林吞式;"NF"代表绳芯(天然纤维芯);"1770"代表钢丝公称抗拉强度为 1770N/mm²;"ZS"代表捻向(右交互捻);"190"表示最小破断拉力为 190kN。

钢丝的表面状态除光面(NAT)外,当腐蚀是主要报废原因时,还可以镀锌(ZA)。

钢丝绳构成分解图如图 1-6 所示。

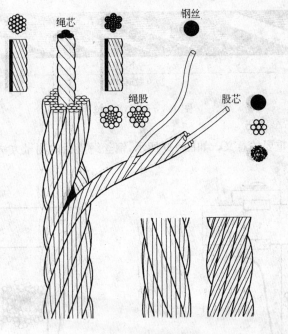

图 1-6　钢丝绳构成分解图

1.2.1.2　钢丝绳的捻法、捻向及捻距

钢丝绳的捻法是指股在绳中或丝在股中捻制时螺旋线的走向。钢丝绳的捻法有两种，即交互捻钢丝绳和同向捻钢丝绳。钢丝绳的捻向通分为右交互捻，左交互捻，右同互捻，左同互捻四种，见图 1-7。

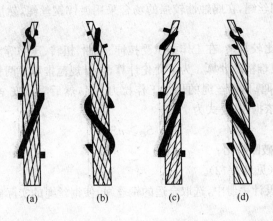

| (a) | (b) | (c) | (d) |

图 1-7　钢丝绳的捻向

(a) 右交互捻(绳是右向捻，股是左向捻)；(b) 左交互捻(绳是左向捻，股是右向捻)；
(c) 右同互捻(绳与股均为右向捻)；(d) 左同互捻(绳与股均为左向捻)

钢丝绳的捻距是指钢丝绳股绕绳芯螺旋一周时所移动的距离。如图 1-8 所示。

1.2.1.3　钢丝绳直径的测量方法

正确的钢丝绳直径测量方法，对于钢丝绳直径的选择以及对于使用过程中钢丝绳直径变化

一个捻距

6 股钢丝绳

图 1-8　钢丝绳的捻距

情况资料的积累具有重要的意义。如图 1-9 所示,钢丝绳直径的测量方法正确与否,所得到的测量数据将会截然不同。

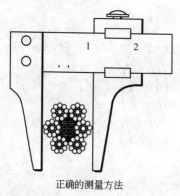

正确的测量方法

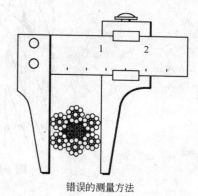

错误的测量方法

图 1-9　钢丝绳直径的测量方法

1.2.1.4　钢丝绳的选择计算

选用钢丝绳时,首先根据钢丝绳的使用情况(如一般、高温、潮湿、多层卷绕、耐磨等)确定类型,优先选用线接触的钢丝绳,在腐蚀性较强的场合采用镀锌钢丝绳,然后根据受力情况决定钢丝绳的直径。

钢丝绳的受力情况比较复杂,在工作中承受拉伸、弯曲、扭转、压缩等复合应力。除此之外尚有冲击载荷影响,因此很难精确计算。为了简化计算,设计规范推荐了两种计算方法:

(1) 安全系数法。即算出钢丝绳的最大工作拉力 S_{max},然后乘以安全系数 n,得出绳内破断拉力 $S_{破}$,以此作为选绳依据,其公式为

$$S_{破} \geqslant nS_{max} \tag{1-1}$$

式中　$S_{破}$——钢丝绳的破断拉力;

　　　n——安全系数(见表 1-12)。

根据算出的 $S_{破}$,在设计手册中,选取合适的钢丝绳,使钢丝绳的实际破断拉力大于或至少等于 $S_{破}$。

(2) 最大工作拉力法。钢丝绳直径根据计算出绳的最大工作拉力用下式求出

$$d = C\sqrt{S} \tag{1-2}$$

式中　d——钢丝绳最小直径,单位为 mm;

　　　C——选择系数(见表 1-12);

　　　S——钢丝绳最大工作静拉力,单位为 N。

计算出的 d 应根据钢丝绳的产品规范进行圆整,使其取为标准值。

当缺乏钢丝绳的资料时,钢丝绳的最大允许工作拉力(单位为 kN)可用下列经验公式估算

$$S_{max} \approx 10d^2$$

d 的单位为 cm。

表 1-12 选择系数 C 和安全系数 n

机构工作级别		钢丝公称抗拉强度 σ/MPa			安全系数 n
		1550	1700	1850	
轻级	M1～M3	0.093	0.089	0.085	4
	M4	0.099	0.095	0.091	4.5
中级	M5	0.104	0.100	0.096	5
	M6	0.114	0.109	0.106	6
重级	M7	0.123	0.118	0.113	7
特重级	M8	0.140	0.134	0.128	9

所选钢丝绳除应满足强度条件外,还应使卷筒或滑轮直径与钢丝绳直径保持一定比值,这样才能保证钢丝绳有一定的寿命。

1.2.1.5 钢丝绳使用时注意事项

在钢丝绳的使用过程如果有超载、磨损、错用、损坏和保养方法不当等现象存在,将会导致钢丝绳失效。

(1)钢丝绳的搬运。钢丝绳装卸时,必须用吊车装卸,以免造成绳盘损坏和乱卷现象;地面搬运时,钢丝绳不允许在凹凸不平的地面上滚动,使钢丝绳表面压伤;没有外包装的钢丝绳搬运时,钢丝绳表面不许粘有影响使用的石块、黏土异物等。

(2)钢丝绳的储存。钢丝绳存放在干燥通风的仓库内,防止阳光直射或热气燥烤;库房内钢丝绳不能多层堆放,若钢丝绳长期大量存放时,应经常进行检查防止生锈;钢丝绳发现生锈后应及时处理,并重新涂润滑油,如锈蚀严重,该段钢丝绳应作报废处理;若钢丝绳放在室外时,应放在干燥的地面上,用木板垫起,并用遮雨布盖好。

(3)钢丝绳的保养。钢丝绳在使用过程中应定期给钢丝绳涂润滑油,以保证防锈和润滑,减少摩擦,延长钢丝绳的使用寿命。

(4)钢丝绳的检查。在使用钢丝绳时,应按有关规定进行定期检查,并将检查结果做好记录。检查内容应包括以下各项:钢丝绳磨损程度、断丝情况、润滑情况、变形情况、绳连接部分或末端紧固部分以及其他异常现象等。

1.2.1.6 钢丝绳的报废标准

由于钢丝绳在使用过程中要经常进入滑轮及卷筒绳槽而反复弯曲,造成了金属疲劳,再加上反复磨损,就使外层钢丝磨损折断。随着钢丝绳断丝数的增加,破坏的速度逐渐加快。当一个捻距内的断丝数达到总丝数的 10%(交互捻绳)时,钢丝绳就需要报废。此外,当外层钢丝的径向磨损量或腐蚀量达钢丝直径的 40%时,不论断丝多少,均应报废。决不允许使用严重磨损、损坏和报废的钢丝绳,决不允许超载使用钢丝绳。

1.2.2 滑轮与滑轮组

滑轮、卷筒和钢丝绳三者共同组成起重机的卷绕系统,将驱动装置的回转运动转换成吊载的升降直线运动。滑轮和卷筒是起重机的重要部件,它们的缺陷或运行异常会加速钢丝绳的磨损导致钢丝绳的脱槽、掉钩,从而引发事故。

1.2.2.1　滑轮

　　滑轮是起重机的承重零件,由于使用情况不同,可以改变挠性件内工作拉力,或改变其运动速度和运动方向。可以作为导向滑轮,更多的是用来组成滑轮组,也常用作均衡滑轮。

　　滑轮的材料可以采用铸铁、铸钢、铝合金等。铸铁滑轮对钢丝绳寿命有利,但它的强度低,脆性较大,容易碰撞损坏。当工作级别高时,宜用铸钢滑轮。滑轮直径较大时,最好采用焊接滑轮以减轻自重。此外,冲压成型的滑轮已在专业厂批量生产成功,这种滑轮自重轻,加工量小,成本低,有广阔的发展前景。滑轮外形及构造如图1-10所示。

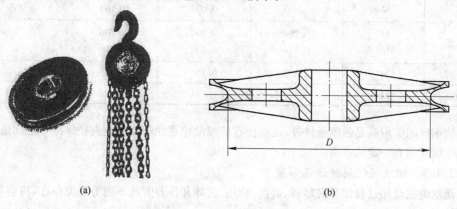

(a)　　　　　　　　　　　　　　　　　(b)

图 1-10　滑轮外形与构造示意图

(a) 滑轮外形;(b) 滑轮构造

　　滑轮的直径大小对于钢丝绳的寿命影响较大。滑轮的名义直径是指滑轮槽底直径。为了保证钢丝有足够的寿命,滑轮直径应满足以下条件

$$D_0 \geqslant ed \tag{1-3}$$

式中　D_0——滑轮直径,mm;

　　　d——钢丝绳的直径,mm;

　　　e——与机构工作级别和钢丝绳结构有关的系数,见表1-13。

表 1-13　系数 e

机构工作级别	M1~M3	M4	M5	M6	M7	M8
e	16	18	20	22	25	28

1.2.2.2　滑轮组

　　钢丝绳依次穿绕过若干动滑轮和定滑轮组成滑轮组。在理想状态下,当起升机构升降时,钢丝绳随着动滑轮和定滑轮的转动,无摩擦地、滚动地通过滑轮的绳槽。滑轮组中的平衡滑轮是用来调整滑轮左右两边钢丝绳长度与拉力的差异。当绕过它的钢丝绳两分支受力不均匀时,平衡滑轮稍许转动,以均衡钢丝绳的张力。

　　滑轮组由若干定滑轮和动滑轮组成。滑轮组有省力滑轮组和增速滑轮组两种形式。其中,省力滑轮组在起重机中应用最广,因为通过它可以用较小的拉力吊起较重的物品。电动与手动起重机的起升机构都是采用省力滑轮组。

　　滑轮组又分单联和双联滑轮组。单联滑轮组(见图1-11)在吊钩升降时,会产生水平方向的位移,引起操作上的不便。所以,单联滑轮组用于臂架型这种端部可以设置导向滑轮的起重机

中。双联滑轮组（见图 1-12）是由两个相同的单联滑轮组并联而成的。为了使钢丝绳从一边的单联滑轮组过渡到另一边的单联滑轮组，中间设置了平衡滑轮，以调整两边滑轮组的钢丝绳张力和长度。双联滑轮组多用于桥架型的起重机。

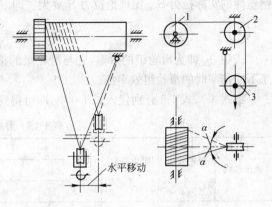

滑轮组省力或减速的倍数用倍率 m 表示，即

$$m = \frac{\text{起重载荷 } P_Q}{\text{理论提升力 } S_0} = \frac{\text{绳索速度 } v_S}{\text{重物速度 } v}$$

对于单联滑轮组，只需牵引一条钢丝绳即可使重物移动，故有

$$m = \frac{P_Q}{S_0}$$

即 $\qquad S_0 = \dfrac{P_Q}{m} \qquad\qquad (1\text{-}4)$

图 1-11　单联滑轮组
1—卷筒；2—导向滑轮；3—动滑轮

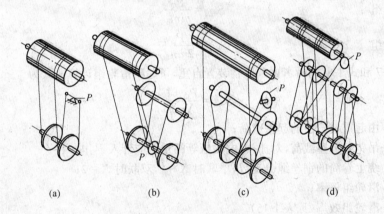

(a)   (b)   (c)   (d)

图 1-12　双联滑轮组
(a) 平衡杆式；(b) 6 分支；(c) 8 分支；(d) 12 分支

对于双联滑轮组，需同时牵引两条钢丝绳才能使重物移动，所以

$$m = \frac{P_Q}{2S_0} \qquad\qquad (1\text{-}5)$$

滑轮组倍率的合理确定是很重要的。选用较大的 m，可使钢丝绳的受力减少，从而使钢丝绳的直径、卷筒和滑轮的直径减小。但 m 过大，又使滑轮组滑轮数目增加，钢丝绳的绳量增加，从而使效率降低，钢丝绳寿命减少，卷筒增长。表 1-14 列出了滑轮组倍率的参考数值。

表 1-14　滑轮组倍率 m

	起重量/t	≤5	8～32	50～100	125～250
m	单联滑轮组	1～4	3～6	6～8	8～12
	双联滑轮组	1～2	2～4	4～6	6～8

以上倍率的讨论忽略了滑轮阻力。实际上钢丝绳绕过滑轮运动时是存在着阻力的，这就使

钢丝绳的实际拉力 S_{max} 比理论拉力 S_0 要大。即

$$S_{max} = \frac{S_0}{\eta_{组}} \qquad (1\text{-}6)$$

式中，$\eta_{组}$ 即为滑轮组的效率，它与滑轮组的倍率有关，倍率越大，效率就越低。表 1-15 列出了不同倍率时的滑轮组效率值。

将式 1-4、式 1-5 分别代入式 1-6 中，即可得到钢丝绳最大工作拉力的计算公式，即

表 1-15　滑轮组的效率

轴承形式	滑轮效率 η	阻力系数 e	滑轮组效率 $\eta_{组}$						
			m						
			2	3	4	5	6	7	8
滚动轴承	0.98	0.02	0.99	0.98	0.97	0.96	0.95	0.935	0.916
滑动轴承	0.95	0.05	0.975	0.95	0.925	0.90	0.88	0.84	0.80

单联滑轮组

$$S_{max} = \frac{P_Q}{m\eta_{组}} \qquad (1\text{-}7)$$

双联滑轮组

$$S_{max} = \frac{P_Q}{2m\eta_{组}} \qquad (1\text{-}8)$$

综合式 1-7 和式 1-8，同时考虑到取物装置自重，可写出滑轮组计算通式为

$$S_{max} = \frac{P_Q + G_0}{Xm\eta_{组}} \qquad (1\text{-}9)$$

式中　P_Q——由起重量产生的起重载荷；

　　　　G_0——吊钩组自重载荷，对抓斗、电磁盘等的重力应计入 P_Q 内；

　　　　X——绕上卷筒的钢丝绳分支数，单联时 $X = 1$，双联时 $X = 2$；

　　　　m——滑轮组倍率；

　　　　$\eta_{组}$——滑轮组效率（见表 1-15）。

1.2.3　卷筒

卷筒用以收放和储存钢丝绳，把原动机提供的回转运动转换成所需的直线运动。

卷筒有单层卷绕和多层卷绕之分，一般起重机大多采用单层卷绕的卷筒。单层卷绕的卷筒（见图 1-13b）表面通常切制螺旋槽，这样就增加了钢丝绳与卷筒的接触面积，又可防止相邻钢丝绳的相互摩擦，从而提高了钢丝绳的使用寿命。绳槽分标准槽和深槽两种形式，一般用标准槽，这样由于节距小，可使机构紧凑；深槽的优点是不易脱槽，但其节距较大，使卷筒长度增长，通常只在钢丝绳脱槽可能性较大时才采用。

单层卷绕的卷筒又分单联和双联两种形式。单联卷筒只引出一支钢丝绳，卷筒上只有单螺旋槽，一般用右旋，用于单联滑轮组及悬于单支

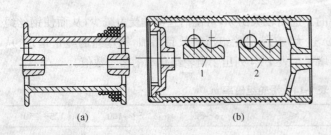

图 1-13　绳索卷筒

（a）光面卷筒；（b）螺旋槽卷筒

1—标准槽；2—深槽

钢丝绳的吊钩。双联卷筒引出两支钢丝绳,具有对称的螺旋槽,一左旋一右旋,用于双联滑轮组。

多层卷绕的卷筒(见图1-13a)容绳量大,用于起升高度特大或特别要求紧凑的情况下,如一些工程起重机。多层卷绕的卷筒通常采用表面不切螺旋槽的光面卷筒。钢丝绳紧密排列,各层钢丝绳互相交叉,因而钢丝绳寿命不长。

卷筒一般采用灰铸铁铸造。采用铸钢时其工艺复杂,成本较高。大型卷筒多采用钢板焊接而成,重量可以大大减轻,特别适用于尺寸较大和单件生产。

1.2.4 取物装置

取物装置是起重机中把要起吊的重物与起升机构联系起来的装置。对于吊运不同物理性质和形状的物品,其形式也不同,常用的有吊钩、夹钳、抓斗和电磁盘等。

1.2.4.1 吊钩

吊钩是起重机中常用的一种取物装置,通常与滑轮组中的动滑轮组合成吊钩组进行工作。

吊钩(见图1-14)有单钩和双钩两种。单钩制造与使用比较方便,用于较小起重量;双钩受力合理,自重较轻,用于起重量较大的情况。目前,吊钩的材料主要采用低碳钢。制造方法可以是锻压成锻造吊钩,也可以采用多片钢板铆合而成片式吊钩。锻造吊钩的断面形状比较合理,自重较轻,但限于锻压设备的能力,一般用于中小起重量的吊钩。片式吊钩比锻造吊钩有更大的工作可靠性,因为损坏的钢板可以及时发现和更换,但它断面形状不甚合理,自重较大,一般用于大起重量的吊钩。按钩身(弯曲部分)的断面形状可分为:圆形、矩形、梯形和T字形断面吊钩(见图1-15)。

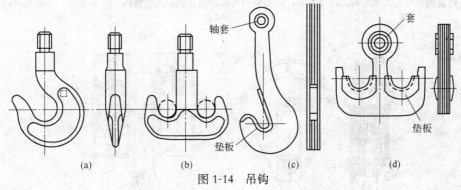

图1-14 吊钩

(a) 锻造单钩;(b) 锻造双钩;(c) 板片式单钩;(d) 板片式双钩

至于铸造吊钩,由于铸造工艺技术上的缺陷,会影响吊钩的强度及其可靠性,因此目前不允许使用。同样,由于钢材在焊接时难免产生裂纹,因此也不允许使用焊接的方法制造和修复吊钩。对于铸造起重机的片式吊钩,由于有与盛钢桶相配合的要求,即使起重量很大,仍然采用单钩。

吊钩组是吊钩与滑轮组中动滑轮的组合体。吊钩组有长型和短型两种(见图1-16)。长型吊钩组中,支承吊钩5的吊钩横梁4与支承滑轮1的滑轮轴2是分开的,两者之间用拉板3联系起来,因而采用了钩柄较短的短吊钩。这种类型整体高度较大,使有效起升高度减小。短型吊钩组的滑轮轴和吊钩横梁是同一个零件,省掉了拉板,但滑轮必须安装在吊钩两侧,滑轮数必须是偶数。为使吊钩转动时不致碰到两边的滑轮,须采用钩柄较长的长吊钩。这种吊钩组的吊钩横梁过长,因而弯曲力矩过大。

为了系物方便,吊钩应能绕垂直轴线和水平轴线旋转。为此,吊钩采用止推轴承支承在吊钩

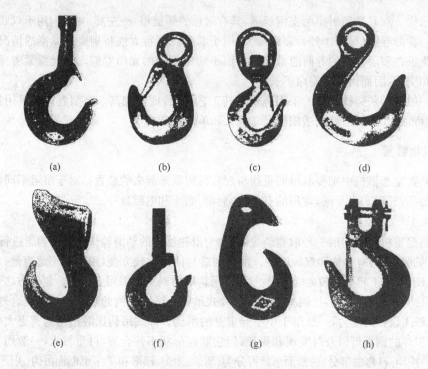

图 1-15　吊钩各种类型

（a）直柄吊钩；（b）牵引钩；（c）旋转钩；（d）眼形滑钩；（e）弯孔钩；（f）直杆钩；（g）鼻形钩；（h）羊角滑钩

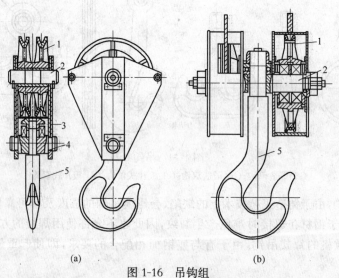

图 1-16　吊钩组

（a）长型吊钩组；（b）短型吊钩组

1—支承滑轮；2—滑轮轴；3—拉板；4—吊钩横梁；5—支承吊钩

横梁上，而吊钩横梁的轴端与定轴挡板相配处，制成环形槽。相反，滑轮轴的轴端则制成扁缺口，不允许滑轮轴转动。

1.2.4.2　夹钳

夹钳是用来吊装成件物品的取物装置，它一般是作为辅助装置悬挂在吊钩上工作，也可以直

接取代吊钩而作为永久性的取物装置使用。夹钳的构造形
式随吊装物品的不同有所改变,但都是靠钳口与物品之间的
摩擦力来夹持和提取物品的。下面以通用杠杆式夹钳为例
说明其工作原理。

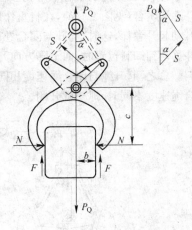

图 1-17 给出了通用杠杆式夹钳示意图。此夹钳夹持物
品的能力是依靠夹钳钳口的法向压力 N 所产生的摩擦力 F,
即 $2F=P_Q$。法向力 N 是由链条拉力 S 通过杠杆产生的。
链条拉力 S 在不考虑夹钳自重的情况下应为

$$S = \frac{P_Q}{2\cos\alpha} \qquad (1-10)$$

这种夹钳能够夹持物品的条件是

$$F \leqslant \mu N$$

即

$$N \geqslant \frac{P_Q}{2\mu} \qquad (1-11)$$

图 1-17　通用杠杆式夹钳

式中　　μ——钳口与物品间的摩擦系数,见表 1-16。

表 1-16　摩擦系数 μ

钳口和货物材料	钳口表面光滑	钳口表面粗糙
钢和钢	0.12~0.15	0.3~0.4
钢和石	0.25~0.28	0.5~0.6
钢和木	0.30~0.35	0.7~0.8

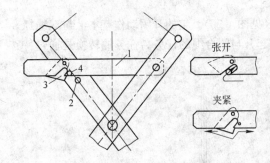

图 1-18　司机操纵的夹钳闭锁机构

1—撑杆;2—销钉;3—摆动挡块;4—挡钉

采用上述通用杠杆式夹钳在吊装物品时仍
需要一些辅助劳动,如果配上一套闭锁机构(见图
1-18)就可以由司机操纵它的开闭,不再需要辅助
人员协助。其工作原理是:撑杆 1 铰接在一个钳
臂上,在另一个钳臂上有一销钉 2。撑杆上有一
斜槽,在夹持物品之前,司机将夹钳下降,使夹钳
自动张开,并使销钉略微滑过槽口。当司机提升
夹钳时,夹钳闭合,但由于销钉滑入斜槽,阻止夹
钳继续闭合,因而能维持夹钳张开,以便夹取物
品。在夹持物品时,销钉不能滑入斜槽,为此在撑
杆斜槽处装有铰接的摆动挡块 3,挡钉 4 限制它
的最低位置。当司机将夹钳放到要夹取的物品上后,大幅度地落下夹钳,使销钉 2 又滑过挡块,
这时挡块落下,遮住了斜槽。当司机提升夹钳时,销钉 2 由挡块下方滑过斜槽,不再阻止夹钳
闭合。

1.2.4.3　抓斗

抓斗是一种自动的取物装置,主要用来装卸大量的散粒物料。根据抓斗开闭方式的不同,抓
斗有双绳抓斗、单绳抓斗、电动抓斗和多瓣抓斗,最常用的是双绳抓斗。

A　双绳抓斗

双绳抓斗(见图 1-19)由颚板、撑杆和上、下横梁组成。它由两支钢丝绳来操纵其开闭和升降
动作,这两支钢丝绳(起升绳和闭合绳)分别由两个卷筒(起升卷筒和闭合卷筒)来操纵。起升绳
系于抓斗的上横梁,闭合绳以滑轮组的形式绕于上、下横梁之间,并与下横梁连接。其动作原理

如下:抓斗以张开的状态下降到散粒物料上,起升卷筒停止不动,向上升方向来开动闭合卷筒,抓斗逐渐闭合(见图 1-19a),在自重作用下抓斗颚板挖入料堆,抓取物料。当抓斗完全闭合时,立即开动起升卷筒,这时,起升与闭合卷筒共同旋转(见图 1-19b),将满载抓斗提升到适当高度。当抓斗移动到卸料位置时,向下降方向开动闭合卷筒,起升卷筒停止不动(见图 1-19c);抓斗即张开卸料。总之,起升绳与闭合绳速度相同时,抓斗就保持一定的开闭程度起升或下降;当起升绳与闭合绳速度不同时,抓斗就开闭。

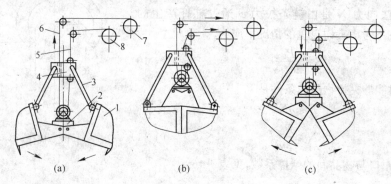

图 1-19 双绳抓斗

1—颚板;2—下横梁;3—撑杆;4—上横梁;5—起升绳;6—闭合绳;7—闭合卷扬;8—起升卷筒

　　双绳抓斗工作可靠,生产率高。但它需要配备专门的双卷筒绞车,而单绳抓斗就可以用于普通单卷筒绞车。单绳抓斗结构与操作复杂,生产率低,用于兼运成件物品及散粒物料的起重机。

　　B　单绳抓斗

　　单绳抓斗也是由颚板、撑杆及上、下横梁组成(见图 1-20)。它的开闭动作基本上与双绳抓斗相同,只是这里只有一根钢丝绳,它应当轮流承担起升与闭合绳的任务。任务的转换是通过特殊的锁扣装置来完成的。

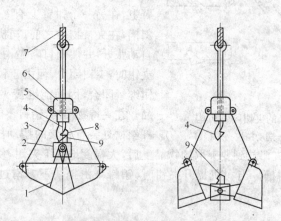

图 1-20 单绳抓斗

1—颚板;2—下横梁;3—撑杆;4—挂钩;5—拉杆;6—上横梁;7—绳索;8—杠杆;9—挂钩

　　C　电动抓斗

　　电动抓斗也不需要专门的双卷筒绞车,自身带有闭合机构。它的样式较多,我国主要采用如

图 1-21、图 1-22 所示的形式。它是把标准电动葫芦装到抓斗上做闭合机构。其特点是抓取能力大,但需附属的电缆卷筒。

图 1-21 电动抓斗

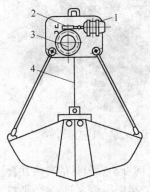

图 1-22 电动抓斗

1—电动机;2—蜗杆;3—螺轮;4—启闭颚板绳索

D 多瓣抓斗

多瓣抓斗的颚板数多于两块,而且每块颚板的切口制成尖形(爪状),使它容易插入一般双颚板不容易插入的物料中,因此对于大块坚硬的物料(如大块煤、大块矿石等)及普通双颚板抓斗不适应工作的物料(如铁屑、废钢碎块等),采用多瓣抓斗效果较好。由于多瓣抓斗受力不如双颚板抓斗好,因此,在抓斗容积相同时,抓斗自重一般要重些。多瓣抓斗的结构如图 1-23 所示。

1.2.4.4 冶金行业常用的专用夹、吊具

在钢铁冶金、有色金属冶金、机械制造等车间的桥式起重机,为吊取各种不同的物料,还专门配置有专用的夹、吊具。

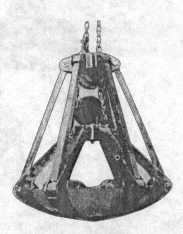

图 1-23 多瓣抓斗

A 板坯吊具

图 1-24 所示为板坯吊具,这种夹钳采用自动开闭杠杆式工作原理。结构简单,动作灵活,起运安全可靠,不需要提供任何动力源靠自重锁紧,开闭器定位,自动实现钳口的开闭动作。这种夹钳还可以制造成根据夹取板坯的块数调整定尺装置的特殊夹钳,以确保板坯在整个吊运过程中的稳定性和安全性。

B 轧辊吊具

图 1-25 所示为轧辊吊具,轧辊吊具是专为轧钢厂吊装轧辊而设计的专用吊具。轧辊吊具的样式多种多样;有上面使用横梁,下面使用吊带式钢丝绳兜吊轴径或辊面的;也有使用近似圆钢夹具的吊具直接夹持辊面的,还有使用有舌头的吊具卡住支撑辊轴承箱的凹槽等等。

图 1-24 板坯吊具

图 1-25 轧辊吊具

C 电动平移式卧卷夹钳

图 1-26 所示为电动平移式卧卷夹钳。这种夹钳由吊耳、钳臂、钳臂驱动系统、润滑装置、电气及电气控制系统及电缆卷筒等部分组成。这种夹钳结构紧凑、重量轻、载重量大、夹取准确、效率高、安全可靠、技术先进、适应性强、维修方便。该夹具已被广泛应用于各大钢厂的板坯搬运、仓库堆垛、汽车和火车的装卸场合。

D 铝卷夹具

图 1-27 所示为铝卷夹具。铝卷夹具主要用于各种心部有套筒的铝卷、钢卷、纸卷等卷状物品,吊装时采用自动启闭机构可实现吊具的自由并合。与传统的 C 形吊具相比较克服了吊装所占空间大、吊具笨重等缺点,操作简单方便、吊装平稳安全、不触卷、不伤卷,并可使用于流水作业。

图 1-26 电动平移式卧卷夹钳

图 1-27 铝卷夹具

E 圆钢吊具

图 1-28 所示为圆钢吊具。这种吊具主要用于圆钢的水平吊运、吊具的夹持部位为被吊圆钢的中部,吊具启闭需地面人员配合,手动操作。经试验这种吊具的水平起吊,试吊 2 倍载荷,吊具不变形;在倾斜起吊时,倾斜角小于 5°时,试吊 2 倍额定载荷的重物,吊具不变形。

如需非标圆钢钳时,生产厂家可特殊制作。

1.2.4.5 电磁盘

电磁盘也是一种自动取物装置,用来搬运磁性物料。常用的有圆形电磁盘(见图 1-29a)和矩形电磁盘(见图 1-29b)两种形式。前者用来吊运钢锭、钢铁铸件及废钢屑等;后者用来搬运型钢和钢板等。如吊运件长度较大时,要在横梁上同时悬挂两个或几个电磁盘进行工作。电磁盘的吸取能力随着钢材温度的升高而降低,当温度达到 730℃时,磁性接近于零,就不吸取了。此外,吸取能力还根据钢铁的化学成分和形状而异。

图 1-28 圆钢吊具

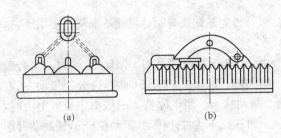

图 1-29　电磁盘

(a)圆形电磁盘;(b)矩形电磁盘

电磁盘的供电为 110～600V 直流电,我国标准电磁盘的供电电压为 220V。电磁盘的供电用挠性电缆,随着电磁铁的升降,电缆应能伸缩,这时可采用由起升机构驱动的电缆卷筒。

1.2.5　制动器

　　起重机械是一种周期性间歇动作的机械,其工作特点是经常启动和制动。为此,在起重机械中广泛应用了各种类型的制动器。

　　制动器是起重机各个机构所不可缺少的主要组成部分,它是利用摩擦副间的摩擦来产生制动作用的。制动器按其构造特征不同,有块式制动器、带式制动器和盘式制动器三种。

1.2.5.1　块式制动器

　　块式制动器主要由制动轮、制动瓦块、制动臂、上闸弹簧和松闸器等组成。为了利用较小的结构尺寸获得较大的制动力矩,保护制动轮不致磨损过快,制动瓦块的工作面上覆以摩擦衬料。块式制动器的最大制动力矩可达 15kN·m。根据松闸器的不同,块式制动器有以下几种常用形式。

　　A　短行程电磁铁块式制动器

　　短行程电磁铁块式制动器的构造如图 1-30a 所示,其工作原理如图 1-30b 所示。制动器靠主弹簧上闸,在主弹簧 9 的作用下,其左端顶住框形拉杆 8,通过拉杆 8 使右边的制动臂带动制动瓦块压向制动轮;主弹簧的右端是压在固定于推杆 10 上的螺母 11;作用力通过推杆 10 将左边制动臂连同制动瓦块也压向制动轮,于是使制动器上闸。制动器的松闸是靠电磁铁 12 的作用。电磁铁通电后其衔铁被铁芯吸入,于是衔铁的上端顶动推杆 10,将主弹簧 9 压缩,在辅助弹簧 7 的作用下推开左边的制动臂带着制动闸瓦离开制动轮,此时右边的制动臂在电磁铁重量作用下也带着制动闸瓦离开制动轮,使制动器松闸。

　　短行程制动器的优点是,由于电磁铁的行程小,因此其上闸、松闸动作迅速,重量轻,外形尺寸小。但因短行程电磁铁的吸力有限,所以它的制动力矩受到限制。通常只适用于需要制动力矩较小的机构中(其制动轮直径在 300mm 以下)。

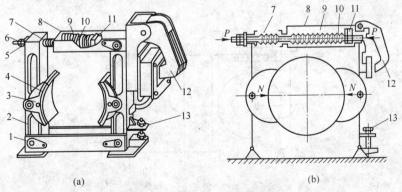

图 1-30　短行程电磁铁块式制动器

1—制动器座;2—制动臂;3—制动瓦块;4—摩擦衬料;5,6,11—螺母;7—辅助弹簧;

8—框形拉杆;9—主弹簧;10—推杆;12—电磁铁;13—调整螺栓

B 长行程电磁铁块式制动器

当起重机的机构中需要较大的制动力矩时,短行程电磁铁块式制动器便不能满足要求了,这时就需要采用一种长行程电磁铁块式制动器。

长行程电磁铁块式制动器的构造如图 1-31a 所示,其工作原理见图 1-31b。上闸时同短行程制动器一样,是在主弹簧 8 的预紧力作用下,使框形拉杆 7 向右、推杆 5 向左,并分别带动左、右制动臂,连同制动瓦块压向制动轮,使制动器处于制动状态。当电磁铁 3 的线圈中通入电流时,产生吸力将水平杠杆 1 吸起,通过垂直拉杆 2 使三角杠杆 4 逆时针转动,带动拉杆 6,使制动臂连同制动瓦块离开制动轮,制动器松闸。

从上述长行程制动器的构造和工作原理可以看出,它不同于短行程式制动器之处是,松闸电磁铁的吸力通过杠杆的作用得到了增大,即能用较小的吸力产生较大的松闸力,因此,可以相应地增大制动器的制动力矩;同时它是采用了三相交流电磁铁,其剩磁少,工作更可靠安全。其缺点是,因其沟件较多,所以体积大、笨重,工作时冲击和声响也较大。长行程电磁铁块式制动器,常用于电动起重机的起升机构中。

C 电力液压推杆块式制动器

为了满足制动力矩更大、工作平稳和工作条件繁重等多方面的要求,可采用电力液压推杆制

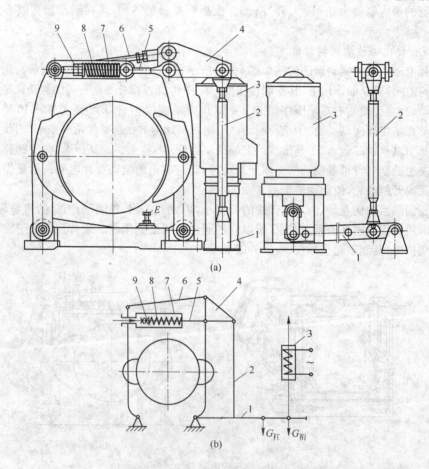

图 1-31 长行程电磁铁块式制动器

1—水平杠杆;2—垂直拉杆;3—电磁铁;4—三角杠杆;5—推杆;6—拉杆;7—框形拉杆;8—主弹簧;9—调整螺母

动器,图 1-32 即为这种制动器的一种构造形式。它是靠主弹簧 1 来合闸,用电力液压推杆 2 来松闸的。

电力液压推杆松闸器的构造如图 1-32b 所示。它由推杆电动机 3、叶轮(离心泵)4、活塞 5、推杆 6、传动轴 7、油缸 8 以及压油腔 9 等组成。叶轮 2 安装在电动机传动轴 7 上,推杆电动机 3 的电源与传动机构电器联锁。当起重机通电时,推杆电动机 3 也通电,电动机带动叶轮旋转,将油液从活塞的上部经过吸油通道 10 吸入叶轮,由叶轮打出的高压油进入压油腔 9,迫使活塞 5 及固定在它上面的推杆一同上升,使制动器松闸。电动机断电后,叶轮停止转动,活塞在弹簧力及本身重力作用下,向下降落,制动器合闸。

这种制动器与电磁铁制动器比较,有许多优点:推力恒定,合闸与松闸时无冲击和噪声,且工作平稳;每小时接合可达 700 次之多,在制动力矩相等的条件下,外形尺寸小,自重轻,所需电机也很小(0.18~0.4kW),耗电少。

这种制动器的缺点是,构造复杂,制造精度和成本较高。

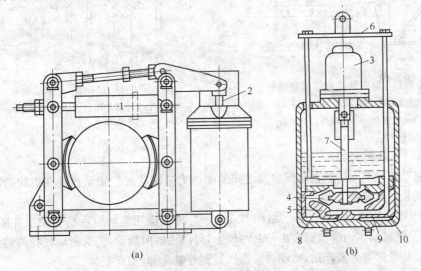

(a)   (b)

图 1-32　电力液压推杆制动器及松闸器结构
(a) 电力液压推杆双块制动器;(b) 电力液压推杆松闸器结构
1—主弹簧;2—电力液压推杆;3—推杆电动机;4—叶轮;5—活塞;
6—推杆;7—传动轴;8—油缸;9—压油腔;10—吸油通道

1.2.5.2　带式制动器

带式制动器的制动力矩是靠抱在制动轮外表面固定不动的挠性带与制动轮间的摩擦力而产生的。由于制动带的包角很大,因而制动力矩较大,对于同样制动力矩可以采用比块式制动器更小的制动轮,可以使起重机的机构布置得更紧凑。它的缺点是制动带的合力使制动轮轴受到弯曲载荷,这就要求制动轮轴有足够的尺寸。带式制动器主要用于对紧凑性要求高的起重机,例如汽车起重机。

图 1-33 所示为一种简单带式制动器构造图。这种制动器由制动轮 1、制动钢带 2 和制动杠杆 3 等组成。制动杠杆上装有上闸用的重锤 4 和松闸用的长行程柱塞式电磁铁 5。此外,还装有缓冲器 6,以减轻上闸时的冲击,保证制动的平稳性。

为了能够按照带与轮松闸间隙的大小来调节带的长度,制动钢带与制动杠杆之间采用了可调的螺旋连接。在制动钢带的外围装有固定的护板 7,并利用在其上均布的调节螺钉来保证松闸时制动钢带与制动轮离开时间隙的均匀。为了增加制动轮与制动钢带间接触面的摩擦系数,在钢带的表面固定有一层石棉等摩擦衬料。

　　为了防止制动钢带从制动轮上滑脱,可以将制动轮做成具有轮缘的结构(见图 1-34a),但更多采用的是在挡板上装调节螺钉处焊接一些卡爪来挡住钢带的结构(见图 1-34b)。

　　带式制动器除了简单式以外,还有综合式和差动式等形式,它们的零部件构造是相同的,区别仅在于制动钢带在制动杠杆上的固定位置不同,但它们的性能存在一些差异。

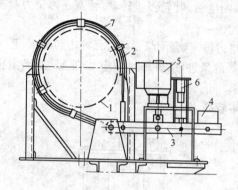

图 1-33　电磁铁简单带式制动器
1—制动轮;2—制动钢带;3—制动杠杆;4—重锤;
5—电磁铁;6—缓冲器;7—护板

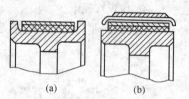

图 1-34　制动轮与制动钢带
(a) 轮缘结构;(b) 焊接卡爪结构

1.2.5.3　盘式制动器

　　盘式制动器是利用转动盘与固定盘之间的摩擦力来制动的。转动盘装在机构的传动轴上,而固定盘则装在机架上。

　　图 1-35 所示为锥盘式制动器的结构形式之一。外锥盘用键固定在机构轴上并随轴一起旋转,轴上有止推轴肩。内锥盘则自由松套在轴上,可以沿轴向滑动,但受制动杠杆的约束,不能转动。制动杠杆受拉力弹簧作用,推动内锥盘压紧到外锥盘上,实现制动。

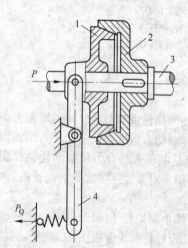

图 1-35　锥盘式制动器示意图
1—内锥盘;2—外锥盘;3—轴;4—制动杠杆

　　盘式制动器的上闸力是轴向的,对制动轮轴也不产生弯曲载荷。这种制动器只需较小的尺寸与轴向压力就可以产生相当大的制动力矩,常用于电动葫芦上,使结构非常紧凑。但它不适宜制成标准部件,因而在一般起重机中极少应用。

1.2.6　车轮与轨道

　　利用钢制车轮在专门铺设的轨道上运行,这种运行方式由于其负荷能力大,运行阻力小,制造和维护费用少,因而成为起重机的主要运行方式。桥架型起重机就主要采用了这种运行方式。

1.2.6.1　车轮

　　为适应在不同轨道上运行及适用于不同的起重机类型,起重机的车轮有多种形式。

　　车轮踏面一般制成圆柱形的。集中驱动的桥式起重机大车驱动车轮采用圆锥踏面的车轮,锥度为 1∶10,以便消除因两边驱动车轮直径不同而产生的歪斜运行。此外,在工字梁下翼缘运行的小车车轮也采用锥形踏面的车轮。

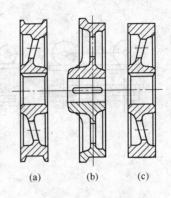

为防止脱轨,车轮备有轮缘(见图 1-36)。通常轮缘高度为 15~25mm,带有 1∶5 的斜度。为了承受起重机因歪斜运行而产生的侧向压力,轮缘应有一定的厚度,约为 20~25mm。除轨距较小的起重设备(例如起重机的小车)可以采用单轮缘车轮外,一般采用双轮缘车轮。在设置了消除脱轨可能性的导向装置后,例如在车轮两侧装有水平导向滚轮,才可以采用无轮缘车轮。

图 1-36 车轮形式
(a) 双轮缘;(b) 单轮缘;(c) 无轮缘

为了补偿在铺轨或安装车轮时造成的轨距误差,避免在结构中产生温度应力,车轮的踏面宽度应比轨顶宽度稍大。对于双轮缘车轮 $B = b + (20\sim30)$(mm);集中驱动的圆锥车轮 $B = b + 40$(mm);单轮缘车轮的踏面应当更宽些。其中 B 为车轮的踏面宽度,b 为轨顶宽度。

车轮多用铸钢制造,负荷大的车轮用合金铸钢制造。为了提高车轮的承载能力和使用寿命,车轮踏面要进行热处理。轮压不大,速度不高的车轮,例如轮压不大于 50kN,运行速度不大于 30m/min 时,也可以采用铸铁车轮。

近代起重机的车轮大都支承在滚动轴承上,运行阻力小,特别是启动期间的阻力很小。桥架型起重机的大车和小车车轮一般装在角形轴承箱中,组成车轮组(见图 1-37)。这种车轮组制造容易,安装和拆卸方便,便于装配和维修。

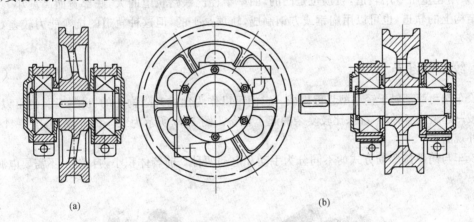

图 1-37 安装在角形轴承箱中的车轮组
(a) 从动车轮;(b) 主动车轮

车轮的大小主要由轮压来决定。随着轮压的增加,车轮直径也相应变大,轮压过大,不仅使设备费用增大,而且也受到基础构造的限制。这时,可以采用增加车轮数目的方法来降低轮压。为了使各车轮的轮压均等,可以采用均衡装置(见图 1-38)。

1.2.6.2 轨道

轨道用来承受起重机车轮传来的集中压力,并引导车轮运行。起重机用的轨道都采用标准的钢轨或特殊轧制的型钢(见图 1-39)。起重机大量采用铁路轨道,轨顶是凸的。当轮压较

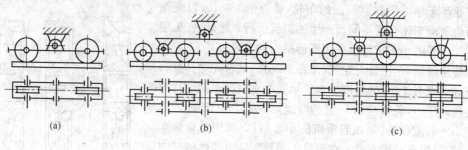

图 1-38　均衡装置
（a）两轮；（b）四轮；（c）三轮

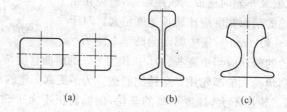

图 1-39　轨道形式
（a)扁钢、方钢；（b)铁路轨道；（c)起重机轨道

大时，采用起重机专用轨道，轨顶也是凸的，曲率半径比铁路轨道的大，底部宽而高度小。支承在钢结构上的轨道，也可以用扁钢或方钢制成，轨顶是平的，但这种轨道的抗弯能力较差，耐磨性也较差。

1.3　绞车与葫芦

绞车与葫芦都属于轻小型起重机械。它们可以作为独立升降物品的机械使用；也可以与其他机械一起组成各种形式的、比较复杂的起重设备。图 1-40 所示为绞车的外观图，图 1-41 为葫芦的外观图。

绞车与葫芦按驱动方式的不同分为手动和电动两种。前者体积小，自重轻，不需要电源，特

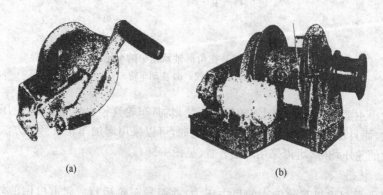

图 1-40　绞车
（a）手动绞车；（b）电动绞车

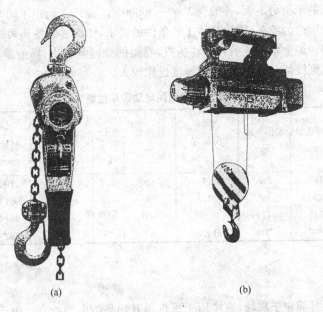

图 1-41 葫芦
(a) 手动葫芦；(b) 电动葫芦

别适用于维修工作。后者工作性能比前者优越，应用广泛。

本节只讨论电动绞车和电动葫芦的构造、动作原理及性能参数。

1.3.1 电动绞车

电动绞车又称卷扬机。电动绞车作为独立的起重机械，通常安装在固定的建筑物或钢结构的构件上，用卷筒和绳索牵引负荷。电动绞车由于有构造简单、自重轻、控制方便、卷筒绕绳量大，可以根据工作需要而变动工作位置等特点，被广泛地应用于建筑工地、矿井、电梯和其他厂矿企业中。

图 1-42 为电动绞车的构造简图。电动绞车工作时，电动机通过减速器驱动卷筒旋转，将绳索绕上或放出，从而牵引物品运动。在电动绞车中，物品运动方向的改变是靠改变电动机的转向来实现的。运动停止是利用装设在减速器高速轴上的制动器来完成的。控制器是电动绞车的操纵控制系统。

对于绕绳量不大的绞车，绳索在卷筒上为单层卷绕；对于大绕绳量的绞车，绳索在卷筒上为多层卷绕的，最多时可达到 5 层。

电动绞车的主要参数是牵引力、绳的牵引速度、卷筒的绕绳量以及外形尺寸和自重等。

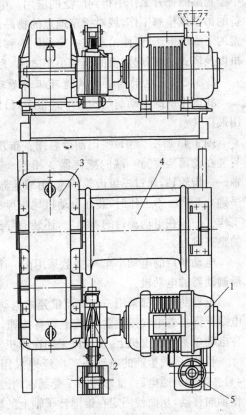

图 1-42 电动绞车
1—电动机；2—制动器；3—减速器；
4—卷筒；5—鼓形控制器

通用电动绞车的牵引力不大,一般为3000~30000N。表1-17给出了国产通用电动绞车的性能参数。对于专门用途的绞车,则视具体工艺条件的要求,性能参数各具某些特点。如用于钢铁厂炼铁高炉和炼钢转炉上料系统的料车卷扬机,卷筒的绕绳量较小,绳的牵引速度较低;而用于矿井提升的卷扬机则绕绳量特别大,绳的速度也比较大。

表 1-17　国产通用电动绞车性能参数

名称	牵引力 /N	卷筒直径 /mm	卷筒宽度 /mm	钢绳牵引速度 /m·min⁻¹	绕绳量 /m	电动机		外形尺寸 (长×宽×高) /mm×mm×mm	质量 /kg
						功率 /kW	转速 /r·min⁻¹		
0.3t	3000	180	236	17	60	1.7	940	1100×772×565	282
0.5t	5000	230	465	33.8	100	4.2	925	961×1002×607	550
1t	10000	245	470	18.96	100	4.2	925	961×1002×607	550
3t	30000	400	304	19.2	60	16	680	1882×1230×1118	1750

1.3.2　电动葫芦

电动葫芦是一种固定于高处,直接用于垂直提升物品的电动绞车。由于把电动机、减速器、卷筒及制动装置紧密集合在一起,结构非常紧凑,且通常由专门厂家生产,价格便宜,从而在中、小型物品的提升工作中得到广泛的应用。电动葫芦可以单独地悬挂在固定的高处,用于专用设备的吊装或检修工作,或对指定地点的物品进行装卸作业;更方便地可以备有小车,以便在工字梁的下翼缘上运行,使吊重在一定范围内移动,作为电动单轨起重机、电动单梁或双梁桥式起重机以及塔式、龙门起重机的起重小车之用,为较大的作业范围服务。

1.3.2.1　电动葫芦的构造及工作原理

我国生产的电动葫芦构造形式很多,目前以CD型和经过改进设计以后的CD₁型电动葫芦应用最广。

图1-43所示为CD型电葫芦总图。布置在卷筒装置4一端的电动机1,通过弹性联轴器2,与装在卷筒装置另一端的减速器3相连。工作时,电动机通过联轴器直接带动减速器的输入轴——齿轮轴,通过三级齿轮减速,由减速器的输出轴——空心轴驱动卷筒转动,缠绕钢丝绳,使吊钩8升降。不工作时,装在电动机尾端风扇轮轴上的锥形制动器7处于制动状态,葫芦便不能工作。一般在电动葫芦的卷筒上,还装有导绳装置,该装置用螺旋传动,以保证钢丝绳在卷筒上的整齐排列。

电动葫芦的电动小车5,多数采用由一个电动机驱动两边车轮的形式,且一般仍是采用带锥形制动器的电动机。

电动葫芦大都采用三相交流鼠笼式电动机。电动机的控制常常采用地面按钮控制。在悬垂电缆下部挂着电气按钮盒6,其上装有按钮,一般为升降两个,左右运行两个。如果电动葫芦用在电动单梁等起重机上,也可以采用在司机室里操纵的方式。

目前,国内生产的电动葫芦广泛地采用了锥形转子电动机,它兼有制动器的作用(见图1-44)。电动机通电后,锥形转子1受到轴向磁拉力作用,此力克服弹簧2的压力,使锥形转子向右作轴向移动,从而使固定在锥形转子轴上的风扇制动轮4与电动机后端盖的锥形制动盘3脱开,此时,电动机即可自由转动。断电后,磁拉力消失,锥形转子在弹簧压力的作用下,连同风扇制动轮向左移动,直至风扇制动轮与电动机后端盖的锥形制动盘紧密接触为止,这时,它们接触面上所产生的摩擦力矩,将电动机制动住。制动力矩的大小可通过调节螺母5来达到。

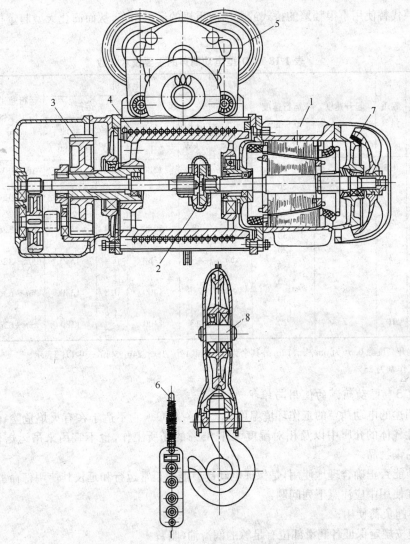

图 1-43　CD 型电葫芦总图

1—锥形转子电动机；2—弹性联轴器；3—减速器；4—卷筒装置；5—电动小车；6—电气按钮盒；7—制动器；8—吊钩

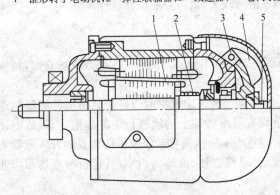

图 1-44　锥形转子电动机

1—锥形转子；2—压力弹簧；3—锥形制动盘；
4—风扇制动轮；5—调节螺母

1.3.2.2　电动葫芦的主要技术参数

CD 型或 CD$_1$ 型电动葫芦的起重量为 0.5t、1t、2t、3t、5t、10t；起升高度为 6～30m；正常起升速度为 8m/min。根据使用要求，MD 型或 MD$_1$ 型电动葫芦还可以具有为正常起升速度十分之一的微升速度，以满足精密安装，装夹工件和砂箱合模等精细作业的要求。电动葫芦的运行速度有 20m/min 和 30m/min 两种。电动葫芦的技术参数见表 1-18。

近年来，大起重量的电动葫芦在很多国家得到了迅速发展，而且已有这样的趋势，即将电动葫芦代替使用不很频繁的桥式或龙门起重机的运行小车,从而简化大型起重机结构,降低自重。

表 1-18　CD₁型电动葫芦的主要技术参数

规格型号	起重量/t	起升速度/m·min⁻¹	运行速度/m·min⁻¹	钢丝绳直径/mm	电动机				运行轨道用工字钢型号	环形轨道最小半径/m
					起升		运行			
					功率/kW	转速/r·min⁻¹	功率/kW	转速/r·min⁻¹		
CD₁0.5-□	0.5	8	20	4.8	0.8	1380	0.2	1380	16~28b	1.5
CD₁1-□	1	8	20 30	7.4	1.5	1380	0.2	1380	16~28b	1.5~3.5
CD₁2-□	2	8	20 30	11	3	1380	0.4	1380	20a~32c	2.0~4.0
CD₁3-□	3	8	20 30	13	4.5	1380	0.4	1380	20a~32c	2.0~4.0
CD₁5-□	5	8	20 30	15	7.5	1400	0.8	1380	25a~63c	2.0~4.0
CD₁10-□	10	7	20	15	13	1400	0.8×2	1380	25a~63c	3.0~7.2

注:1. 起升高度除 0.5t 为 6m、9m、12m 外其余为 6m、9m、12m、18m、24m、30m,表中以□表示。
　　2. 工作制为 25%。

1.3.2.3　电动葫芦的使用与维护

一般用途的电动葫芦的工作环境温度为 -20~40℃。它不适于在有火焰危险、爆炸危险和充满腐蚀性气体的介质中以及相对湿度大于 85% 的场所工作,也不宜用来吊运熔化金属和有毒、易燃、易爆物品。

电葫芦能否正确合理地使用,是保证电动葫芦能否正常运行和延长其使用寿命的重要因素。电动葫芦在使用中应注意下列问题:

(1) 不超负荷使用;

(2) 应按规定保证各润滑部位有足够的润滑油(脂);

(3) 不宜将重物长时间悬在空中,以防零件发生永久变形;

(4) 电动葫芦在工作中如发现制动后重物下滑量较大,就需对制动器进行调整。

1.4　桥式起重机

桥式起重机是一种用途很广的起重机械,适用于所有工业部门的车间内部或料场仓库,特别是在机械制造工业和冶金工业中得到了更为广泛的应用。

桥式起重机又称桥吊、行车。桥式起重机是桥架支承在建筑物两边高架轨道上并能沿轨道行走的一种桥架型移动式起重机。其在桥架上设有可沿桥架上的轨道行走的起重小车(或电动葫芦)。它是依靠桥架沿厂房轨道的纵向移动、起重小车的横向移动以及吊钩装置的升降运动来进行工作的。它具有重量大、构造简单、操作灵活、维修方便、占地面积小,且运行时不妨碍作业场地其他工作的特点。

桥式起重机一般由桥架、起重小车、大车运行机构、司机室(包括操纵机构和电气设备)等四大部分组成。桥式起重机的机构部分有起升、小车运行和大车运行三个机构,各机构有单独的电动机进行驱动。

桥式起重机用吊钩、抓斗、专用夹具、吊具或电磁盘来装卸货物,吊运方式由大车的纵向运动,小车的横向运动以及起升机构的升降运动所组成。这些运动构成了一个长方形的大范围作业空间。

1.4.1　桥式起重机的类型和主要参数

桥式起重机可以用人力或电力驱动。人力驱动只用在起重量不大(不超过20t)而且工作量不很大的场合。例如仅用于厂房内生产设备的检修,或用在没有电源的地方。在其他情况下,一般均使用电力驱动。

1.4.1.1　电动单梁桥式起重机

图1-45所示为电动单梁桥式起重机的一种典型构造。桥架由工字钢(或其他型材)主梁1、槽钢拼接的端梁2、垂直辅助桁架3和水平桁架4组成。4个车轮是通过角形轴承箱连接在端梁上的,其中两个主动车轮由水平桁架中间平台上的电动机5,经过二级圆柱齿轮的立式减速器6和传动轴7来驱动,桥架运行机构的制动器装在上述电动机和立式减速器之间带制动轮的柱销联轴器上。运行式电动葫芦8在主梁工字钢的下翼缘上行走,两端极限位置由固定在工字钢腹板上的挡木来限制。在桥架一侧的端梁上装有行程开关9,以保证起重机在厂房内运行到两端极限位置或两台起重机相遇时自动切断电源而停车。

这种起重机根据使用需要有两种操纵方式,一种是地面上用电动葫芦上悬挂下来的电缆按钮盒10来控制;另一种是在桥架一侧的司机室11内进行操纵。后者桥架运行速度可快些,并且由于桥架运行机构采用绕线型电动机,启动时比较平稳。按钮控制用的是鼠笼型电动机,并考虑到操纵者随车行走,故这时桥架运行速度不能很快,一般不超过40m/min。起重机主电源由厂房

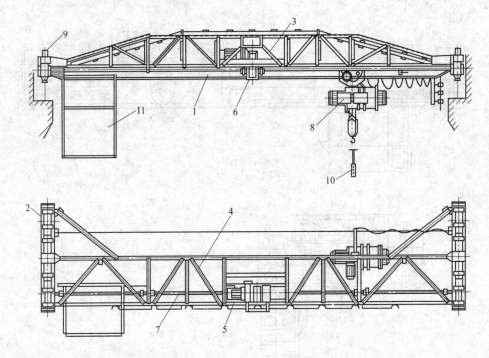

图1-45　电动单梁桥式起重机

1—工字钢主梁;2—槽钢拼接的端梁;3—垂直辅助桁架;4—水平桁架;5—电动机;6—立式减速器;

7—传动轴;8—运行式电动葫芦;9—行程开关;10—电缆按钮盒;11—司机室

一侧的角钢或圆钢滑触线引入,而电动葫芦的电源用软电缆供电。

电动单梁桥式起重机是与电动葫芦配套使用的,所以它的起重量取决于电动葫芦的规格,一般为 0.25～10t。起重机的跨度由于受轧制工字钢规格的限制,一般为 5～17m。新型的 LD 型单梁桥式起重机跨度可达 22.5m。这种起重机在我国已标准化,并由专业厂成批生产。由于电动葫芦不适宜于频繁使用和在高温的环境下工作,故电动单梁桥式起重机都是按 JC25％使用来确定其工作级别的。

1.4.1.2　电动双梁桥式起重机

从上面介绍的电动单梁桥式起重机来看,由于电动葫芦的使用条件和桥架结构等原因,进一步提高它的起重量和增大它的跨度受到了限制。而电动双梁桥式起重机能很好地解决这个矛盾。所以电动双梁桥式起重机是我国生产的各种起重机中产量最大且应用最广泛的一种。

图 1-46 所示为我国现行生产的标准电动双梁桥式起重机的典型构造。该起重机从大的方面可以分为起重小车 1、桥架金属结构 2、桥架运行机构 3 以及电气控制设备 4 四部分。电动双梁桥式起重机的司机一般都是在司机室 4 内操纵,司机室的位置根据使用环境,可以固定在桥架的两侧或中间,特殊情况下也可以随起重小车移动。

根据操作安全、可靠的要求,起重机的所有机构都应具备制动器和行程终点限位开关。起重机的主电源由厂房一侧走台上的角钢或圆钢滑触线引进,或用软电缆供电。

在通常情况下,桥式起重机搬运的物品是多种多样的,用吊钩作取物装置辅以各种索具和吊具就能适应工作的需要。因此,我们把有吊钩的电动双梁桥式起重机称为通用电动双梁桥式起

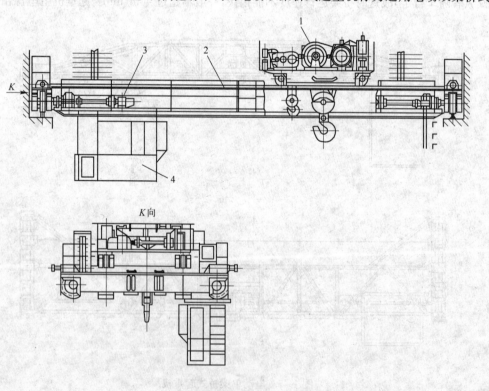

图 1-46　电动双梁桥式起重机

1—起重小车;2—桥架金属结构;3—桥架运行机构;4—电气控制设备和司机室

重机。当然，与之相对应的便有各种专用的桥式起重机。例如，用于搬运钢铁材料的电磁桥式起重机，搬运焦炭、矿石等散料用的抓斗桥式起重机以及使用吊钩、电磁盘和电动抓斗的三用桥式起重机等。以上这些都是从吊钩通用桥式起重机派生出来的。

通用电动双梁桥式起重机的起重量一般在5～500t之间。我国目前生产的标准桥式起重机的起重量范围为5～250t，它们分属于两个系列产品，其规格如下：

(1) 5、10、15/3、20/5、30/5、50/10t（属于中小起重量系列）；

(2) 75/20、100/20、125/20、150/30、200/30、250/30t（属于大起重量系列）。

其中，10t以上均有主、副两套起升机构，副钩起重量（分母的数字）一般取主钩的15%～20%左右，以便充分发挥起重机的经济效能。新产品的起重量系列将采用优先数列调整如下：

(1) 5、8、12.5/3、16/3、20/5、32/8、50/12.5t（属于中小起重量系列）；

(2) 80/20、100/32、125/32、160/50、200/50、250/50t（属于大起重量系列）。

标准的电动双梁桥式起重机的跨度为10.5～31.5m，每3m一个规格。其他的性能参数可查有关产品目录。

2002年1月，太原重工股份有限公司研制的1200t桥式起重机在三峡左岸电站施工现场三次吊起1500t重物，静载超负荷试获得圆满成功，创造了起重史上的世界新纪录。太重研制的这两台1200t桥式起重机为三梁式结构，主要由桥架、大车、运行机构、1200t主小车、125t副小车、吊具、司机室、电缆滑线及电气控制部分组成。是目前世界上起重量最大，跨度（33.6m）最大，安全等各项性能指标最先进的桥式起重机，其控制技术处于当今世界领先水平，被同行专家誉为"天下第一机"。

1.4.2 起重小车的构造

起重小车是桥式起重机的一个重要组成部分。它是桥式起重机中机械设备最集中的地方。起重小车（见图1-47）包括起升机构（主起升机构和副起升机构）、小车运行机构和小车架等部分，此外还有一些安全防护装置。

1.4.2.1 起升机构

在图1-47中可以看出，主、副两套起升机构除所用的滑轮组倍率不同和制动器的形式不同外，两者的配置方式是完全相同的。电动机轴与二级圆柱齿轮减速器的高速轴之间采用两个半齿轮联轴器和中间浮动轴（见图1-48）联系起来。半齿轮联轴器的外齿轮套固定在浮动轴的两端，并与各自的内齿圈相配。装在减速器轴端的半联轴器做成制动轮的形式，机构的制动器就装在这个位置。采用这种方式配置的优点是，被连接的两部件的轴端允许有较大的安装偏差，机构制动器的拆装较方便，只需卸掉浮动轴便可进行。这种连接方式的缺点是使构造变得复杂了些。

减速器低速轴与卷筒部件的连接结构

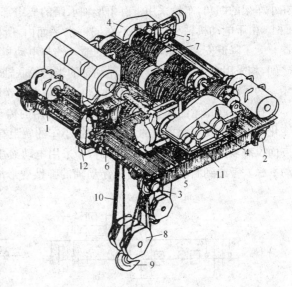

图1-47 双梁桥式起重机小车

1—电动机；2,3—车轮；4—减速箱；5—制动器；6—联轴器；

7—卷筒；8—滑轮；9—吊钩；10—钢丝绳；

11—小车架；12—运行机构减速器

如图 1-48 所示。减速器的低速轴伸出端 1 做成喇叭状,并铣有外齿轮,带有内齿圈的卷筒左轮毂 2 与它相配合,形成齿轮联轴器传递运动;轮毂 2 与卷筒 5 用铰孔光制螺栓连接,因此减速器轴的扭矩通过齿轮联轴器和螺栓直接传递到卷筒。而卷筒轴 4 是一根不受扭转只受弯曲的转动心轴,其右端的双列自位滚珠轴承放在一个单独的轴承座 7 内,而左端的轴承 3 就支承在减速器低速轴端的喇叭孔内。卷筒上钢丝绳作用力通过两个轮毂传给心轴,心轴又以左端支座反作用力传给了减速器的低速轴。

　　卷筒的这种连接方式的最大优点是结构紧凑,部件的分组性较好,齿轮联轴器允许在两轴端位置有一定偏差情况下正常工作。但构造比较复杂,制造比较费工。

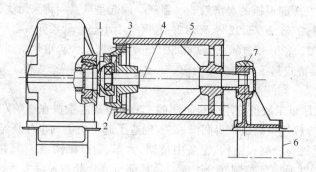

图 1-48　减速器与卷筒的连接
1—减速器低速轴伸出端;2—卷筒左轮毂;3—轴承;4—卷筒轴;5—卷筒;6—车架;7—轴承座

1.4.2.2　小车运行机构

　　在图 1-47 所示的标准起重小车的运行机构中,小车的四个车轮(其中半数是主动车轮)固定在小车架的四角,车轮采用带有角形轴承箱的成组部件。运行机构的电动机安装在小车架的台面上,由于电动机轴和车轮轴不在同一水平面内,所以运行机构采用立式的三级圆柱齿轮减速器。为了降低安装要求,在减速器的输入轴与电动机轴之间以及减速器的两个输出轴与车轮轴之间,均采用全齿轮联轴器或带浮动轴的半齿轮联轴器的连接方式。

　　为了减轻自重和降低制造成本,也有用尼龙柱销联轴器来取代这些齿轮联轴器的。

　　在中小起重量的起重小车运行机构中常用的传动形式如图 1-49 所示。机构传动布置上有变化的原因主要与起重量的大小和起重小车的轨距有关。这两种传动布置形式在机构使用性能方面没有多大差别。在小车运行机构中采用电动液压推杆块式制动器比较理想,它能使机构制动平稳。考虑到制动时利用高速浮动轴的弹性变形能起缓冲作用,在图 1-49b 中将制动器装在

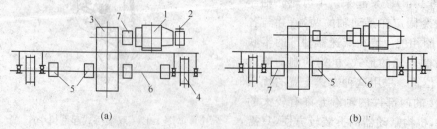

(a)　　　　　　　　　　　　　　　　　　　　　(b)

图 1-49　小车运行机构传动简图
(a)减速器在小车架中间;(b)减速器在小车架一侧
1—电动机;2—制动器;3—立式减速器;4—车轮;5—半齿轮联轴器;6—浮动轴;7—全齿轮联轴器

靠近电动机轴一边的制动轮半齿轮联轴器上,此结构与起升机构有所不同,起升机构以工作安全可靠性为出发点,当浮动轴断了后仍能将物品制动在空中,所以它的制动器都安装在靠近减速器的一边。

近年来小车运行机构的车轮已改用单轮缘车轮,轮缘设在轨道的外侧。实践证明,其工作安全可靠,而且车轮的加工省时,降低了制造成本。

1.4.2.3 小车架

由于小车架要承受全部起重量和各个机构的自重,所以要求车架有足够的强度和刚度,同时又要尽可能地减轻自重,以降低轮压和桥架受载。现代的起重机小车架均为焊接结构,由钢板或型钢焊成。根据小车上受力分布情况,小车架由两根顺着轨道方向的纵梁及其连接的横梁构成,形成刚性整体。纵梁的两端,留有直角形悬臂,以便安装车轮的角形轴承箱(见图1-50)。

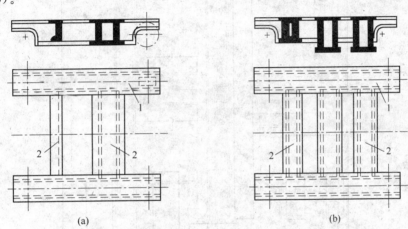

图 1-50 小车车架的构成
(a)—套起升机构的小车架;(b)两套起升机构的小车车架
1—纵梁;2—横梁

图1-51为一10t小车的小车架图。从图中可以看出,小车的台面上均匀铺有钢板(只在钢丝绳通过处留有矩形槽),在钢板上安装电机、卷筒、减速器等机电设备。在这些设备下面,装有调整高度的垫板。在大批量生产时,垫板先焊在车架上,并用机床加工至需要高度(在这些集中载荷下面的部位,车架应加焊加强筋板,以防止车架台面局部变形)。小批量生产小车架,如无大型机床加工车体,往往是先安装机电设备,用不同厚度并经过加工的垫板来调整其相对高度,调整好后,再将垫板焊死在车架上。滑轮组中定滑轮安装在车架四处,支承方式为,由厚钢板加工成半圆形的支承座,该支承座焊接在连接的横梁上,这个部位是集中受载较大的部位,应特别注意保证焊缝质量。

1.4.3 桥架金属结构

桥式起重机的桥架是一种移动的金属结构。它一方面承受着满载的起重小车的轮压作用,另一方面它又通过支承桥架的运行车轮,将满载起重机的全部重量传给了厂房的轨道和建筑结构。桥架的重量往往占起重机自重的60%以上。因此,采用一些合理的桥架构造形式以减小自重,其意义不仅在于节约本身所消耗的钢材和降低成本,同时还因减轻了厂房建筑结构的受载而节省了基建费用。有时在一些现有厂房中,通过换用自重较小的桥架结构来代替原来的起重机,

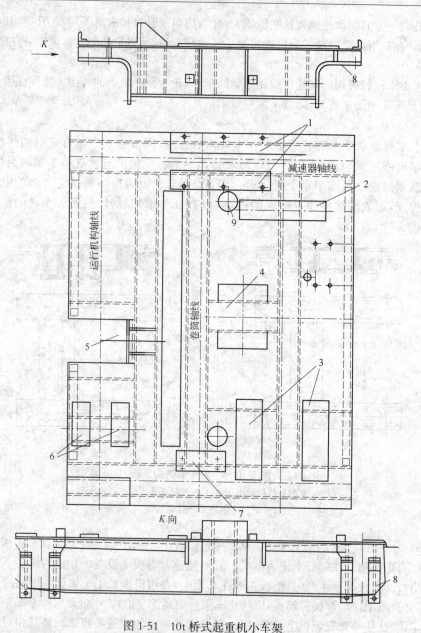

图 1-51 10t 桥式起重机小车架
1—减速器垫板；2—制动器垫板；3—起升电动机垫板；4—定滑轮安装位置；5—立式减速箱位置；
6—运行电动机垫板；7—卷筒独立轴承座垫板；8—车轮轴承箱垫板；9—手孔

便可以在不必加固厂房的情况下提高起重量，以满足生产发展的需要。当然，自重是桥架结构质量优劣的一个重要指标，但是在桥架结构选型时还应该考虑到其他方面的要求，如有足够的强度，垂直和水平刚性较好，外形尺寸紧凑，运行机构安装维护方便，以及桥架结构的制造省工等。特别要指出的是，通用桥式起重机是一种系列化的标准产品，由产品的起重量和跨度的不同而形成多种规格，生产的批量又比较大，所以简化制造工艺的要求便成为桥架结构选型的不可忽视的因素。

电动双梁桥式起重机的桥架主要由两根主梁和两根端梁组成。主梁和端梁采用刚性连接，端梁的两端装有车轮,作为支承和移动桥架之用。主梁上有轨道供起重小车运行用。

桥架的构造形式主要取决于主梁的结构形式。目前国内外采用的桥架主梁形式繁多,其中比较典型的是四桁架式和箱形梁式两种,其他型式都是对这两种基本型式的发展。

1.4.3.1 四桁架式桥架

图 1-52 是应用较早的一种桥架形式,由两根主梁和左右两根端梁组成。两根主梁都是空间四桁架结构,由主桁架 1、副桁架 2、上水平桁架 3 及下水平桁架 4 和斜撑组成。而每个桁架均由上弦杆、下弦杆和腹杆(斜杆或竖杆)组成。

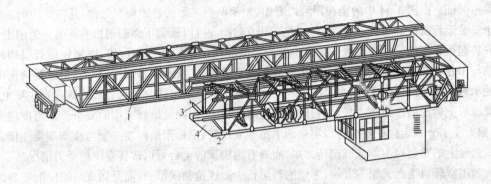

图 1-52 桁架式桥架

1—主桁架;2—副桁架;3—上水平桁架;4—下水平桁架

各杆件连接之处称为节点,为了保证焊接质量,在节点上用节点钢板来连接各杆件(即将各杆件焊接在节点板上)。

在主梁横断面上,为了保证其空间刚度,设有斜撑杆。

各个桁架均由不同型号的型钢(角钢、槽钢等)焊接而成。小车轨道铺设在主桁架上,所以主桁架上承受大部分的垂直载荷。上下水平桁架承受水平力和保证桥架水平方向的刚性。在上水平桁架上铺有花纹钢板充当走台,走台钢板也同时加强了水平桁架上承载能力。在走台上面安装大车运行机构和电气设备。

在四桁架式桥架中,端梁都是用钢板或槽钢拼接而成的(见图 1-53),主、副桁架与端梁连接处均采用较大的垂直连接板,以增强起重小车轮压作用在跨端时的抗剪切强度。

由于四桁架式桥架运行机构的电动机、减速器和长传动轴均安装在一根主梁的上水平走台

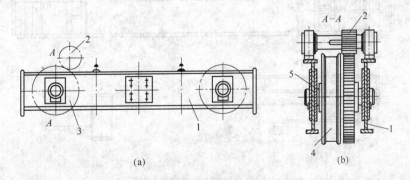

图 1-53 四桁架式桥架的端梁

1—槽钢端梁;2—小齿轮;3—大齿轮;4—主动车轮;5—车轮心轴

(见图 1-53a)上,因而车轮采用固定心轴的构造形式,传动轴的两端通过一对开式齿轮来驱动主动车轮。由于开式大齿轮与车轮做成一体,因而车轮位置不在端梁截面的对称线上,对端梁受力不利(见图 1-53b)。

1.4.3.2　箱形梁式桥架

箱形梁式桥架是我国生产的桥式起重机桥架结构的基本形式。桥架的主梁 1 采用由钢板组合的实体梁式结构(见图 1-54),它由上、下盖板和两块垂直腹板组成封闭的箱形截面见图 1-54 中的 C—C 剖面。起重小车的轨道固定在主梁上盖板的中间,架架结构的强度和刚性均由箱形主梁来保证。由图 1-54 中的俯视图可以看出,桥架两根主梁的外侧均有走台,其中一边的走台 3 用于安装运行机构和电气设备,走台的左端开有舱门 5 可以通到下面的司机室。另一边的走台 4 是安装起重小车的输电滑触线。走台位置的高低取决于车轮轴线的位置,以便使运行机构的传动轴与车轮轴在同一水平面内,可用齿轮联轴器直接连接。因此,桥架端梁 2 的构造要适应带角形轴承箱的车轮部件的安装(参见图 1-54 中 B 向视图)。走台通常是悬臂式地固定在主梁上,借主梁腹板上伸出的撑架来支托,走台的外侧装有栏杆 11 以保证维修工作的安全。当跨度较大时(一般大于 17m),走台栏杆也可以用一面副桁架来代替,副桁架的两端必须与桥架端梁连接。悬臂式走台上的重量对主梁造成扭转力矩,而具有副桁架的走台可以改善主梁的受力情况。

为了减轻自重而又制造方便,主梁的外形很少做成抛物线形的,而是做成两端向上倾斜的折线形的。为了保证上盖板和垂直腹板受载时具有足够的稳定性,箱形主梁的内部要安排大、小垂

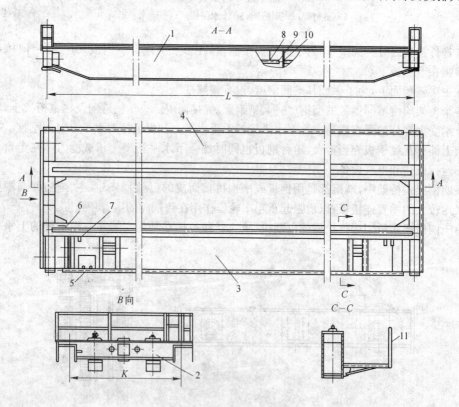

图 1-54　箱形梁式桥架结构

1—主梁;2—端梁;3—传动侧走台;4—输电侧走台;5—司机室舱门;6—缓冲器挡板;
7—小车行程开关支座;8—小加劲板;9—水平加劲角钢;10—大加劲板;11—栏杆

直加劲板 8 和 10 以及水平加劲角钢 9(见图 1-54)。

桥架的端梁也采用钢板焊接的箱形结构。考虑到桥架的运输和安装方便,常把端梁制成两段(或三段),每一段都在制造厂与主梁焊接在一起成为半个桥架,在运送到使用地点安装时,再将两个半桥架用螺栓在端梁接头处连接起来,成为一台完整的桥架。

对两种桥架的构造有了初步的认识以后,下面综合比较一下它们的优缺点,以便根据实际情况选用合理的桥架构造形式:

(1) 在相同的强度和刚度条件下,桁架式桥架的主梁结构高度比箱形梁的大,因此在同样使用条件下厂房的建筑高度也必须随之增加。

(2) 在相同的工作条件下设计出来的箱形梁式桥架的自重比桁架式桥架的大些,尤其是在起重量小(小于 15~20t)而跨度又较大(大于 17m)的情况下,这种差别更为显著,这时起重机作用在厂房轨道上的轮压可相差约 20%,轮压的增大要求厂房及地基都随之加强。但是两种桥架的自重的差别是随着起重量增大和跨度减小而接近的。

(3) 箱形梁式桥架比四桁架式桥架制造简单,大约可以节省人力和制造工时 30%~60%,而且占用的施工场地也较少,对于专业化成批生产来说,这些都是选型时不可忽视的因素。

(4) 箱形梁式桥架可以采用带角形轴承箱的车轮部件,使运行机构的分组性和互换性比较好,安装和更换车轮比较方便,而桁架式桥架却不便于做到这一点。

综上所述,箱形梁式桥架虽然自重大些,但是从制造省工省场地,结构总高度小,运行机构安装维修方便,以及对结构的疲劳强度有利等条件考虑,作为大批量生产的起重机桥架结构的主要形式是合理的。

1.4.4　桥架运行机构

桥架运行机构和起重小车运行机构一样,也是由电动机、制动器、减速器以及车轮组等组成,并且这些部件之间的连接方式也有很多共同之处。两者之间的主要差别在于车轮之间的轨距,小车的轨距一般都不大,例如标准的 5~50/10t 起重小车的轨距在 1.4~2.5m 之间。而桥架运行机构的轨距就是起重机的跨度,一般至少在 10m 以上。因此连接两边主动车轮的传动轴要求很长,为了加工和装配的方便,都把传动轴分成几段,互相间用联轴器连接,并且还增加了一些轴承来支撑它。所以桥架运行机构中传动轴的设计成为研究机构传动形式的一个突出问题,由此引出了桥架运行机构的各种不同的构造形式。

目前在桥式起重机中采用的桥架运行机构的构造形式基本可以分为两大类:一类是用长传动轴并由一台电动机驱动两边主动车轮的集中驱动;另一类是两边的主动车轮由各自的电动机驱动,并取消了长传动轴,叫做分别驱动。在每一类驱动形式中,因运行机构各部件之间的连接和布置的不同又可以组成多种传动方案。

集中驱动的桥架运行机构(见图 1-55a),是由一台电动机通过减速器及传动轴驱动两边车轮,这种传动方式对走台的刚性要求高,重量大,安装复杂,维修不便,因此现在只用于小跨度起重机。当跨度超过 16.5m 时,大都采用分别驱动。

采用分别驱动的运行机构(见图 1-55b)的车轮是分别由两套独立的驱动装置驱动的,省去了中间传动装置,自重轻,部件分组性好,安装和维修方便。

图 1-55c 所示为采用浮动轴的分别驱动装置,这样使安装和维修更加方便。

近年来在一些桥式起重机的新产品设计中,采用了一种将电动机、制动器、减速器和主动车轮直接串接成一体,中间不用联轴器连接的桥架运行机构(见图 1-56)。机构中的电动机轴和车轮轴端分别直接与减速器高速和低速齿轮相接,而部件的壳体之间采用凸缘和螺钉连接,由于省

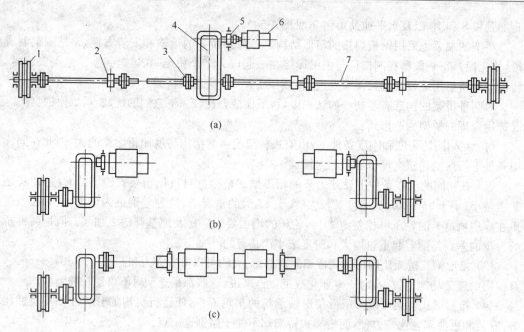

图 1-55　桥式起重机桥架运行机构

1—车轮；2—轴承座；3—联轴器；4—减速器；5—制动器；6—电动机；7—浮动轴

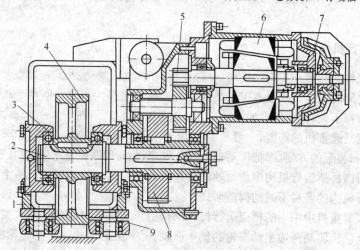

图 1-56　"四合一"驱动形式的运行机构

1—悬臂梁；2—车轮轴；3—轴承箱；4—无轮缘车轮；5—小齿轮；

6—电动机；7—锥形制动器；8—齿轮；9—水平辊子

掉了联轴器，因而机构变得更紧凑而轻巧。制动电动机可以是带锥盘制动器的锥形转子鼠笼式电动机，如前面电动葫芦所用的一样。机构的减速器除采用圆柱外啮合齿轮传动外，还有采用摆线针轮或小齿轮的行星传动形式。从使用情况来看，它比较适用于一些轻小型的桥式起重机中。对通用电动双梁桥式起重机，随着起重量的增大这种运行机构就不大适应了。

1.4.5　起重机的运行啃道

桥式起重机运行时经常出现啃道现象，即车轮与轨道侧面压触产生严重的挤压摩擦。严重的啃道,使车轮与轨道剧烈磨损,缩短寿命,并且大大增加了运行阻力,增加了电机的负荷和电能的消耗,使起重机运行不平稳,并有响声,影响起重机的正常工作。甚至起重机有可能开不动车,或发生脱轨危险。产生运行啃道的原因较多,主要原因如下:

(1)车轮安装不正。起重机车轮在水平面内应当互相平行,这样才能向前作直线运行。如车轮偏向一侧(见图 1-57a),即车轮平行度不良,则使起重机走斜而产生啃道。在垂直平面内,如车轮中心偏斜(见图 1-57b),即垂直度不良,则车轮倾斜侧的轮缘便与轨道侧面压触而啃道。在平面内,前后车轮中心线应在一条直线上,如前后车轮不在同一直线上(见图 1-57c),即直线度不良,或前后轮跨距不等,均能使其车轮轮缘压向轨道内侧或外侧,产生啃道现象。

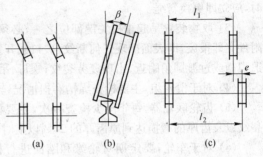

图 1-57 车轮安装不正示意图

(2)车轮直径不等。车轮直径不等(主要指主动轮),使起重机左右两侧运行速度不一致,车体走偏而啃道。这种情况在集中驱动的机构中较为明显。

(3)轨道安装不正。如两侧轨道标高偏差过大,使起重机运行过程中产生横向移动,从而使轮缘啃轨。

(4)轨面有油、水和冰霜,都可能使起重机一侧车轮打滑,而使车体走斜啃道。

(5)分别驱动的两套传动机构不同步,使车体走斜而啃道。不同步的原因有,两侧电动机转速差过大,两侧制动器调整的制动力矩不等,或两侧传动装置中齿轮间隙不等,或一侧键松动等。

发现啃道后应对车轮与轨道的安装偏差等作检查,并进行调整、处理。

1.4.6 桥式起重机的安全操作与维护

为了保证起重机能够安全可靠地工作,除了对起重机经常进行检查和维修,保证设备处于良好状态外,安全操作也是一个重要的环节:

(1)起重机应有司机开车,司机应经过专门训练,熟悉本车的结构特点和操作方法。非司机严禁开车。司机工作时,只听地面上专门人员的指挥。但是无论什么人发出停车信号时都应立即停车,查明情况后再行开车。

(2)每日开车前,必须检查所有的机械、电气设备是否良好,操作系统是否灵活。每班第一次吊运物品时,司机应先把物品起升至不超过 0.5m 的高度,然后下降至接近地面时刹车,验明刹车有效时,方可进行提升。

(3)禁止超负荷使用,禁止倾斜吊运物品。起重机吊运物品时,严禁从人头顶上通过;禁止人随同物品一起升降;不允许长时间悬吊货物在空中停留。禁止在小车和大车的走台上堆放工具、零件,以免跌落伤人。

(4)交接班时,两个班的司机应共同检查全机的机电设备情况;检修时必须切断电源。吊运液体金属时必须先提升至离地面的 150～200mm 后刹车,验证刹车可靠后,再正式吊运。禁止用起重机拉、拔埋在地下的物品。

(5)起重机工作完毕后,要开到指定地点,将所有控制手柄转回到零位,切断电源。在露天工作的起重机,不工作时,应当夹紧夹轨器,防止滑溜造成事故。

桥式起重机的维护和保养内容如下:

(1)起重机的润滑。起重机各机构的工作质量和使用寿命,在很大程度上取决于经常而正确的润滑。润滑时,应按起重机说明书的规定日期和润滑油牌号进行润滑,并且应经常检查设备的润滑情况是否良好。

　　(2) 使用钢丝绳时,应注意钢丝绳断裂情况。如有断丝、断股和钢丝绳磨损量达到报废标准时,应立即更换新绳。

　　(3) 取物装置是起重机关键部位之一,必须定期检查,如果发现下列情况,应当将吊钩及其附件立即报废,即表面出现任何断纹、破口或开裂;吊钩的危险断面或尾部有残余变形;钩尾部分退刀槽或过渡圆角附近,出现疲劳裂纹;螺母、吊钩横梁出现裂纹和变形。

　　(4) 对于滑轮组,主要检查绳槽磨损情况,轮缘有无崩裂以及滑轮在轴上卡住现象。

　　(5) 齿轮联轴器,每年至少检查一次,主要检查润滑、密封及齿轮磨损情况,发现轮齿崩落、裂纹以及齿厚的磨损达到原齿厚的 20% 以上时,就要更换新的联轴节。

　　(6) 对于车轮,要定期对轮缘和踏面进行检查。当轮缘部分的磨损或崩裂量达到厚度的 30% 时,要更换新轮。当踏面上两主动轮直径相差大于($D/600$)或踏面上出现严重的沟槽、伤痕时,应重新车光,但车光后直径不得小于($D-10$)mm。

　　(7) 对制动器,每班应当检查一次。检查时应注意制动装置应有准确的动作,销轴不许有卡死现象;闸瓦应正确地贴合在制动轮上,闸瓦的材料应良好,松闸时两侧闸瓦间隙应相等;电磁铁的温升不超过 85℃。检查制动力矩,起升机构制动器应能牢固地支承额定起重量的 1.25 倍的负载(在下降制动时)。运行机构制动器应调到能及时闸住小车,又不发生打滑。当拉杆、弹簧有了疲劳裂纹,销轴的磨损量达到了公称直径的 3.5%,制动瓦块衬层磨损达到 2mm 时,即应当更换。

　　(8) 要经常检查限位开关是否起作用,控制位置是否合适,转动式限位开关的十字块联轴节和轴的连接有无松动。

　　(9) 对于金属结构,要检查有无裂纹、断裂、焊缝开裂、下挠、旁弯、表面变形等缺陷。

1.5　龙门起重机与装卸桥

　　龙门起重机就是带腿的桥式起重机,也称龙门式起重机或门式起重机,俗称龙门吊。如图 1-58 所示。它是在桥架下面增加了两个带运行机构的支腿,从而能沿铺设在地面的轨道行驶。为了扩大其工作范围,龙门起重机的主梁一般要延伸到支腿以外形成悬臂,这样可以直接从轮船、火车和汽车上装卸或转运货物。所以龙门起重机广泛地应用在露天仓库、料场、车站、码头等场所来装卸或吊运成件物品或矿石、煤、沙砾等散粒物料,也可以进行钢铁散料及废料等具有导磁性物料的搬运。

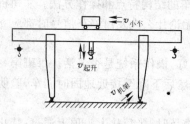

图 1-58　龙门起重机示意图

　　龙门起重机与桥式起重机相比,因具体工作条件的不同,结构与参数独具某些特点。

1.5.1　龙门起重机的种类和构造

　　龙门起重机的形式多样,按其门架金属结构形式有双梁龙门起重机和单梁龙门起重机之分。

1.5.1.1　双梁龙门起重机

双梁龙门起重机是传统形式,图 1-59 所示为双梁桁架龙门起重机的外形图,其双梁门架金属结构有箱形结构(见图 1-60)和桁架结构(见图 1-61)两种。它的两根主梁和桥式起重机的双梁结构基本相同,并且常做成带有双悬臂的形式。这类龙门起重机的起重小车与桥式起重小车通用。目前,箱形结构双梁龙门起重机的产量逐年增多,原因是桁架结构虽然自重较轻,但制造劳动量较大,维修保养不方便。一般来说,支腿结构形式与主梁结构形式是相配合的,即主梁和支腿均采用箱形结构或桁架结构,这样外形相称,比较美观,制造和备料都较方便。

图 1-59 双梁桁架龙门起重机

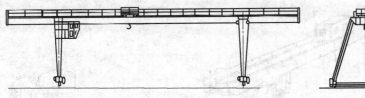

图 1-60 箱形结构双梁龙门起重机

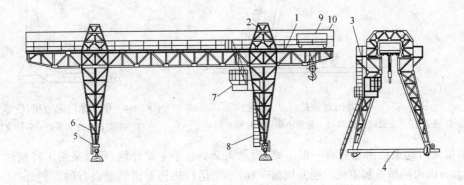

图 1-61 桁架结构双梁龙门起重机

1—主梁;2—马鞍;3—走台;4—下端梁;5—大车走行机构;6—支腿;
7—司机室;8—扶梯;9—小车机构;10—电气设备

1.5.1.2 单梁龙门起重机

单梁龙门起重机是近年来发展起来的一种新型龙门起重机。由于龙门起重机一般多带悬臂,而采用单梁形式的悬臂金属结构,自重要轻得多(见图 1-62),这种门架金属结构一般为箱形。根据支腿的结构形式的不同,可分为 L 型(见图 1-63)和 C 型(见图 1-64)单梁龙门起重机。其支腿做成倾斜的或弯曲的形状,目的在于有较大的横向空间,以便物品顺利通过支腿到达主梁的悬臂端。L形支腿构造简单,制造方便;C形支腿净空大,司机视野好。

图 1-62　单梁龙门起重机

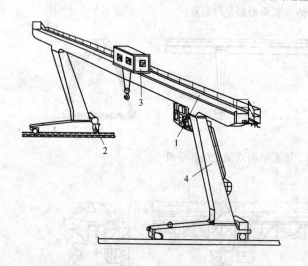

图 1-63　单梁龙门起重机(L形支腿)
1—主梁;2—支腿运行机构;3—起重小车;4—L形支腿

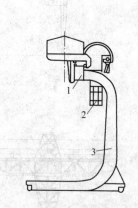

图 1-64　单梁龙门起重机(C形支腿)
1—主梁;2—驾驶室;3—C形支腿

　　单梁龙门起重机由于只有一根主梁,而吊钩又要悬于主梁外侧,所以采用了特制的起重小车,其起升机构同桥式起重机的起升机械一样,小车运行机构有沿轨道运行的车轮外,还有防止小车倾覆的水平的或垂直的反滚轮。

1.5.2　装卸桥

　　装卸桥是门式起重机的另一种形式,通常把跨度大于 35m,起重量不大于 40t 的门式起重机称为装卸桥。图 1-65 所示为装卸桥取物装置以双绳抓斗或其他专用吊具为主,工作对象都是大批量的散状物料或成批件物品,常用在冶金厂、发电厂、车站、港口、林区货场等场合。通常以生产率来衡量和选择装卸桥。其起升和小车运行是工作性机构,速度较高,起升速度大于 60m/min,小车运行速度在 120m/min 以上,最高达 360m/min,为减少冲击力,在小车上设置减振器。大车运行是非工作性的,为调整装卸桥工作位置而运行,速度相对较低,一般为 25m/min 左右。

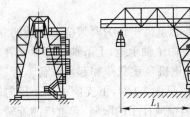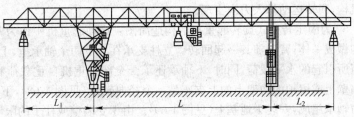

图 1-65 装卸桥

装卸桥的跨度比较大,约为 40～90m,为了避免在结构中产生温度应力,同跨度大于 35m 的龙门起重机一样,其金属结构做成一边刚性支腿,一边挠性支腿。

装卸桥可根据小车形式不同分为:普通抓斗小车式、带回转臂架抓斗小车式、带回转臂架抓斗起重机式、载重小车和牵引小车等多种形式。

装卸桥的金属结构多用桁架结构,因为桁架结构迎风面积小,而装卸桥是在露天工作的且外形尺寸较大,这样可以减少风载荷对起重机的作用;再则,桁架结构自重较小,可以减小轮压对基础的挤压作用,采用箱形结构便于制造。

1.6 臂架型起重机

臂架型起重机是与桥架型起重机工作方式完全不同的一类起重机,应用也十分广泛。它在货物被提升以后,利用臂架的旋转使物品在水平方向移动,所以,又称为旋转起重机。单独靠回转机构来实现货物的水平运动时,服务面积是一个很狭窄的圆环面积(见图 1-66a);回转机构与变幅机构配合工作可使服务面积扩大到相当大的环形面积(见图 1-66b);回转机构与运行机构的配合工作,可使服务范围扩大到与桥架型起重机的相同(见图 1-66c)。

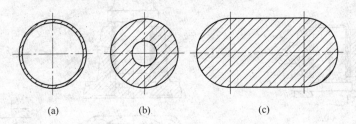

(a)　　　　　(b)　　　　　(c)

图 1-66 臂架型起重机的服务范围

1.6.1 臂架型起重机的类型和构造

臂架型起重机可分为固定式旋转起重机和流动式旋转起重机两大类。前者安装在固定地点工作,后者安装在运行车体上,可以根据工作的需要改变其工作地点。流动式旋转起重机的运行机构大多是用来改变起重机的工作地点,很少利用它来完成物品的水平移动。

1.6.1.1 固定式旋转起重机

固定式旋转起重机构造简单,制造方便,成本低廉,通常装设在某工艺装置旁边,可以为某一生产工序或专门的工艺设备服务。另外,所有流动式旋转起重机都以它作为主体,再配上各种运行方式的车体而组成的。

固定式旋转起重机按其构造的不同可分为以下三种形式:固定转柱式、固定定柱式和固定转盘式旋转起重机。它们大都采用电力驱动,可以包括起升、回转和变幅机构,最简单的也可以只有起升机构,回转运动靠人力来实现。

图 1-67 为固定转柱式旋转起重机的构造简图。这种起重机中作为臂架绕之旋转的立柱,与臂架结构做成一体,臂架随其一起回转。立柱支承在上下两个轴承里,上下轴承都承受着起重机倾覆力矩所引起的水平载荷,同时,下轴承还承受全部起重机自重载荷和起重载荷。所以,固定在厂房墙壁上或屋顶的构架上的上支座是一个径向轴承(见图 1-68),下支座由一个径向轴承和一个推力轴承组成,安装于地基上(见图 1-69)。由于受墙壁或柱子的限制,起重机的旋转范围仅为 $90°\sim270°$,其工作能力也受到安装上支座的墙壁强度的限制,一般起重量不超过 5t,载荷力矩($P_Q \times R$)不大于 100kN·m。

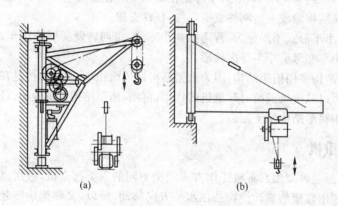

图 1-67　固定转柱式旋转起重机构造简图
(a) 电动定幅;(b) 手动变幅

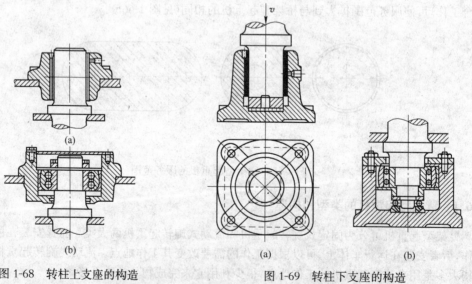

图 1-68　转柱上支座的构造　　　　　图 1-69　转柱下支座的构造
(a) 滑动轴承;(b) 滚动轴承　　　　　　(a) 滑动轴承;(b) 滚动轴承

图 1-67a 为定幅式转柱旋转起重机,它的幅度不能改变,只靠机架的旋转来搬运物品。电动起升机构安装在机架上,机架的旋转靠人力推动或绳索牵引来实现。图 1-67b 为变幅式转柱旋转起重机,幅度的改变是利用在水平臂架上的小车移动来实现的。各个机构的动作都是靠人力

驱动来完成的,如工作繁忙也可以将手动改为电动。

固定定柱式旋转起重机也有定幅和变幅式两种,图 1-70 示出了这种起重机的定幅式结构。在这种起重机上,作为臂架绕之旋转的立柱固定不动,它紧装在基础底板内,而基础底板又用地脚螺栓固定在混凝土基础上。这种起重机的臂架通过上下支座装于立柱上。上支座采用一个径向轴承和一个推力轴承(见图 1-71),下支座通常制成滚轮的形式(见图 1-72),这是因为立柱相当于下端固定的悬臂梁,下端直径较大(见图 1-73)。这种起重机可以作整周旋转,并可安装在任何需要的地方,从而使用范围较转柱式旋转起重机更为广泛。固定定柱式旋转起重机的起重量一般不超过 10t,载荷力矩可达 250kN·m。

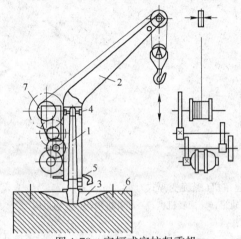

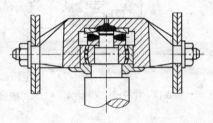

图 1-70　定幅式定柱起重机

1—定柱;2—臂梁;3—底板;4—上支座;
5—下支座;6—基础;7—起升机构

图 1-71　定柱式支承旋转装置的上支承

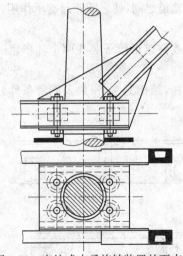

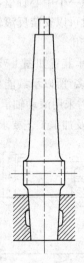

图 1-72　定柱式支承旋转装置的下支承

图 1-73　定柱旋转起重机的立柱

固定转盘式旋转起重机(见图 1-74)与前两种起重机不同,它的臂架不是连接在转柱上或支承在定柱上,而是安装在一个可以转动的转盘上。转盘利用滚子或滚轮支承在环形轨道上,并沿轨道绕中心轴旋转。这类起重机一般具有机动的起升、回转和变幅机构,这些机构都集中安装在转盘上,不仅给机械设备的维修工作带来方便,也为利用内燃机作动力,集中驱动各个机构创造了条件。

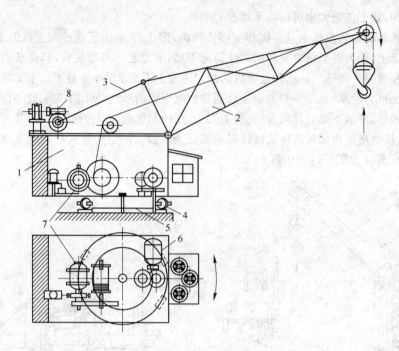

图 1-74　固定转盘式旋转起重机(螺旋变幅式)

1—转盘;2—臂梁;3—变幅丝杠;4—支承滚轮;5—圆形轨道;6—回转机构;7—起升机构;8—变幅机构

　　转盘式旋转起重机的旋转支承装置如图 1-75 所示。图中 a、b 为滚轮式结构,转盘支承在3～4 个支承点上,每个支承点有 1～2 个滚轮,滚轮可以在环形轨道上转动。为了定心,在环形轨道的中心处,设置一个中心轴枢,整个转盘即绕中心轴枢转动,同时它又可以承受水平载荷。为了防止倾覆,有时可以安装反滚轮,或者把滚轮装在槽形轨道之间,使之既能起支承作用,又能防止倾覆(见图 1-75b)。

　　滚子式支承装置如图 1-75c 所示。它将许多圆柱或圆锥形滚子装在两个环形轨道之间,由于滚子数目较多,所以承载能力较大。

　　图 1-75d 为采用滚动轴承的支承装置。它工作平稳,结构紧凑,密封及润滑条件好,旋转阻力小。但材料及加工工艺要求高,且维修不便。

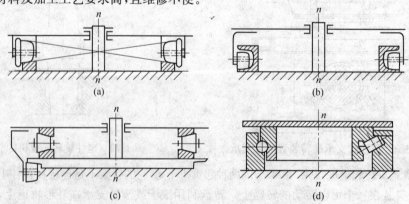

图 1-75　转盘式旋转起重机的旋转支承装置

(a),(b) 滚轮式;(c) 多滚子式;(d) 滚动轴承式

　　转盘式旋转起重机由于省去了定柱和转柱,改善了起重机整机稳定性,且可以整周旋转,所以应用比较广泛。可以安装在地基上做固定式起重机用,更多的是将其安装在能运行的车辆底盘上,构成汽车起重机、轮胎起重机和履带起重机。

1.6.1.2　流动式旋转起重机

　　流动式旋转起重机就是把固定式旋转起重机固定在运行车体上而组成的。由于运行车体的运行方式不同,因而有多种形式,现简要介绍几种典型的流动式旋转起重机。

　　A　门座起重机

　　门座起重机是一台旋转起重机,装在一个门形座架上,门座内通过一条或数条铁轨(见图 1-76)。门座起重机多用于港口装卸货物之用,常用起重量为 5～25t。起升用吊钩或抓斗,或者两者换用。造船工业也用这种起重机,进行船体装配与设备安装,起重量达 100t。

　　B　塔式起重机

　　支承于高塔上的旋转臂架起重机,称为塔式起重机(见图 1-77)。塔式起重机在建筑部门用得最广,这种起重机常常设计轻巧,便于装拆,便于建筑工地搬迁。

　　C　轮胎起重机、汽车起重机及履带起重机

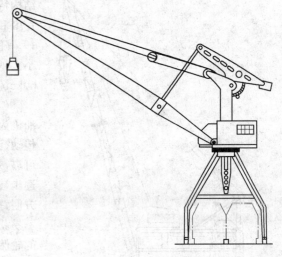

图 1-76　门座起重机

　　轮胎起重机与汽车起重机的运行支承装置都是采用充气轮胎,可以在无轨路面上行走。轮胎与汽车起重机适用于工厂、矿山、港口、车

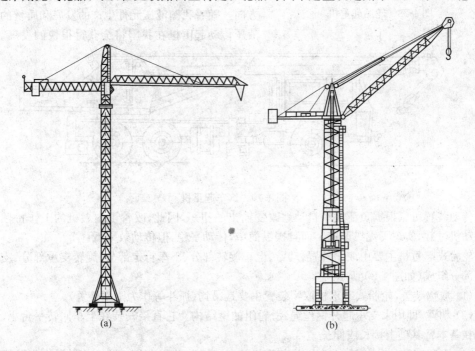

(a)　　　　　　　　　(b)

图 1-77　塔式起重机

站、仓库及建筑工地。轮胎起重机服务繁忙,调度较少;汽车起重机则调度较频繁。

　　轮胎式起重机属于臂架类起重机,是装置在轮胎式底盘上的起重设备。其主要特点是能自行移动,不需要其他牵引设备。其分类方法很多,主要有:

　　(1) 按起重量分。轮胎式起重机按重量可分为小型(起重量小于 12t)、中型(起重量为16～40t)、大型(起重量大于 40t,小于 100t)、特大型(起重量大于 100t)。

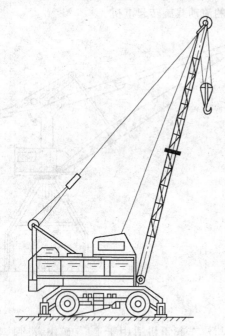

图 1-78　轮胎起重机

　　(2) 按底盘结构特点分。轮胎式起重机按底盘结构特点可分为轮胎起重机和汽车起重机两类,如图 1-78 和图 1-79 所示。他们的主要区别特征见表 1-19。随着两种起重机的发展,它们之间的差距逐渐缩小。越野式轮胎起重机的行驶速度大大提高(可达60km/h)。

　　(3) 按传动方式分。轮胎式起重机一般采用柴油机为动力源,按动力传动方法分有机械传动、电力传动、液压传动和液力传动四种。机械传动传动装置可靠,效率高,但机构复杂,操纵费力,调速性能差,现逐步被其他传动取代。电力传动传动系统简单,布置方便,操作轻便,调速性好。但电机体积大,成本高,不易获得动臂伸缩作用,因此,仅在大型桁架式动臂的轮胎起重机上采用,如 QL3-16 型轮胎起重机。液压传动传动装置结构紧凑,传动平稳,操纵省力;液压元件尺寸小、重量轻,调速性能好,易于实现动臂伸缩动作。液压传动的轮胎起重机是现代起重机的发展方向。随着我国液压元件生产的发展和质量的提高,液压传动起重机在我国将会获得很快的发展。液力

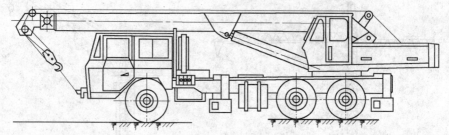

图 1-79　汽车起重机

传动传动装置可以根据负荷大小自动地改变输出的扭矩,因此,改善了内燃机的工作特性,防止了发动机过载,实现了无级调速。而且操纵简单,传动平稳,但传动效率低。

　　轮胎式起重机主要由取物装置、动臂、上车旋转部分、下车行走部分、旋转支承部分、支腿、配重等部分组成(如图 1-80 所示):

　　(1) 取物装置,轮胎式起重机取物装置主要是吊钩(抓斗等作为附属装置)。

　　(2) 动臂,即用来支承起升钢丝绳、滑轮组的钢结构。它直接安装在上车回转平台上。动臂可以在基本臂基础上接长或伸长。

　　(3) 上车旋转部分(简称上车),为起重机转台以上部分。它包括装在旋转平台上除了动臂、配重、吊钩等以外的所有旋转机件。主要有起升、旋转和变幅机构以及司机室等。上车是起重机

的主要工作装置。

表 1-19　两种起重机的主要区别特征

项　目	汽车起重机	轮胎起重机
底　盘	通用汽车底盘	
行驶速度	≥50km/h(最高 80km/h)	≤30km/h
吊重行车	一般不能	可吊一定负荷行走
发动机	中、小型用一台,在底盘上;大型用二台,底盘上一台,转盘台上一台	一台,在转台上
司机室	两个,一个用于起重作业,一个用于行驶	一个
支腿位置	前支腿位于前桥后	一般位于前、后桥外侧
作业范围	主要在前、后方作业	全周均能作业
使用特点	能作长距离转移,起重与行驶并重	不能作长距离转移,工作地点比较固定,起重为主,兼顾行驶

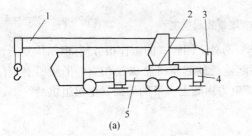 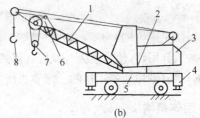

(a)　　　　　　　　　　　　　　(b)

图 1-80　轮胎式起重机
1—主动臂;2—旋转支承装置;3—配重;4—支腿;5—下车;6—副动臂;7—主吊钩;8—副吊钩

(4) 下车行走部分(简称下车),它是起重机的底盘,是上车旋转部分的基础,同时它也是起重机的行走机构。由传动系、转向系、制动系、悬挂装置、车架等组成,但不包括装在车架上的支腿。

(5) 旋转支承部分,它是安装在下车底盘上是用来支承上车旋转部分的。由旋转支承装置的全部旋转、滚动和不动的零件(旋转小齿轮除外)和固定旋转支承装置的副车架组成。所谓副车架,是指在车架上再装上一个加强的机架(只用在通用汽车底盘上)。它承受起重时的全部载荷。

(6) 支腿,轮胎式起重机为了提高起重能力,在车架上装有支腿。在工作时支腿外伸撑地,并能使整个起重机抬起离地。

(7) 配重,在起重机平台尾部常挂有一定重量的铁块,以保证起重机的稳定。

履带式起重机与轮胎式起重机构造相似,只是行走支承装置换成了履带运行装置(见图 1-81)。履带运行装置可以在没有铺路的松软的地面上行走,它的钢铁车轮在自带的无端循环的履带链长板上行走,履带具有足够的尺寸,使接地压力达 0.05~0.051MPa。履带式起重机也有液压式的,其构造原理与液压式汽车起重机相似。

D　浮式起重机

海港与河港常需吊运特大件货物,满足这种需要的最好方法是利用浮式起重机。浮式起重

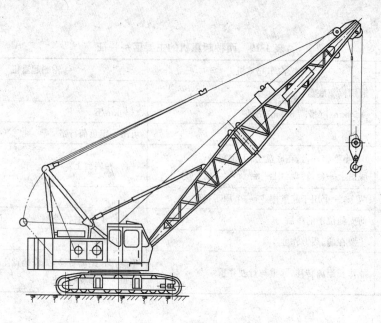

图 1-81　履带式起重机

机有回转式(见图 1-82)与不回转式(见图 1-83)两种。回转式的工作很方便,但结构复杂;当起重量特大时,放弃回转,使自重大为减轻。浮式起重机的起重机总成放在一个平底船上,有自身推动行走的,也有利用拖船运移的。起重机所需电力由船上自带的柴油发电机组供给。

1.6.2　回转机构

　　使起重机旋转部分相对于非旋转部分实现回转运动的装置称为回转机构。回转机构是旋转起重机的主要工作机构之一,它的作用是使已被起升在空间的货物绕起重机的垂直轴线作圆弧运动,以达到在水平面内运输货物的目的。

　　回转机构由原动机、联轴器、制动器、减速器和最后一级大齿轮(或针轮)传动等部分组成。为了保证回转机构能可靠工作和防止过载,在传动系统中一般装设极限力矩联轴器。原动机

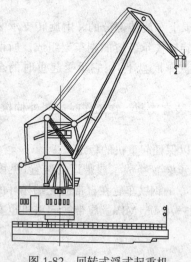

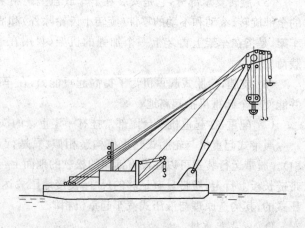

图 1-82　回转式浮式起重机　　　　　　　　图 1-83　不回转浮式起重机

大多采用电动机,但流动式旋转起重机则多数采用内燃机。

由于起重机的用途、工作特点及起重量的大小不同,在实际起重机中采用了多种回转机构驱动方案。常用的方案如图1-84和图1-85所示。其中,图1-84采用了蜗轮蜗杆减速器的形式,这种方案的优点是结构紧凑,传动比大,但效率差,一般只用于要求结构紧凑的中小型臂架型起重机。图1-85a所示为圆柱圆锥齿轮减速器的方案,其特点是传动效率高,但对机械安装精度要求较高,否则会造成齿轮啮合不良。图1-85b所示为采用轴线垂直布置的立式减速器的形式。这种方案的优点是平面布置紧凑,传动效率高且制造与安装也方便,它是回转机构较理想的驱动方案,已得到了日益广泛的采用。图1-85c所示为利用车轮与轨道的附着力来实现摩擦驱动的方案。它构造简单,但只适用于旋转部分质量不大的情况,因为驱动轮的打滑限制了它的驱动力矩。

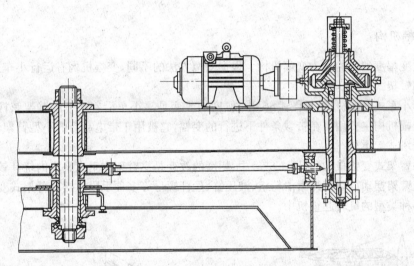

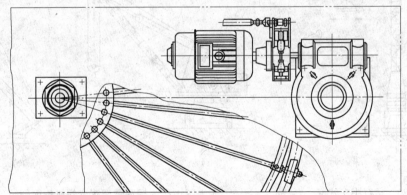

图1-84 采用蜗轮蜗杆减速器的回转机构驱动简图

在旋转起重机中,为了避免因过分剧烈的启动和制动以及因操作不当而使臂架碰到障碍物时机件和结构件过载损坏,在传动机构中一般设极限力矩联轴器(参见图1-84),使传动系统中有摩擦连接存在,当传递力矩过大时,极限力矩联轴器的摩擦面就开始滑动,从而起安全保护作用。摩擦面的压紧力由压紧弹簧产生,弹簧力的大小按所传递的力矩用螺母来调节。

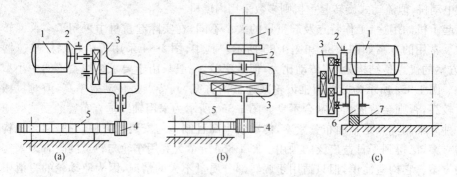

图 1-85　回转机构形式

1—电动机；2—制动器；3—减速器；4—小齿轮；5—大齿轮；6—车轮；7—环形轨道

1.6.3　变幅机构

　　用来改变幅度的机构称为变幅机构。根据变幅方法的不同，变幅机构有运行小车式、摆动臂架式和伸缩臂架式三种。

　　在运行小车式变幅机构（见图 1-86）中，幅度的改变是靠小车沿着水平的臂架弦杆运行来实现。这类变幅机构主要用于在带载条件下进行的变幅，它被用于带电葫芦的小型臂架起重机，也用于一部分塔式起重机。

　　在摆动臂架式变幅机构（见图 1-87a）中，幅度的改变是靠臂架在垂直平面内绕其铰轴摆动来实现的。使臂架摆动可以用绳索滑轮组、液压缸、丝杆螺母等多种手段。摆动臂架式变幅机构广泛应用于各种类型的旋转起重机中。

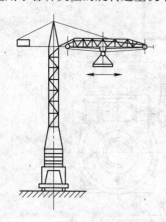

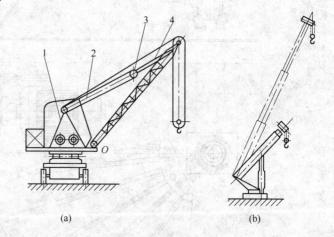

图 1-86　运行小车式变
幅机构简图

图 1-87　摆动臂架式变幅机构简图
(a) 摆动臂架式；(b) 伸缩臂架式
1—人字架；2—变幅滑轮组；3—变幅动滑轮；4—臂架拉杆（或拉索）

　　为了增大变化范围的幅度，液压驱动的汽车起重机的臂架制成可伸缩的。它用油缸驱动伸缩运动（见图 1-87b）。各级油缸进油使活塞杆顶出，臂架长度逐渐增大，到活塞杆全部顶出时，出现臂架的最大长度（见图 1-88）。这种变幅系统具有使用简便灵活的特点，在流动式起重机中正在得到推广。

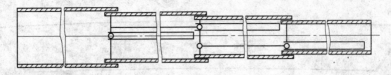

图 1-88 伸缩臂架结构简图

思考题及习题

1. 选择钢丝绳时,如何决定它们的安全系数,为什么使用情况不同时,安全系数也不同?

2. 怎样判断钢丝绳是否应报废?

3. 桥式起重机上为什么采用双联滑轮组?

4. 带式制动器的优点及其应用?

5. 目前桥式起重机上的大车和小车轮轮缘,多采用什么形式,为什么?试观察桥式起重机车轮安装时,轮缘应当在轨道里面还是在外面,为什么?

6. 桥式起重机的主要参数是什么,这些参数有什么作用?

2 运 输 机 械

2.1 概述

在现代的工业企业中,有大量的原料、半成品和成品需要运输。除了起重机械可以运输一部分外,大量的散粒物料和小件物品的运输是靠运输机械来完成的。

运输机械的类型很多,这里只介绍连续运输机。应用它可以将物料在一定的输送路线上,从装载地点到卸载地点以恒定的或变化的速度进行输送。应用连续运输机可形成连续的物流或脉动性的物流。

2.1.1 连续运输机械的特点

连续运输机械是以形成连续物流方式沿一定线路输送散装物料的机械,与具有间歇动作的起重机械比较具有以下优点:

(1) 输送能力大。连续运输机械的输送路线固定,加上散料具有的连续性,所以装货、输送、卸货可以连续进行;输送过程中极少紧急制动和启动,因此可以采用较高的工作速度,效率很高,而且不受距离远近的影响。

(2) 结构比较简单。连续运输机械沿一定线路全长范围内设置并输送货物,动作单一,结构紧凑,自身质量较轻,造价较低。因受载均匀、速度稳定,工作过程中所消耗的功率变化不大。在相同运输能力的条件下,连续运输机械所需功率一般较小。

(3) 输送距离较长。不仅单机长度日益增加,且可由多台单机组成长距离的输送线路。

(4) 自动控制性好。由于输送路线固定,动作单一,而且载荷均匀,速度稳定,所以较容易实现自动控制。

其缺点是:

(1) 通用性较差。每种机型一般只适用于输送一定种类的物料。

(2) 必须沿整条输送线路布置。输送线路一般固定不变。在输送线路变化时,往往要按新的线路重新布置。在需要经常改变装载点及卸载点的场合,须将运输机安装在专门机架或臂架上,借助它们的移动来适应作业要求。

(3) 大多不能自动取料。除少数连续运输机能自行从料堆中取料外,大多要靠辅助设备供料。

(4) 不能输送笨重的大件物品。不宜输送质量大的单件物品或集装容器。

2.1.2 连续运输机械的构成

散料机械系统通常由远距离运输、转载、取料、堆积等设备构成。

(1) 运输机械。由带式运输机(皮带机)、气垫带式运输机、螺旋运输机、气力运输机、刮板运输机等运输机械组成。

(2) 转载设备。一般为转载漏斗和其他转载设备及转载房等构成。

(3) 取堆设备。斗轮取料机、真空泵取料机、卸船机、卸车机等。

2.1.3　连续运输机的分类

连续运输机的形式很多,根据构造特点的不同,可分为以下两类:

(1) 具有挠性牵引构件的连续运输机,这类连续运输机是把物品置于承载构件上或工作构件内,利用牵引构件的连续运动,使物品连同承载构件或工作构件一起向前运送。

(2) 没有挠性牵引构件的连续运输机,这种形式的连续运输机的工作构件与物品是分别运动的。利用工作构件的旋转运动或往复运动,使物料向前运动,而工作构件自身仍保持或回复到原来位置。

常见的连续运输机分类见图 2-1。

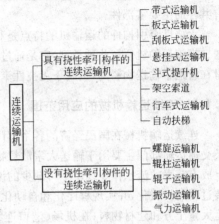

图 2-1　常见的连续运输机分类

具有挠性牵引构件运输机的特点是,将被运送的物料置于牵引构件上或工作构件内,利用牵引构件的连续运动使物料向一定方向运送,挠性构件被做成封闭的。图 2-2 给出几种具有挠性

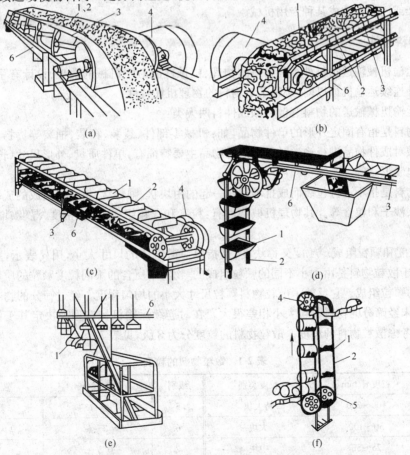

图 2-2　几种具有挠性牵引构件的运输机

(a) 带式运输机;(b) 板式运输机;(c) 刮板式运输机;(d) 斗式运输机;(e) 悬挂运输机;(f) 摇架运输机

1—承载构件;2—挠性牵引构件(在带式运输机中为运输带,其他各种运输机中均为链条);3—支撑装置;

4—驱动装置;5—张紧装置;6—支架、导轨或罩

构件运输机的结构形式。在这些类型的运输机中,其挠性牵引构件、支撑、张紧和驱动装置是具有共性的主要零部件。

无挠性牵引构件的运输机的特点是利用工作构件的旋转或往复运动,使物料向一定方向运送。螺旋运输机便属此种类型,它是通过螺旋叶片来输送物料的。气力运输机是利用气流的能量在管道中输送物料的,也属于无挠性牵引构件的一种连续运输机。

2.1.4　连续运输机械的应用范围

连续运输机械在国民经济的各个部门中得到了广泛的应用,已经遍及各行各业。在重工业及交通运输部门主要用于输送大宗散粒物料;在现代化生产企业中,连续运输机械是生产过程中组成有节奏的流水作业线所不可缺少的设备,通过连续运输机械的应用实现车间运输和加工安装过程的机械化,并实现程序化和自动化;在大型工程项目的施工工地,连续运输机械可用来搬运大量土方和建材物料;在机场、港口连续运输机械还用来输送旅客和行李。在冶金企业的车间,有大批的散装物料需要连续运输机来运输。

在实际应用中,除了采用各种通用连续运输机械(如带式运输机)和特种运输机(如特种带式运输机)以外,往往还根据生产作业的需要,将各种运输机安装在不同结构形式并具有多种工作机构的机架或门架上构成某种专用机械。

2.1.5　物料特性

连续运输机械输送物料种类和物料的物理、机械性能对于机械的选型、设计有重要的影响,在学习各种连续运输机械以前,必须了解物料的物理机械特性。

连续运输机械输送的物料有散料和成件料两大类:

成件物料是指有固定外形的单件物品,如:机械零部件、袋装、箱装、桶装等货物。在选择连续运输机械对成件物品进行输送时需考虑的物品主要特征有:单件质量、外形尺寸(长、宽、高)和形状以及包装形式等。

散粒物料是指不进行包装而成批堆积在一起的由块状、颗粒状、粉末状组成的成堆物料,如:矿石、煤炭、沙子和粮食等。其物理机械特性有:粒度和颗粒组成、堆积密度、湿度、堆积角、外摩擦系数等等。

(1) 粒度和颗粒组成。粒度又称块度,是指单一散粒体的尺寸大小,用 d 表示,单位是毫米(mm)。由于散粒物料是由大小不同的颗粒组成的,物料中所含的不同粒度颗粒的质量分布状况称为物料的颗粒组成。它反映了散粒物料颗粒尺寸大小的均匀程度。经过筛分的物料颗粒大小比较均匀,未经筛分的物料颗粒大小相差很大。在对连续运输机械选型及决定其工作构件尺寸时,都必须考虑散粒物料的粒度。散粒物料的粒度分为 8 级,见表 2-1。

表 2-1　散粒物料的粒度

级别	粒度 d/mm	粒度类别	级别	粒度 d/mm	粒度类别
1	100~300	特大块	5	6~13	颗粒状
2	50~100	大块	6	3~6	小颗粒状
3	25~50	中块	7	0.5~3	粒状
4	13~25	小块	8	0~0.5	尘状

(2) 堆积密度。堆积密度是指散料物料在自然堆放的松散状态下,含颗粒间间隙在内的单

位体积物料所具有的质量,用 r 表示,单位为 t/m³ 或 kg/m³。

物料的堆积密度与物料在容器中压实程度、物料的湿度等因素有关,物料在压实状态下的堆积密度大于松散状态下的堆积密度,前者与后者之比用压实系数 K 表示,显然 $K>1$。对于砂, $K=1.12$;煤 $K=1.4$;矿石 $K=1.6$。其他各种不同物料的压实系数大致在 $1.05\sim1.52$ 之间。

(3) 湿度(含水率)。物料除了本身以形成化合物的方式而存在的结构水以外,还有物料颗粒从周围空气中吸收的湿存水和存在于物料颗粒表面和颗粒间的表面水。仅含有结构水的散料物料称为干燥物料。除了物料的含水率外,还要注意物料的吸湿性。有些物料容易从大气中吸收水分而潮湿或结块。

(4) 堆积角(自然坡度角)。堆积角(自然坡度角)是指散粒物料从一个规定的高度自由均匀地落下时所形成能稳定保持的锥形料堆的最大坡角,即自然堆放的料堆表面与水平面之间的最大夹角。它反映了物料的流动性,流动性好的物料,堆积角小;反之则大。

(5) 外摩擦系数。物料的外摩擦系数指散粒物料对与之接触的某种固体材料表面之间的摩擦系数,用 μ 表示。外摩擦系数不仅与固体表面的材料有关,而且与表面的形状和粗糙度有关。

表 2-2 列出几种常见物料的堆积密度、堆积角及外摩擦系数,供参考之用。

表 2-2　散粒物料的特性参数

物 料 名 称	容重 /t·m⁻³	自然堆积角(°)		静止状态下的外摩擦系数		
		动态	静态	对钢	对木材	对橡胶
干燥大块无烟煤	0.8~0.95	27	45	0.84	0.84	
小块的石灰石	1.2~1.5	30	40	0.56	0.7	
焦　炭	0.36~0.53	35	50	1.0	1.0	
小麦面粉	0.45~0.66	49	55	0.65		0.85
小块的干燥黏土	1.0~1.5	40	45	0.75		
砾　石	1.5~1.9	30	45	1.0		
干燥的黏土	1.2	30	45	1.0		
从砂箱打出的型砂	1.25~1.3	30	45	0.71		0.61
木　屑	0.16~0.32	30	40	0.8		0.65
干　砂	1.4~1.65	30	45	0.8		0.56
小　麦	0.65~0.83	25	35	0.58	0.38	0.56
铁矿石	2.1~3.5	30	50	1.2		
块状的干燥泥炭	0.33~0.41	40	45	0.75	0.8	
硬　煤	0.65~0.78	35	50	0.65		0.7
干燥的水泥	1.0~1.3	35	50	0.65		0.64
煤曲渣	0.6~0.9	35	45	1.0		0.66
干燥的碎石	1.5~1.8	35	45	0.63		0.6

2.1.6　连续运输机的生产率

连续运输机械的生产率是指运输机在单位时间内输送货物的质量,用 Q 表示,单位为吨/时(t/h)。

生产率是反映连续运输机械工作性能的主要指标,也是设计、选用连续运输机械的主要依据,它的大小取决连续运输机械承载构件上每米长度所载物料的质量 q 和工作速度 v。所有的连续运输机械的生产率均可用下列公式进行计算:

$$Q = 3.6qv \quad (t/h)$$

式中　q——单位长度承载构件上物料的质量,kg/m;

　　　v——输送速度,m/s。

以连续方式输送散货时,带式运输机、板式运输机等都是以连续流的方式输送散货,此时:

$$q = 1000F \cdot \gamma \quad (kg/m)$$

式中　F——物料流横断面面积,m²;

　　　γ——物料的密度,t/m³。

此时生产率计算公式为

$$Q = 3600F \cdot \gamma \cdot v \quad (t/h)$$

2.2　带式运输机

带式运输机是一种通用性的连续运输机械。由电动机作为动力,胶带作为输送带,利用摩擦力连续传送物料的机械。在水平方向和倾角不大的倾斜方向输送散粒物料,有时也用来输送大批的成件物品。

带式运输机性能优良,生产率高,物料适应性强,工作过程噪声较小,结构简单。所以被广泛用于矿山、冶金、化工、港口、车站及建筑等部门。

2.2.1　结构

带式运输机由胶带、滚筒、支承装置(托辊)、驱动装置、改向装置、装料装置、卸料装置、制动装置、清扫装置及机架等部件组成,如图 2-3 所示。带式运输机的这些主要装置都安装在机架上,机架可以是固定的,也可以是移动的。前者称固定式带式运输机,后者称移动式带式运输机。

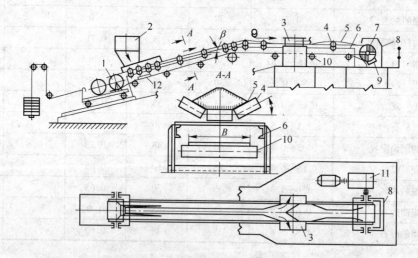

图 2-3　托辊胶带运输机一般结构

1—张紧滚筒;2—装载装置;3—犁形卸载挡板;4—槽形托带;5—输送带;6—机架;7—驱动滚筒;
8—卸载罩壳;9—清扫装置;10—平托盘;11—减速箱;12—空段清扫器

2.2.2 工作过程

无端输送带 5 环绕在张紧滚筒 1 与驱动滚筒 7 之间，下面装有上、下支承装置，以承受物料重量。电动机经减速后驱动滚筒，利用带条与驱动滚筒之间的摩擦力来驱使带条运动。物料由装载装置 2 导入输送带，由输送带送到目的地后，通过卸载装置 3 或端部滚筒，物料从带条上被卸出。输送带通过驱动滚筒由下支承装置送回进料处。

2.2.3 主要部件

2.2.3.1 输送带

输送带既是牵引构件又是承载构件，即用来传递牵引力和承放物料的。因此，要求输送带强度高、自重小、伸长率小、挠性好、抗磨耐用和便于安装维修。输送带是带式运输机最重要也是最昂贵的部件，输送带的价格约占运输机总投资的 30％左右。

橡胶带使用最广泛，其结构以棉织物或化纤织物（通常为帆布层）作芯层，用橡胶覆盖，芯层的层数直接影响输送带的强度，橡胶覆盖层对芯层起保护作用。若输送距离较长而带长不足时，则将几条带连接使用，连接处通常采用机械接头、热接法和冷接法。

机械接头是用一排钢制卡子连接输送带的两端，虽然简单，但对输送带损伤较大，强度只有原来的 35％~40％，带芯外露易受腐蚀，在运行时胶带上的金属卡子对托辊及滚筒会产生附加的冲击和磨损，适用于移动式带式运输机要求快速检修场合。

热接法又称硫化胶接法，则是把要连接的两条输送带的接头处剖成相对应的阶梯状，涂上胶水，热压而成，接头处的强度可达原来的 85％~90％，且芯层不易腐蚀，使用寿命长。胶带的冷接法，是近年来采用的常温冷接工艺，这种方法优点是：无需热源、操作简单、劳动强度低、接头强度高等，因而被普遍采用。

冷接法的操作方法是：将胶带接头部位的衬垫层和胶层按一定形式和角度剖割成阶梯形，涂上环氧树脂或氯丁胶料（或 202 树脂），约过 3~5min 后将接头合拢，加上螺杆压板固定即可。

塑料带与橡胶带相比，芯层类似，而用聚氯乙烯代替橡胶作覆盖层，其特点是成本低而质量好，带与带的连接方法是将两条带的带芯各自拆开，对应打结，然后在两面贴上聚氯乙烯塑料片，热压成型，其强度可达原强度的 75％~80％。

带式运输机常用的输送带按带芯类型分主要有以下三种：

（1）织物型输送带。织物型输送带中的衬垫材料用得较多的是棉织物衬垫，即棉帆布和合成纤维类织物衬垫。如人造棉、尼龙、聚酰胺、聚酯等。我国生产的整芯衬里塑料带，由于原料立足于国内且具有耐磨、耐腐蚀、耐酸碱、耐油等优点，也得到了广泛的应用。另外，输送带的类型还有帆布带、塑胶带、防静电塑胶带、橡胶带和金属带等。

输送带主要是靠带芯胶布承受拉力，橡胶层是用来防止物料的冲击，摩擦和水分等损伤带芯，因此，上胶层比下胶层厚。如图 2-4 所示。

（2）钢铁型输送带（钢丝绳、钢纤维或钢带）。在矿山或港口已采用长距离、大容量的带式运输机。此类运输机采用钢绳芯或钢带芯输送带。钢绳芯输送带是将优质钢丝绞捻成的钢丝绳并排布置，并用橡胶和帆布包裹作为带芯输送带。钢带芯输送带是用薄钢板作为带芯而外包橡胶的输送带。此类输送带伸长率小，强度高，适用于输送长度大的场合。

（3）花纹胶带。即是将胶带的承载面设计成凹凸的花纹，从而增大输送带与物料之间的摩擦力，提高输送倾角。提升同样的高度，输送带的长度大为减小，从而节省占地面积。

输送带不同的芯体材料，其柔性、延伸率、耐腐蚀性及耐水性等都不一样，制造成本也不同。

由于芯体是受力构件,其层数取决于对胶带的强度要求,强度要求高则层数多。因此,选用输送带时,应根据工作条件、工作环境和受力情况等的综合分析,选择芯体材料及层数。

2.2.3.2　支承装置

支承装置的作用是支承输送带和输送带上所载物料的重量;限制输送带的垂度,保证输送带正常运行不发生跑偏。常用的支承装置由托辊和支架组成的托辊组形式。托辊的使用数量较大,上托辊的分布间距通常为1.1~1.2m,装料处为正常值的1/2~1/3,间

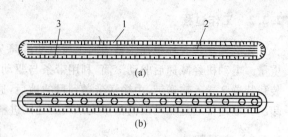

图 2-4　输送带的构造
(a) 橡胶带;(b) 钢绳芯带
1,3—覆盖层;2—衬垫层

距过大会引起输送带下垂,过小则功率消耗过多。输送件货时,若件货单件质量超过 20kg,则托辊组间距应小于该件货输送方向长度的一半。

托辊的形式有四种:缓冲托辊、槽形托辊、调心托辊和平形托辊。

(1) 缓冲托辊(见图 2-5)。用在输送带的受料处,以减小受料时输送带所受的冲击力,所以在结构上应具有弹性,通常有橡胶托辊和弹簧托辊两种。

(2) 槽形托辊(见图 2-6)。用于输送带的中间,设计了槽角后,可以增大输送带的载货横断面积,并防止带跑偏。但设置槽角后,输送带弯曲应力增加,使用寿命减短。

图 2-5　弹簧缓冲托辊

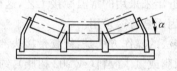

图 2-6　槽形托辊

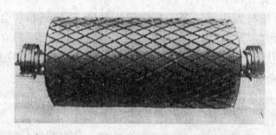

图 2-7　平形托辊

(3) 调心托辊主要功能是调整输送带的横向位置,使其不会跑偏而保持输送带的正常运行。用于长度大于 50m 的带式运输机上,一般每隔 10 个托辊组设置一调心托辊组。

(4) 平形托辊(见图 2-7)为下支承托辊,还可以用于件送。间距一般取为 3m。

2.2.3.3　驱动装置

固定带式运输机大多采用滚筒驱动,即借助滚筒表面和输送带之间的摩擦力使输送带运转。通常以电动机作为原动力,经减速器和联轴节带动滚筒,再驱动输送带。它具有结构紧凑、重量轻、便于布置、操作安全等优点。但存在电动机散热条件不好,检修不便的不足。短距离和小功率运输机均采用单滚筒驱动,长距离运输机则采用多滚筒。

滚筒的选用一般根据其表面和曲率半径,滚筒表面分光面和胶面两种,后者表面摩擦系数较

大。如环境湿度小且功率不大,可采用光面滚筒;反之则采用胶面滚筒,以防打滑。驱动装置如图 2-8 所示。

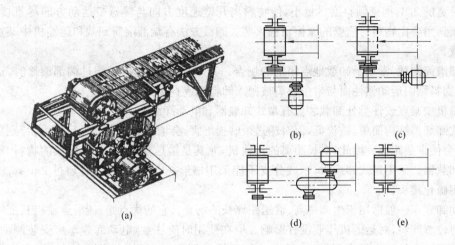

图 2-8 带式运输机的驱动装置

(a),(b) 圆柱齿轮减速箱;(c) 蜗轮蜗杆减速箱;(d) 链传动;(e) 电动卷筒

2.2.3.4 张紧装置

张紧装置的作用是使带条具有适当的初张力,以保证带条与驱动滚筒之间产生必要的摩擦力,在传递牵引力时不打滑;补偿带条在工作过程中的伸长;减小带条运动时的摇晃和在托辊组之间的垂度。张紧装置的结构形式主要有螺旋式、小车重锤式、垂直重锤式三种。

螺旋式张紧装置结构简单、紧凑。但张紧行程受螺杆行程限制。工作中不能随时补偿带条伸长,张力不够稳定,需经常查看调整,人工调整会产生不恰当的松紧程度。故一般仅用于单机长度在 80m 以下的带式运输机或移动式带式运输机上。带式运输机的张紧装置如图 2-9 所示。

小车式和重锤式张紧装置都能自动补偿带条伸长,张紧力恒定不变,张紧行程不受限制。但结构庞大,成本高,所以大多用于长距离、大功率的固定式带式运输机中。小车式张紧装置适用于高度方向尺寸受限制的坑道或沿地面铺设的运输机中。重锤式张紧装置适用于高架上的带式运输机。

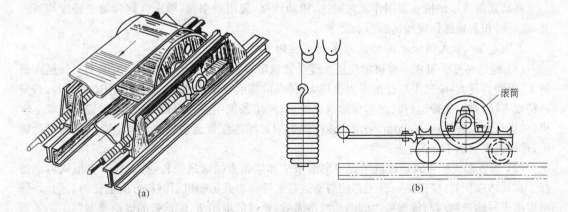

图 2-9 带式运输机的张紧装置

(a) 螺旋式;(b) 重锤式

2.2.3.5　装载和卸载装置

对于装载装置的要求是装载均匀,防止洒漏,冲击尽量小。根据这样的要求,进料斗的槽宽一般为带宽的 2/3,槽壁倾斜度尽量小,使物料离开壁速度方向与输送带运动方向尽量接近,当然这个倾斜角要比物料对槽壁的摩擦角稍大些。卸载方法有端部滚筒卸载和运输机中某点或任意处卸载。

端部滚筒卸载:常用于卸载地点固定的场合。其原理是:当输送带绕过端部滚筒时,运动方向改变,物料则因运动惯性而与带条脱离被抛入卸料槽或直接卸到物料堆。

运输机中某点或任意处卸载装置有犁式卸载器和电动卸载车。

犁式卸载器结构简单,造价低,但对输送带磨损厉害,会增加输送带的运行阻力,特别是侧卸载时,还会使带条跑偏。因此,对长距离的运输机,尤其是输送块度大、磨损性大的物料,不宜采用犁式卸载器。采用犁式卸载时,承载分支不能采用槽形托辊组,带速不宜超过 2m/s。输送带必须采用硫化接头。

电动卸载车一般适用于生产率高、输送距离长的场合。它的优点是:能沿运输机长度方向移动到任何位置卸料,对运输机作业没有影响。但在使用时应注意,电动卸载车应安装制动器,否则定点卸载时会被输送带牵引移动;带速一般不超过 2.5m/s,输送细状小块料时,容许带速为 3.15m/s。

以上这五种装置对于一台带式运输机是必不可少的,其他的辅助装置还有制动装置、改向装置、清扫装置等。

2.2.4　带式运输机的特点及应用

带式运输机既可作水平方向运动,又可以做小倾角的倾斜输送。在各种连续运输机械中,它具有生产率高、输送距离长、结构简单、工作平稳、无噪声、使用方便和能量消耗小等优点。所以,在国民经济各个部门都得到广泛应用,特别是在冶金车间的运送物料和装卸作业中,带式运输机已成为必不可少的主要装卸运输设备。但带式运输机的主要缺点是:不能自动取货,需要辅助设备或其他机械进行装料;输送路线固定,当物流方向变化时,往往要对带式运输机运输路线重新布置;输送角度不大。

2.2.4.1　带式运输机的应用范围

固定式带式运输机适应性强,应用较广泛,尤其适用于煤炭、矿石等散货的输送。

移动式带式运输机主要用作装卸输送,机动性强,使用效率高,输送方向和输送长度均可改变,能及时布置输送作业线达到作业要求。

2.2.4.2　带式运输机选型需考虑的主要因素

(1) 输送长度。带式运输机的输送长度受输送带本身强度和运动稳定性所限制。输送距离越大,驱动力越大,输送带所受的张力也越大,带条的强度要求就越高。当输送距离很长时,若安装精度不够,则输送带运行时很容易跑偏成蛇形,使带条使用寿命降低,所以采用普通胶带运输机,单机长度一般不超过 400m,采用高强度的夹钢丝绳芯胶带运输机和钢丝绳牵引的胶带运输机,单机长度已达 10km 之多。

(2) 布置形式。带式运输机主要用来沿水平和倾斜方向输送物料,有多种布置形式可供选择。在具体选用时,应根据输送工艺的需要进行选择。带式运输机沿倾斜方向输送时,其允许倾角取决于被输送物料与输送带之间的动摩擦系数、物料的堆积角、输送带的运动速度等。为了避免物料从输送带上下滑,最大允许倾角应比输送物料与输送带之间的动摩擦角还要小。

(3) 运输机的技术参数。常见运输机的技术参数见表 2-3。

表 2-3 常见运输机的技术参数

	输送量/t・h⁻¹	运距/m	带速/m・s⁻¹	带宽/mm	传动滚筒直径/mm	电动机功率/kW	质量/t
伸缩带式运输机	200	800	1.6	650	500	2×22	46.5
	200	800	1.6	650	500	2×22	46.05
	400	800/600	2	800	500	2×40	58.75
	400	800	2	800	500	2×40	53.24
	630	1000	1.9	1000	630	2×75	89
	630	1000	1.9	1000	630	2×75	79
固定带式运输机	200	800	1.6	650	500	2×22	
	200	800	1.6	650	500	2×22	42.5
	400	800/600	2	800	500	2×40	53.7
	400	800	2	800	500	2×40	43.7
	630	1000	1.9	1000	630	2×75	68
	630	1000	1.9	1000	630	2×75	68

2.2.5 带式运输机的其他类型

根据输送带支承装置的不同,其他常见的带式运输机有气垫带式运输机、磁垫带式运输机、封闭型带式运输机。

(1)气垫带式运输机。用带孔的气室替代托辊,由薄气膜支承输送带,这样使得输送带与气槽之间的摩擦力大大减小。与托辊式运输机相比较,工作平稳可靠,输送量加大,许用输送倾角增加。

(2)磁垫带式运输机。利用磁铁的磁极同性相斥、异性相吸的原理,将胶带磁化成磁弹性体,则此磁性胶带与磁性支承之间产生斥力,使胶带悬浮。磁垫带式运输机的优点在于它在整条带上能产生稳定的悬浮力,工作阻力小且无噪声,设备运动部件少,安装维修简单。

(3)封闭型带式运输机。在托辊带式运输机的基础上加以改进,输送带改成圆管状(或三角形、扁圆形等)断面的封闭型带,托辊采用多边形托辊组环绕在封闭带的周围。其最大的优点是可以密闭输送料,在输送途中物料不飞扬、洒落,减少污染。

2.3 刮板式运输机

2.3.1 结构组成与工作原理

刮板运输机如图 2-10 所示。在牵引构件(链条)2、5 上固定着刮板,并一起沿着机槽内运动。牵引链条环绕着端部头部 1 驱动链轮和尾部 9 张紧链轮,并由驱动链轮来驱动,由张紧链轮进行张紧。被输送的物料可以在运输机长度上的任意一点装入敞开槽内,并由刮板推动前移。运输机的卸载,同样可以在槽底任意一点所打开的洞孔来进行,这些洞孔是用闸门关闭

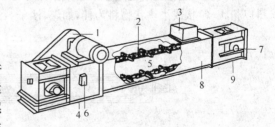

图 2-10 刮板运输机

1—头部;2—上刮板链条;3—加料口;4—卸料口;

5—下刮板链条;6—加料堵料探测器;7—断链

批示器;8—中间段;9—尾部

的。刮板运输机分为上下工作分支,在个别情况下,当需要向两个方向输送物料时,则两个分支可同时成为工作分支。具有下工作分支的运输机,在卸料方面较为方便,因为物料可以直接通过槽底的洞孔卸出。牵引构件可以根据刮板的宽度,采用一根或者两根链条。

按照刮板运输机输送物料方向上水平段与倾斜段的不同组合方式可分为多种形式。但不管哪种布置形式,其倾斜角通常在30°以内,很少达到40°。因为,随着倾斜角的增加,会使运输机的生产率显著地降低。为了避免物料的挤压及减少功率的消耗,在弯曲段需要较大的过渡半径,通常取 $R = 4 \sim 10m$。

2.3.2　特点与适用范围

刮板运输机的主要优点是:结构简单,当两个分支同时成为工作分支时,可以同时向两个方向输送物料,可同时方便地沿运输机长度上的任意位置进行装载和卸载。

它的缺点是:物料在输送过程中会被碾碎或者挤压碎,所以,不能用来输送脆性物料。由于物料与料槽及刮板与料槽的摩擦(尤其是输送摩擦性大的物料时),会使料槽和刮板的磨损加速,同时也增大了功率的消耗。因此,刮板运输机的长度,一般不超过 $50 \sim 60m$;而生产率不超过 $150 \sim 200t/h$。只有在采煤工业中,当生产率在 $100 \sim 150t/h$ 以内的情况下,其运输机的长度可达到100m。

刮板运输机可以用来输送各种粉末状、小颗粒和块状的流动性较好的散粒物料,如块煤、矿石、沙子、焦炭、水泥及谷物等。但它不适应输送本身会碾碎和磨损性大的脆性物料。特别是当碾碎后便降低其价值的物料,不能采用此种形式的连续运输机械。

2.3.3　埋刮板运输机

埋刮板运输机是由刮板运输机发展而来的。它是一种在封闭的矩形断面的壳体内,借助于运动着的刮板链条连续输送粉状、颗粒及小块散粒物料的连续运输机械。由于刮板链条埋在被输送的物料之中,与物料一起向前移动,故而称为埋刮板运输机,如图 2-11 所示。刮板链条既是牵引构件,又是带动物料运动的输送元件,因此,它是埋刮板运输机的核心部件。

埋刮板运输机可进行水平、倾斜输送和垂直提升之外,还能在封闭的水平或垂直平面内的复杂路径上进行循环输送。

埋刮板运输机的工作原理是利用散粒物料具有内摩擦力以及在封闭壳体内对竖直壁产生侧压力的特性,来实现物料的连续输送的。

埋刮板式运输机既适用于水平或小倾角方向输送物料,也可以垂直方向输送。所运送的物料以粉状、粒状或小块状物料为佳,如煤、沙子、谷物等,物料的湿度以捏团后仍能松散为度;不宜

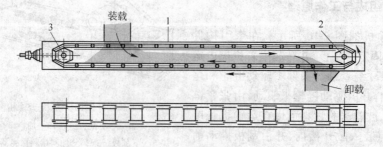

图 2-11　水平输送埋刮板运输机

1—封闭的料槽;2—驱动装置;3—张紧装置

输送磨损性强、块度大、黏性大、腐蚀性大的物料,以避免对设备损伤。

埋刮板式运输机结构简单可靠,体积小,维修方便,进料卸料简单。水平输送距离最大为 80~120m,垂直提升高度为 20~30m,通常用在生产率不高的短距离输送,如散货堆场、装车作业等。

埋刮板运输机分为普通型和特殊型。普通型埋刮板运输机用于输送物料特性一般的散粒物料,而特殊型埋刮板运输机用于输送有某种特殊性能的物料。如用于输送高温物料的热料型;用于输送防止泄漏和渗透以及防止粉尘爆炸的气密型;用于输送摩擦性较强物料的耐磨型等。特殊型和专用型埋刮板运输机的输送原理同普通型完全相同,只是在普通型的基础上,针对性地加强了某一方面的结构或材料,使之更加适应于某一种或某一类物料,以满足其特殊输送要求而已。

2.4 斗式提升机

斗式提升机是以带条(或链条)作为牵引构件,以装载料斗作为承载构件,用于垂直方向或接近垂直、大倾角方向连续输送散料的连续运输机械。

2.4.1 斗式提升机的组成与工作过程

斗式提升机通常由下述部件组成:牵引构件(胶带或链条)、料斗、机头、机身、机座、驱动装置、张紧装置,如图 2-12 所示。料斗固定于胶带(或链轮)上,其形式通常有深斗、浅斗、三角斗三种,深斗适合于松散物料;浅斗适合于黏性较大的物料;三角斗适合于密度较大且成块状的物料。整个设备外壳全部封闭,以免输送过程中灰尘飞扬。外壳上部称为机头,内装有驱动装置、传动装置(减速器或齿轮、皮带或链条)和止逆器(制动器或滚动止逆器);中间为机身,通常为薄钢板焊接而成的方形罩壳,其长度可根据实际提升高度调节;下部为机座,装有张紧装置(或链轮);机座上设有供料口,机头上设有卸料口。

在牵引构件(胶带或链条)1 上,每隔一定间距安装一个装载料斗 2。头部滚筒(或链轮)由电动机带动的驱动装置 6 驱使转动。尾部滚筒(或链轮)又起张紧作用。为了防止突然停车而产生的反转运动,在传动装置中装有停止器 11。整个提升机在全高度上安装了铁皮罩壳。物料从下部的供料口 12 进入料斗内,经提升至头部滚筒卸料,斗内的物料经卸料口 13 被卸出。

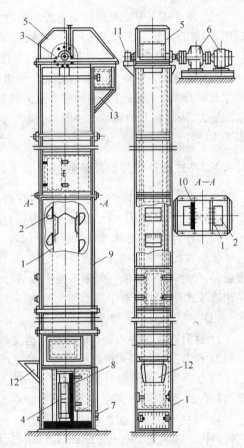

图 2-12 斗式提升机

1—牵引构件;2—料斗;3,6—驱动装置;4—张紧装置;
5—上部罩壳;7—下部罩壳;8—导轨;9—中部罩壳;
10—导向装置;11—停止器;12—供料口;13—卸料口

斗式提升机的装料方式有两种:顺向进料(或称挖取法)和逆向进料(或称装入法)。

(1) 顺向进料。料斗运动方向与进料方向一致,料斗对物料是挖取的方式,挖得越深,装得越满,但机座内的物料高度应低于张紧轮(或链轮)的水平轴线位置,以免料斗装得过满而超载,在提升过程中洒落。

（2）逆向进料。料斗运动方向与进料方向相反,料斗对物料是装入的方式。这种方式适用于块度大且密度高的物料,如用顺向进料法,很难将料斗装满;装料时料斗的运行速度较低,否则物料不易装满。

斗式提升机的卸料过程,就是料斗进入头轮之后,随头轮做旋转运动而将物料倒出的过程,根据其方式不同,可以分为三种:重力式、离心式、混合式。

（1）重力式。驱动轮的旋转速度较小,料斗作重力倾卸。重力卸料适用于湿度高、黏性大、散落性差的物料或块物料,如煤块、矿石等。由于料斗运动速度较低(约在 0.4～0.8m/s),卸料时间较长,有利于料斗卸空,故可采用深斗。对于脆性物料,亦可用导槽斗以降低物料卸落高度,防止物料碎裂。

（2）离心式。驱动轮的运动速度较大时,物料的离心力大于重力,料斗中的物料紧贴料斗的外壁,作离心卸料。该方式适用于干燥、流动性好的粉末状物料,由于料斗运动速度较高,可达 1～3.5m/s,物料流动性好,容易卸尽,料斗通常选用深斗。

（3）混合式。驱动轮的运动速度介于重力式与离心式两者之间,物料中有一部分紧贴料斗外壁被离心抛出,另一部分沿内壁作重力倾卸,即物料作离心式与重力式混合倾卸。该方式适合于湿度大、流动性差的粉状或小颗粒物料。料斗的运动速度可取中速(约为 0.8～1.5m/s),一般多采用浅斗。

2.4.2　斗式提升机种类及参数

（1）斗式提升机种类。斗式提升机有固定式和移动式两种,前者安装于车间、仓库等处,生产能力较大;后者使用方便灵活,多作为粮仓的装卸设备。按牵引构件的不同,可分为带斗式和链斗式两种,物料温度低于 60°,适用于前者,反之用后者。

带斗式提升机和链斗式提升机比较,其优点是运动平稳而噪声小;可采用较高的提升速度;重量轻、尺寸小、造价低。但带条强度较低,对于提升块状、潮湿等难以挖取、阻力大的物料,必须采用链斗式提升机。对于高度较大的倾斜式提升机,往往也采用链斗式提升机。

（2）斗式提升机主要参数如下:

1）提升速度。斗式提升机的提升速度一般不超过 0.8～1.0m/s、个别也有高达 4m/s 的。

2）提升高度。斗式提升机的提升高度可达 40～50m,个别的提升高度可达 350m。

3）生产率。斗式提升机的生产率一般为 300t/h。近年来,由于钢丝绳芯输送带的应用,使牵引构件的强度提高,其生产率可高达 2000t/h。

4）型号。我国目前生产的斗式提升机中,D 型为带斗式,PL 型、HL 型、ZL 型系列均为链斗式提升机。斗宽为 160mm、250mm、350mm、450mm、900mm 等几种规格。

2.5　螺旋式运输机

2.5.1　螺旋式运输机的结构

螺旋式运输机又称为绞龙,是由带有螺旋片的转动轴在一封闭的料槽内旋转,用螺旋叶片的旋转运动推动物料沿着料槽运动,达到输送物料的目的。螺旋叶片是运输机的主要部件,物料就是依靠叶片的旋转而被推进,在推进过程中,物料被不断地搅拌,同时叶片也受到摩擦,特别是螺旋和料槽有强烈的磨损,所以功率消耗较大。

螺旋运输机的运输量通常为 20～40m³/h,最大可达 100m³/h,常用的运输长度一般为 30～

40m，只有少数情况下才达到 50～60m。生产率一般不超过 100t/h，最大可达 380t/h。对于垂直的螺旋运输机，其输送高度则一般不超过 15m。主要用于粮食、化工、机械制造和交通运输等工业部门。尤其是电炉炼钢中的除尘需要螺旋运输机。经除尘系统净化后的气体由烟囱作高空排放，而系统除尘设备所收集的粉尘则由输排灰装置进行贮运、输送装置通常划分为机械输送和气力输送。

螺旋运输机的主要优点是结构简单、紧凑，占地小，无空返，维修方便。其缺点是功率消耗较大，叶片和料槽易磨损，物料易被磨碎，对超载敏感，易堵塞。

2.5.2 螺旋运输机的类型

螺旋运输机可以水平或小倾角输送散料，也可以垂直输送；既可以固定安装，也可以制成移动式。根据输送物料的特性、要求和结构的不同，螺旋运输机有以下几种类型：普通螺旋运输机、垂直螺旋运输机、可弯曲螺旋运输机和螺旋管运输机等。

2.5.2.1 普通螺旋运输机

普通螺旋运输机又称水平螺旋运输机，如图 2-13 所示。由驱动装置（马达、减速器，联轴节）、螺旋器、轴承、料槽、盖板、进料口、出料口等几部分组成。

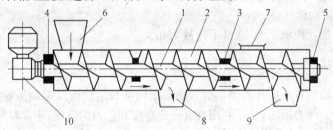

图 2-13 移动式的水平螺旋运输机

1—轴；2—料槽；3—中间轴承；4—首端轴承；5—末端轴承；6—装载漏斗；
7—中间装载口；8—中间卸载口；9—末端卸载口；10—驱动装置

根据机体的结构，螺旋运输机可以分为头节、中间节、尾节三部分，其中头、尾两节的长度基本固定，中间节的长度可以根据实际需要而确定。进料口和出料口并非一定要装于首尾两端，整个输送长度上都可以装、卸料；料槽将运输机整体封闭，防止灰尘飞扬；螺旋可以制成左旋、右旋或左右旋，从而改变输送的方向。

普通螺旋运输机既可单向输送，又可双向输送；既可多点卸料，又可多点装料，布置十分灵活。主要用于：水平和微倾斜（20°以下）连续均匀输送松散物料，工作环境温度为 −20～80℃。输送距离一般不大于 70m。

为了使螺旋运输机能可靠地工作，对装进料槽中的物料量应加以限制，即规定物料在料槽中的堆积高度不高于螺旋轴线以上。

2.5.2.2 立式螺旋运输机

立式螺旋运输机与水平螺旋运输机在结构上大致相同，也是由驱动装置（马达、减速器、联轴节）、螺旋、轴承、料槽、进料口、出料口等几部分组成，但其工作原理不一样。在输送过程中，物料随着螺旋作高速旋转，由于离心力的作用，物料在料槽内形成若干同心圆层，物料的最外层紧贴槽壁，两者之间所产生的摩擦力的大小是物料是否向上输送的关键；当螺旋转速不高时，物料所受到的离心力不能克服物料与螺旋表面的摩擦力，物料与螺旋一起作旋转运动，保持相对静止状态；当螺旋转速较高时，物料所受到的离心力大于物料与螺旋表面的摩擦力，物料向螺旋的外缘移动，对料槽壁产生压力并同时产生摩擦力,只有当这个摩擦力能够克服物料与螺旋表面之间的摩擦力以及物料重力的分力时,物料才能向上输送,否则只是旋转而不能上升。我们将此时的转速称为临界转速,只有当运输机的转速大于临界转速时,物料才能实现向上输送。主要特点是输送量小、输送高度小、转速较高、能耗大。特别适宜输送流动性好的粉粒状物料,提升高度一般不大于30m。

2.5.2.3　弯曲螺旋运输机

弯曲螺旋运输机(见图2-14)与水平、垂直螺旋运输机的主要不同之处是螺旋与料槽。合成橡胶制成螺旋叶片,然后粘在高强度的挠性心轴上,再配以不同形状的弹性料槽,螺旋与料槽接触,所以不设置中间轴承。一根螺旋就可以按不同要求弯成任意形状,从而达到空间多方位输送物料的目的。这种运输机通常对粉状、颗粒状的物料以及污泥等进行输送。

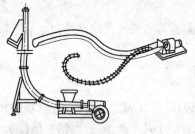

图 2-14　弯曲螺旋运输机

与普通的螺旋运输机相比,弯曲螺旋运输机具有许多优点:

(1) 无中间支撑轴承,故而结构简单,安装维修方便;

(2) 由于螺旋和料槽都为非金属,所以工作时噪声较小,且耐腐蚀;

(3) 可以实现多向输送。

其主要缺点是输送距离不大,通常不超过15m。

2.6　气力运输机

电炉炼钢除尘器等灰斗底部的输灰形式除采用埋刮板运输机或螺旋运输机外,另外还可以采用气力输送装置。气力运输机,是利用具有一定速度和压力的空气,带动粒状物料在密闭管路内进行输送,其方向可以是垂直或水平。

将物料处于具有一定速度的空气中,空气和物料形成悬浮的混合物(双相流),当空气速度处于临界范围时,物料呈悬浮状态,物料的重力与空气的动力达到平衡;低于临界范围,物料下降;高于临界范围,物料被输送,通过管道输送到卸料地点,然后将物料从双相流中分离出来卸出。

物料和空气的混合物能在管路中运动而被输送的必要条件是:在管路两端形成一定的压力差。按压力差的不同,气力运输机可分为吸送式、压送式和混合式三种。

2.6.1　吸送式气力运输机

图 2-15 为吸送式气力运输机简图。其工作原理是:利用风机 12 对整个管路系统进行抽气,使管道内的气体压力低于外界大气压,形成一定的真空度。吸嘴 1 处在压力差的作用下,外界的空气透过料层间隙和物料形成混合物进入吸嘴,并沿管道输送。当空气和物料的混合物经过分离器 7 时,带有物料的气流速度急剧降低并改变方向,使物料与空气分离,物料经分离器底部的卸料器 15卸出,含尘空气经第一级除尘器 9 和第二级除尘器 10 净化后,由风机通过消声

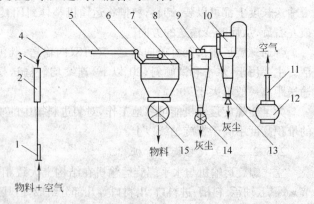

图 2-15　吸送式气力运输机

1—吸嘴;2—垂直伸缩管;3—软管;4—弯管;5—水平伸缩管;
6—铰接弯管;7—分离器;8—风管;9,10—除尘器;11—消声器;
12—风机;13—阀式卸灰器;14—旋转式卸灰器;15—旋转式卸料器

器 11 排入大气中。

吸送式气力运输机在港口主要用于卸船。它可以装几根吸料管同时从几处吸取物料。但输送距离不能过长。由于随着输送距离的增加,阻力也不断加大,这就要求提高管道内的真空度,而吸送系统的真空度不能超过 0.05~0.06MPa,否则,空气会变得稀薄,使携带能力降低,引起管道阻塞以致影响正常工作。由于真空的吸力作用,供料装置简单方便,吸料点不会有粉尘飞扬,对环境污染小,但对管路系统密封性要求较高。此外,为了保证风机可靠工作和减少零件的磨损,进入风机的空气必须严格除尘。

2.6.2 压送式气力运输机

图 2-16 为压送式气力运输机简图。风机安装在整个系统的最前端。其工作原理是利用风机 1 将空气压力提高,输送进入管道,使管道中的气体压力高于外界大气压。物料由供料器 4 送入输送管与空气形成混合物,并沿管道输送至卸料点。当空气与料的混合物经过分离器 6 时,物料被分离出来,经卸料器卸出,含尘空气经除尘器 7、8 净化后排入大气。

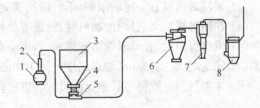

图 2-16 压送式气力运输机简图
1—风机;2—消声器;3—料斗;4—旋转式供料器;5—喷嘴;
6—分离器;7—第一级除尘器;8—第二级除尘器

压送式气力运输机可实现长距离的输送,生产率较高。它可以由一个供应点向几个卸料点输送;风机的工作条件较好。但要把物料送入高于外界大气压的管道中,供料器结构比较复杂,因为供料器要将物料送入高压管路中,必须防止管路内的高压空气冲出。压送式气力运输机在散装水泥的装卸作业应用较多。

2.6.3 混合式气力运输机

图 2-17 为混合式气力运输机简图。它是吸送式和压送式气力运输机的组合形式。风机安装在整个系统的中间,既吸气又压气。

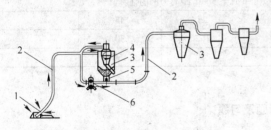

图 2-17 混合式气力运输机简图
1—吸嘴;2—管道;3—分离器;4—除尘器;
5—卸料器(兼作供料器);6—风机

其工作原理是:在吸送区段,管道内是负压,空气和物料的混合物从吸嘴 1 吸入输送管道 2,输送一段距离后,经分离器 3 使物料与空气分离,空气经除尘器 4 经风机 6 再压入压送区段管道内,物料经分离器底部的卸料器 5(又兼作压送部分的供料器)卸出,并送入压送部分的输料管道中,再与空气混合形成双相流,以压送方式继续输送。

混合式气力运输机综合了吸送式和压送式气力运输机的优点:吸取物料方便;且能较长距离输送;它可以由几个地点吸取物料,同时向几个不同的目的地输送。但结构比较复杂,进入压送部分的鼓风机的空气大部分是从吸送部分分离出来,所以含尘量较高。

2.6.4 气力运输机的特点及应用范围

气力运输机已作为一种比较先进的输送方式得到越来越广泛的应用,与其他运输机比较有以下优点:

（1）利用管道输送不受管路周围条件和气候变化的影响；

（2）输送生产率高，有利于实现散货装卸自动化，降低了装卸成本；

（3）能够避免物料受潮、污损或混入其他杂物，保证输送物料的质量；

（4）输送管道能灵活布置，适应各种装卸工艺；

（5）结构较简单，机械故障较少，维修方便。

气力运输机的主要缺点是：

（1）动力消耗大；

（2）被输送物料有一定的限制，不宜输送潮湿的、黏性的和易碎的物料；

（3）在输送颗粒大、坚硬的物料时，管道等部件容易磨损；

（4）风机噪声大，必须采取消音措施，否则会造成噪声公害。当前气力运输机的生产率可达4000t/h，输送距离达2000m，输送高度可达100m。

表2-4为气力运输机与其他运输机的特点比较，供参考。

表2-4　气力运输机与其他运输机的特点比较

比较项目	气力运输机	螺旋运输机	带式运输机	链式运输机	斗式提升机
1. 输送物飞散	无	有可能	有可能	有可能	有可能
2. 混入异物污损	无	无	有可能	无	无
3. 输送物残留	无	有	无	有	有
4. 输送路线	自由	直线的	直线的	直线的	直线的
5. 分叉	自由	困难	困难	困难	不能
6. 倾斜、垂直输送	自由	可能	斜度受限制	构造复杂	可能
7. 输送断面	小	大	大	大	大
8. 设备维修量	容易，主要是弯头	全面的	比较小	全面的	装载斗、链条
9. 输送物最高温度/℃	600	150	50	150	150
10. 输送物最大块度/m	30	50	无特殊限制	50	50
11. 最大输送距离/m	2000	50	14600	150	30
12. 设备能耗费	以输送10t/h矾土500m距离为例的估算值				
功率/kW	150	25		45	
功率比较/%	100	167		30	
费用比较/%	100	270		150	

思考题及习题

1. 连续运输机械的特点是什么，与起重机械比较，连续运输机械具有哪些优缺点？

2. 什么叫物料特性，物料具有哪些特性各特性的含义是什么？

3. 简述连续运输机械生产率计算公式。

4. 简述带式运输机的工作原理、应用范围及特点。

5. 简述埋刮板运输机的工作原理、应用范围及特点。

6. 斗式运输机的卸料方式有哪几种，各种卸料方式适合于什么物料？

7. 简述气力运输机的工作原理及特点。

8. 气力运输机有哪些类型，各类型气力运输机的优缺点是什么？

3 泵

3.1 概述

泵是抽吸输送液体的机械。在沿管路输送液体的时候,必须使液体具有一定的压头,以便把液体输送到一定的高度和克服管路中液体流动的阻力。它能将原动机的机械能转变成液体的动能和压力能,从而使液体获得一定的流速和压力。

3.1.1 泵的用途

泵的用途十分广泛,几乎涉及到从人民生活到国民经济建设的各个领域。泵在冶金生产过程中起着非常重要的作用。在有色金属的火法冶炼中烧结产品的喷水冷却;各种冶金炉中用来冷却炉壁及火焰喷出口等处水套的循环用水也需要水泵供给。液体燃料的输送、金属熔体的压送也要由泵来完成。至于在有色金属的湿法冶炼中矿浆的输送、精矿浸出、各种溶液和电解液的循环输送等都是靠泵来完成的。因此,泵是冶金生产的主要设备之一。

3.1.2 泵的分类

泵的种类很多,按其工作原理可分为如下三大类:

(1) 叶片式泵。叶片式泵又称动力式泵,这种泵是利用高速旋转的叶片连续地给液体施加能量,达到输送液体的目的。叶片式泵又可分为离心泵、轴流泵和混流泵,它们的叶轮入流方向皆为轴向,所不同的是叶轮出流方向。离心泵中的液流在离心力的作用下,沿与泵轴线垂直的径向平面流出叶轮;轴流泵中的液流,在推力作用下,沿轴向流出叶轮;混流泵的叶轮出流方向介于离心泵和轴流泵之间,即在离心力和推力的共同作用下,液流沿斜向流出叶轮。

按泵轴的工作位置可将叶片泵分为横轴泵、立轴泵和斜轴泵;按压水室形式可分为蜗壳式泵和导叶式泵;按吸入方式可分为单吸式泵和双吸式泵;按一台泵的叶轮数目可分为单级泵和多级泵。每一台泵都可在上述各种分类中找到所隶属的结构类型,从而得到相应的名称。

(2) 容积式泵。容积式泵是通过封闭的、充满液体的工作室容积周期性变化,不连续地给液体施加能量,达到输送液体的目的。容积式泵按工作室容积变化的方式又可分为往复式泵和回转式泵两大类。往复式泵是通过柱塞在泵缸内作往复运动而改变工作室容积。回转式泵是通过转子作回转运动而改变工作室容积。

(3) 其他类型泵。其他类型泵是指除叶片式和容积式泵以外的泵。这类泵的工作原理各异,如射流泵、水锤泵、气升泵、螺旋泵等。除螺旋泵是利用螺旋推进原理来提高液体的位能外,其他各类泵都是利用工作液体传递能量来输送液体。

3.2 离心泵

由于在不同的情况下要求采用不同的结构和规格的离心泵。因此离心泵的类型很多,它可以根据各种指标来分类。

3.2.1 离心泵的分类

按离心泵的用途可分为：

（1）清水泵。适用于输送不含固体颗粒、无腐蚀性的溶液或清水。

（2）杂质泵。用于输送含有泥沙的矿浆、灰渣等。

（3）耐酸泵。输送含有酸性、碱性等有腐蚀作用的溶液。

（4）铅水泵。专门用于输送铅熔体，其使用温度可高达460℃。

按叶轮结构可以分为：

（1）闭式叶轮泵。泵中叶轮两侧都有盘板（见图3-1），适用于输送澄清的液体。

（2）开式叶轮泵。泵中叶轮两侧没有前、后盘板（见图3-2），它多用于泥浆泵。

（3）半开式叶轮泵。叶轮的吸入口一侧没有前盘板（见图3-3）。它适用于输送具有黏性或含有固体颗粒的液体。

图 3-1 闭式叶轮   图 3-2 开式叶轮   图 3-3 半开式叶轮

按泵的吸入方式可以分为：

（1）单吸式。液体从叶轮一侧进入叶轮（见图3-4a），这种泵结构简单，易制造，但是叶轮两侧受力不均，有轴向力存在。

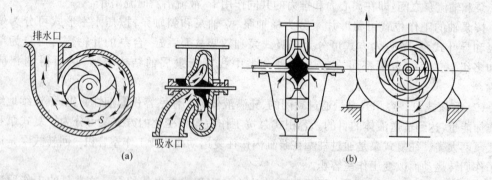

图 3-4 泵的吸入方式
（a）单吸式泵；（b）双吸式泵

（2）双吸式。液体从叶轮两侧同时进入叶轮（见图3-4b），这种泵制造较为复杂，但避免了轴向力，可以延长泵的使用寿命。

按转子的叶轮数目分为：

（1）单级泵。泵的转动部分（转子）仅有一个叶轮（见图3-6）。它结构简单，但压头较小，一般不超过 50～70m。

（2）多级泵。泵的转子由多个叶轮串联而成（见图3-5）。这种泵的压头可随叶轮的增多而提高，最大可达 2000m。

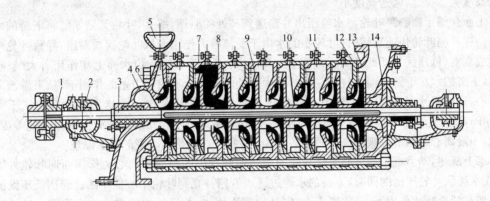

图 3-5　多级式泵

1—联轴器；2—轴承；3—填料压盖；4—前段；5—引水漏斗；6—轴套；7—中段；8—叶轮；9—导翼；
10—挡套；11—气嘴；12—末导翼；13—后段；14—均衡盘

3.2.2　离心泵的工作原理

在灌满水的离心泵装置中，动力机启动后，通过泵轴带动叶轮快速旋转，泵就能源源不断地抽水。可见，离心泵能够抽水的关键在于叶轮。人们知道，任何物体围绕某个中心做圆周运动时，都会受到离心力的作用。叶轮中的水也不例外，当叶轮快速转动时，叶轮的叶片就会驱使叶轮中的水一起转动，在离心力的作用下，叶轮中的水向叶轮外缘流去。在叶片与水流的相互作用过程中，叶片对水流作功，水流得到能量而从叶轮四周射出，此时，所射出的水流具有很大的动能和压能，并在泵壳与叶轮外缘所形成的空间（压水室）内汇集后流向压水室出口扩散段，在扩散段中随着过流面积的逐步增大，水流流速逐步降低，压力进一步提高，最后在泵出口形成高压水流进入出水管路，输送到上游。

图3-6为一个单级离心泵的简图。泵的主要工作部分是安装在主轴6上的叶轮1，叶轮上面有一定数量的叶片2，泵的外壳是渐伸线形的扩散室3。泵的吸入口和吸入管4连接，吸入管末端安装有吸入阀7并置于吸液池8中；排液口和排液管5连接。

开动前泵壳内需先充满液体。叶轮旋转后，叶轮间的液体在叶片的推动下获得一定的动能和压力能，以较高的速度自叶轮中心流向叶轮四周，并经扩散室流入排液管。叶轮间的液体向外流动时，叶轮的中心就形成了一定的真空，吸液池的液面在大气压力作用下，使液体经吸入管上升而流入叶轮。这样，就使液体连续地进入

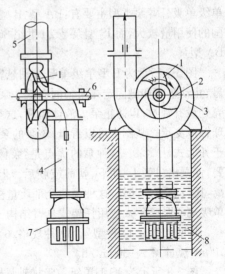

图 3-6　单级离心泵简图

1—叶轮；2—叶片；3—扩散室；4—吸入管；
5—排液管；6—主轴；7—吸入阀；8—吸液池

水泵,并在泵中获得必要的压头,然后从排液口排出。

水流输送高度的大小与泵内水流压力的大小有关,而压力的大小与叶轮直径和转速有关。在转速相同的情况下,叶轮直径越大,泵内产生的压力越大,水流输送高度就越大。反之,叶轮直径越小,水流输送高度就越小。对于同一台水泵,当转速改变时,水流输送高度也不同,转速高,输送高度大。反之,输送高度小。

上面介绍了离心泵叶轮将水流压出并输送到高处的原理,那么,叶轮又是如何将下游的水吸上来的呢? 当叶轮快速旋转时,叶轮中的水由于受离心力作用而从叶轮四周射出,导致叶轮中心处形成真空(低压区),即此处的压力低于大气压力,而下游(进水池)水面上却作用着大气压力。那么,下游的水在下游水面大气压与泵叶轮中心处的低压所形成压力差的作用下,从下游流向叶轮中心,达到吸水的目的。叶轮中心处的压力越低,水泵吸水的高度越大。由于大气压力为0.1MPa,而叶轮中心处的压力不可能降低到零,还要考虑进水管路水力损失及水流动能等因素,因此,一般离心泵的最大吸水高度只能达到8m左右。这就是离心泵的吸水原理。

综上所述,动力机带动离心泵叶轮快速旋转使叶轮中的水受到离心力作用而向叶轮外缘流动,在水流从叶轮压出的同时,下游的水通过进水管路补充到叶轮中心低压区。到达低压区的水流立即在叶轮叶片作用下,产生离心力,向叶轮四周压出,并经压水室进入出水管路。叶轮连续不断地旋转,水流就源源不断地从下游输送到上游。

那么,水泵启动前,为什么要先使泵壳灌满水呢? 这是因为空气的相对密度远小于水的相对密度,如果泵壳内不灌满水的话,叶轮必然在空气中旋转,上述过程在空气中进行,叶轮中心处由空气形成的低压与大气压力之间的压力差不足以吸上进水池中的水,因此达不到抽水的目的。

3.2.3　离心泵结构

(1) 单级单吸悬臂泵。这种泵的结构特点从其名称上即可知道,单级指这种泵只有一个叶轮,单吸指水流只能从叶轮的一面进入,即只有一个吸入口。所谓悬臂指的是泵轴的支承轴承装在泵轴的一端,泵轴的另一端装叶轮,状似悬臂。单级单吸悬臂泵一般为卧式。我国设计生产的单级单吸悬臂泵类型主要有:BA 型、B 型、IS 型等。B 型泵是 BA 型泵的改进型,B 型泵目前在中国的使用量较大,而 IS 型泵是 20 世纪 80 年代初,根据国际标准设计制造的,将用来取代 B 型和BA 型泵。

图 3-7 所示为 B 型单级单吸横轴悬臂泵结构。这种泵在国内生产较早,它的叶轮由叶轮螺母、止动垫圈和键固定在泵轴的右端。泵轴的左端通过联轴器与动力机轴相连。在泵轴穿出泵壳处设有轴封,以防止泵内液体泄漏,这类泵的轴封一般采用填料式密封。泵轴用两个单列向心球轴承支承。从图中可以看出,该泵的泵脚与托架铸为一体,泵体悬臂安装在托架上,故该泵属于托架式悬臂泵。这种泵的优点是:泵体相对于托架可以有不同的安装位置,以便根据实际需要,使泵出口朝上、朝下、朝前或朝后。但检修这种泵时,必须将吸入管路和压出管路与泵体分离,比较麻烦。此外,这种泵的全部质量主要靠托架承受,托架较笨重,故国内近年来生产的单级单吸离心泵已不太使用托架式悬臂结构。

B 型泵共有 17 种型号,39 种规格,6 种口径(最大进口直径 200mm),适用范围为:扬程 10～100m,流量 4.5～360m³/h。

图 3-8 所示为 IS 型单级单吸横轴悬臂泵结构。该泵的大致结构与 B 型泵差不多,所不同的是:将托架式改为悬架式,即泵脚与泵体铸为一体,轴承置于悬架内;同时将各部件的厚度均相应减薄,减小了泵的质量,整台泵的质量主要由泵体承受(支架仅起辅助支承作用)。此外,增设了加长联轴器(即在泵轴和电机轴端法兰间加一段两端带联轴器的短轴)。

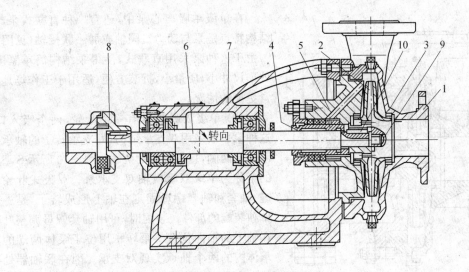

图 3-7　托架式悬臂泵(B型)

1—泵体；2—叶轮；3—密封环；4—轴套；5—泵盖；6—泵轴；7—托架；8—联轴器；9—叶轮螺母；10—键

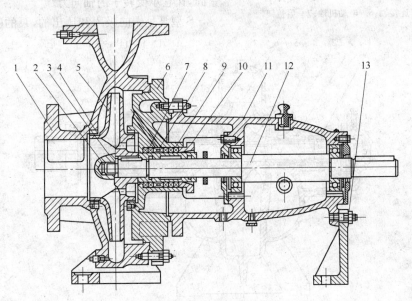

图 3-8　悬架式悬臂泵(IS型)

1—泵体；2—叶轮螺母；3—止动垫圈；4—密封环；5—叶轮；6—泵盖；7—轴套；
8—填料环；9—填料；10—填料压盖；11—悬架；12—泵轴；13—支架

由于 IS 型泵的泵盖位于泵体右端(如图 3-8 中所示)，且结构上采用悬架式，加上增设了加长联轴器，故只要卸下连接泵体和泵盖的螺栓、叶轮、泵盖和悬架等零部件就可以一起从泵体内拆出。这使得检修时不需拆卸吸入管路和压出管路，也不需移动泵体和动力机，只需拆下加长联轴器的中间连接件，即可拆出泵转子部件。其不足之处是机组长度增加，强度有所降低。

与 B 型泵相比，IS 型泵的效率要高 2%～4%；IS 型泵的零部件标准化、通用化程度较高；IS 型泵的适用范围较大，共有 29 个品种，51 种规格，进水口径可为 50～200mm，扬程可为 5～125m，流量可为 6.3～400m³/h。

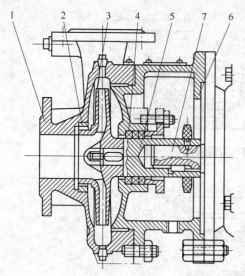

图 3-9　直联式泵

1—泵体；2—口环；3—叶轮；4—填料；
5—连接轴；6—电动机轴；7—后盖架

在单级单吸离心泵中，还有一种直联式泵，其结构特点是泵与动力机同轴或加一联接轴(见图 3-9)由于这种泵采用直联式，使得泵结构简单紧凑，外形尺寸小，质量小，拆装方便，适用于工作场地经常更换的情况。

(2) 单级双吸泵具有一个叶轮，两个吸入口。这种泵一般采用双支承结构，即支承转子的轴承位于叶轮两侧，且靠近轴的两端。图 3-10 所示 S 型泵的全称为单级双吸横轴双支承泵。双吸式叶轮靠键、轴套和轴套螺母固定在轴上形成转子，是一个单独装配的部件。装配时，可用轴套螺母调整叶轮在轴上的轴向位置。泵转子用位于泵体两端的轴承体内的两个轴承实现双支承。因在联轴器处有径向力作用在泵轴上时，远离联轴器的左端轴承所受的径向载荷较小，故应将它的轴承外圈进行轴向紧固，让它承受转子的轴向力。

S 型泵是侧向吸入和压出的，泵的吸入口和压

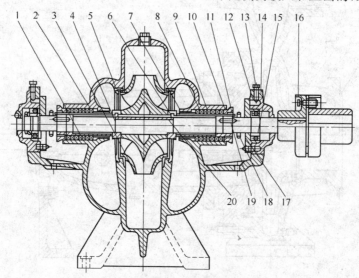

图 3-10　单级双吸横轴双支承泵(S 型)

1—泵体；2—泵盖；3—叶轮；4—轴；5—密封环；6—轴套；7—填料套；8—填料；9—填料环；10—填料压盖；11—轴套螺母；
12—轴承体；13—联接螺钉；14—轴承压盖；15—轴承；16—联轴器；17—轴承端盖；18—挡圈；19—螺栓；20—键

出口与泵体铸为一体，并采用水平中开式泵壳，即泵壳沿通过轴心线的水平面剖成上部分的泵盖和下部分的泵体。螺旋形压水室和两个半螺旋形吸水室由泵体和泵盖对合构成。这种结构，检修时只要揭开泵盖即可，无需拆卸进、出水管路和动力机，非常方便。泵盖的顶部设有安装抽气管用的螺孔，泵壳下部设有放水用的螺孔。在叶轮吸入口的两侧都设置轴封。该轴封也为填料式密封，由填料套、填料、填料环和填料压盖等组成，轴封所用的水封压力水是通过泵盖中开面上开出的凹槽，从压水室引到填料环的。有的中开式双吸泵要通过专设的水封管将水封压力水送

入填料环。

与悬臂泵相比较，双支承泵虽因泵轴穿过叶轮进口而使水力性能稍受影响，且泵零件较多，泵体形状较复杂，使工艺性较差，但双支承泵泵轴的刚度比悬臂泵好得多；此外，对双吸泵来讲，采用双支承结构可使叶轮两侧吸入口处形状对称，有利于轴向力的平衡。故为了提高泵运转可靠性，尺寸较大的双吸泵均采用双支承结构。

目前国内生产的单级双吸泵型号有：Sh 型、SA 型、S 型。其中 Sh 型用得较多，口径 150～800mm，扬程 10～140m，流量 0.35～1.5m³/s。SA 型为 Sh 型的改进型，共有 13 个品种，45 种规格，口径 150～800mm。S 型为 20 世纪 80 年代研制，用于替代 Sh 型和 SA 型的产品，共 41 种规格，目前只有部分规格投产。S 型泵与 Sh 型、SA 型泵相比，在结构上和性能上均有所改进和提高，如取消外设水封管，改用水封槽；泵壳厚度减薄，减小质量，节省材料，提高吸程和效率等。

3.2.4　离心泵主要部件

（1）叶轮。叶轮是水泵中最为主要的部件，因为动力机能量传递给水的过程就是在叶轮中完成的，故它的设计制造水平直接关系到泵的效率和性能。

离心式叶轮在结构上按叶轮盖板的设置状况可分为闭式、半开式和开式三种形式；按吸入方式又可分为单吸式和双吸式，如图 3-11 所示。

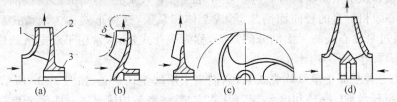

图 3-11　离心式叶轮的结构形式
(a) 单吸闭式；(b) 单吸半开式；(c) 单吸开式；(d) 双吸式
1—前盖板；2—后盖板；3—轮毂

离心泵的叶轮一般为闭式，如图 3-11a 所示。这种叶轮的前后两侧均设有盖板，即前盖板和后盖板。两盖板间夹着若干扭曲的叶片，盖板的内表面和叶片表面构成弯曲的叶轮流道。叶轮的前盖板中间有一圆孔，称为叶轮吸入口，水经吸入口进入叶轮流道，再从叶轮外缘四周甩出，水流轴向进入叶轮，径向流出叶轮，这种吸入方式称为轴向吸入式。叶轮的后盖板与轮毂相连，整个叶轮靠轮毂中间的轴孔与泵轴连接，故后盖板除了起支撑叶片的作用外，还有传递动力的功用。

对于采用上述叶轮的单级轴向吸入式水泵，由于叶轮吸入口的水压力较低（一般低于0.1MPa），而前后盖板外表面上则作用着来自经叶轮增加能量并到达叶轮出口的水，其压力比叶轮吸入口水压力大得多。因此，整个叶轮左右两侧所受压力不相等，从而产生一个指向进水侧方向的轴向力，这个力将使泵转子向进水侧方向移动。对于小型泵来讲，一般采用径向止推滚珠轴承就能平衡轴向力 p 对于稍大的泵来讲，轴向力较大，可能引起叶轮前盖板和泵壳内表面发生摩擦、叶轮紧固螺母松动和轴承发热损坏等事故。为了平衡轴向力，扬程高、流量大的泵，都在后盖板靠近轮毂处开 5～6 个小孔，称为均压孔，使后盖板左右相通，降低压力差，能平衡掉大部分轴向力，如图 3-12 所示。采用这种方法，简便易行，但存在如下不足：

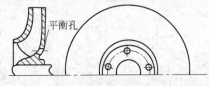

图 3-12　平衡孔示意图

1) 因高压水经均压孔流入吸入口,造成泵泄漏量的增加,降低泵的容积效率;

2) 经均压孔流入吸入口的水流流动方向与吸入口主水流的流动方向相反,扰乱吸入口水流的速度分布,使水流流入叶轮时速度不均匀,降低泵的效率(一般降低不超过5%)。

用于单级双吸泵的双吸式叶轮都是闭式的,如图 3-11d 所示。它相当于将两只单吸式叶轮背靠背拼接而成。这种叶轮两侧均有吸入口,同时进水。因叶轮左右对称,故消除了轴向力。

半开式叶轮(见图 3-11b)没有前盖板,开式叶轮前后盖板都没有,考虑到强度问题,常保留部分盖板以增加开式叶轮强度,如图 3-11c 所示。与闭式叶轮相比,半开式叶轮和开式叶轮少了盖板,相应地减少了水流和盖板的部分摩擦损失(即圆盘摩擦损失),敞开的叶轮流道在制造时易于清理,叶轮的制造成本也比较低。但是由于叶片的支撑盖板少,强度较差,设计时需加大叶片厚度。此外,叶轮的轴向力较大,且因间隙 δ 难以保证很小,将造成由叶片工作面高压水流经过间隙 δ 向背面绕流的损失,降低泵的效率,使泵性能不稳定。因此,这种叶轮用得不多,一般仅在某些特殊用途的泵上采用。半开式叶轮常用于长轴井泵,开式叶轮常用于抽送带有杂物的水,可以防止叶轮流道阻塞。

(2) 泵壳。泵壳在泵工作时是固定不动的。泵壳由若干零部件组成,其内腔形成了叶轮工作室、吸水室和压水室。泵壳的形状和大小取决于叶轮结构形式和尺寸以及由水力设计确定的吸水室和压水室形状尺寸。为了使叶轮能够装入泵壳中,泵壳必须被剖分成几部分,沿着与泵轴心线相垂直的径向面剖分,形成泵体和泵盖,这种形式称为端盖式泵壳,多用于单级泵;沿通过泵轴心线的平面剖分的泵壳,称为中开式泵壳,常用于双支承的蜗壳式泵,如横轴单级双吸泵等。

绝大多数悬臂泵都是单级蜗壳式泵,它们多采用端盖式泵壳,如图 3-13a 所示。进入接管(吸水室)、蜗形压水室(蜗壳)和出水接管(压水室)整体浇铸构成泵体。进水接管一般设计成直锥收缩管,不易产生脱流,有利于将水流均匀地引向叶轮进口;叶轮工作室由泵体和泵盖组成,其空腔形状与叶轮外形基本一致;叶轮出口端面与泵体的蜗牛壳状内壁面形成蜗形压水室,其断面面积由小逐渐扩大,以便均匀地汇集叶轮四周甩出的水流,使水流速度保持均匀不变,提高水力效率;紧接着蜗形压水室出口的后面部分为出水接管,其形状一般为渐扩锥形管,这种形状有利于水流流速(动能)逐渐减小而转变为压力(压能),并消除水流的旋转运动,将水流平缓地引入出水管路,降低管路中水流的水力损失。

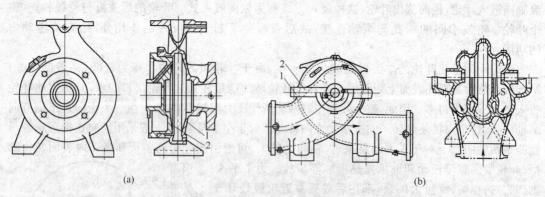

(a)　　　　　　　　　　　　　　　　　　　(b)

图 3-13　泵壳结构形式

(a) 端盖式泵壳;(b) 水平中开式泵壳

1—泵体;2—泵盖

横轴单级双吸泵多采用中开式泵壳,因其中开面为水平布置,故这种泵壳又称水平中开式泵壳,如图3-13b所示。它的吸水室、压水室、叶轮工作室、用于装泵壳密封环的A圆柱面和填料箱都是由泵体和泵盖对合而成。两个半螺旋形吸水室对称地布置在螺旋形压水室和叶轮工作室的两侧。泵体和泵盖用双头螺栓通过它们的凸缘紧固在一起,并用圆锥定位销定位,以确保接合后形成的流道表面能准确衔接。泵体上的A圆柱面中部开有榫槽S,用来嵌装位于泵壳密封环外半圆周上的凸榫,以便固定密封环的轴向位置,并防止工作时密封环转动,如图3-14所示。

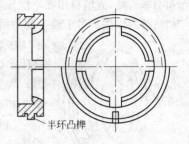

半环凸榫

图3-14 中开式泵壳密封环

(3)密封机构。在水泵中,有许多间隙的两端存在压力差,因而造成泄漏。为了防止不应有的泄漏,需要在这些间隙处设置密封装置或密封件。这些密封可分为静密封和动密封两类。静密封指密封面间无相对运动,如泵壳与泵盖的接合面密封等,这种密封面的实现较容易。动密封即指密封面间有相对运动,如叶轮密封和轴封等,这种密封较复杂。下面分别介绍叶轮密封和轴封。

1)叶轮密封。叶轮密封是泵内重要动密封之一。前已述及,叶轮是转动部件,泵体是固定部件,因而它们之间必须留有间隙,如图3-15所示。这个间隙由叶轮进口外表面和泵体相应部位形成,其一端与叶轮进口水流(低压流)相通,另一端与叶轮出口水流(高压流)相通,水流将通过间隙流向叶轮进口,造成容积损失,故存在动密封问题。这种密封通常采用间隙密封,即依靠节流间隙达到密封目的。叶轮密封的密封效果与节流间隙的大小和形状有关。从密封的角度看,间隙越小密封效果越好,但间隙太小,将导致叶轮与泵体间的摩擦损坏。为解决这一矛盾,离心泵常在泵体的密封间隙表面处安装一环形铸铁,即密封环,充当磨损件,磨损后只需更换此环,不需更换泵体或叶轮,这样就达到了保证间隙和避免泵体、叶轮整体磨损的目的。此环位于叶轮进口处,故又称为口环。对于叶轮上开有均压孔的泵,或者虽无均压孔,但口径大、扬程高的泵通常也需要在叶轮后盖板和泵盖之间增设密封环,以防止水流通过均压孔或轴封造成太多泄漏。

2)轴封。轴封是泵内另一重要动密封。已知动力机能量是通过泵轴输入泵中的,泵轴与泵盖之间必然存在间隙,泵内的高压水流就会从该间隙泄漏到泵外,或者泵外的空气通过间隙进入泵中,故存在轴封问题。农用水泵的轴封通常采用填料密封,如图3-16所示。填料密封由填料箱、填料、填料压盖、水封环和铸于泵盖内的水封管组成。

图3-15 平直式密封环及其间隙示意图

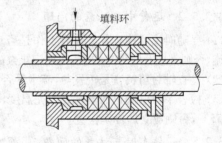

填料环

图3-16 水封式填料密封

填料多用油浸石棉绳制成,将其压成矩形断面,外表涂上石墨粉,它能够耐高温、耐磨损,并具有弹性。把填料塞入填料箱(由泵轴或轴套和泵盖形成)内,用填料压盖压紧,使之紧抱在轴或轴套外表面上实现密封目的。泵工作时,由于填料与泵轴或轴套之间的摩擦,将带来发热、磨损和功率消耗,故填料压盖不能压得过紧,以便让极少量液体通过填料密封向泵外滴漏,起到冷却和润滑的作用。对于轴封前为负压,需防止空气渗入泵中的情况,或者轴封前为正压,但所抽送液体中含有固态杂质,需防止杂质进入轴封的情况,可以设置水封环,将高压水(来自泵中高压区或外界)引入轴封,起到水封、冷却和润滑的目的。水封环是一个外周带凸缘,环上开四个小孔的铸铁圆环,其结构如图 3-17 所示。

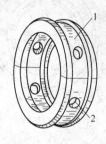

图 3-17　水封环
1—环圈空间;2—水孔

(4) 轴与轴承泵轴的主要作用是将动力机通过联轴器或皮带轮机构传递过来的能量输送给叶轮。泵轴要有足够的刚度和强度,并有较高的加工要求,一般采用不低于 35 号的优质碳素钢为材料。在轴封处装有轴套,以避免轴与填料接触造成磨损,轴套磨损后更换比轴更换方便得多,费用也低得多。轴依靠轴承的支承,轴承除了起到支承轴及其转动部件,承受轴向力外,还有减小轴转动摩擦力,保持较高机械效率的作用。

3.2.5　离心泵的使用、维护及其故障分析

离心泵装置的正确启动、运行和停车是保证输水系统安全、经济供水的前提。

3.2.5.1　启动前的准备工作

水泵启动前应注意做好全面检查工作,检查轴承中润滑油是否足够、干净;出水闸阀及压力表、真空表阀是否处于关闭状态;装置各处连接螺栓有无松动现象;配电设备是否完好、正常;然后,进行盘车、灌泵工作。

所谓盘车,就是用手转动联轴器,目的是为了检查泵及电动机内有无异常声音,如零件脱松、杂物堵塞、泵内冻结、轴承缺油、主轴变形等。

"灌泵"就是启动前向泵及吸水管中充水,以便启动后在泵的入口处造成抽吸液体必需的真空值。

对于首次启动的水泵,还应进行转向检查,检查其转向是否与泵厂规定的转向一致。准备工作就绪之后,即可启动水泵。启动应在闭闸情况下进行,运行一般不超过 2～3min,待水泵转速稳定后,即应打开真空表与压力表阀。当发现压力表读数上升,升至水泵零流量时的空转扬程时,可逐渐打开压水管中的闸阀,此时真空表读数逐渐增加,压力表读数逐渐下降,配电屏上电流表逐渐增大,待闸阀全开时,即告启动工作完成。

3.2.5.2　运行中应注意的问题

(1) 要随时注意检查各个仪表工作是否正常、稳定。电流表上的读数应不超过电动机的额定电流,否则都应及时停车检查;定期记录泵的流量、扬程、电流、电压、功率等有关技术参数。

(2) 检查轴封填料盒是否发热,滴水是否正常。

(3) 检查泵与电动机的轴承和机壳温度,轴承温度一般不得超过周围环境温度 35℃,最高不超过 75℃,否则应立即停车检查。

3.2.5.3　停车时应注意的问题

停车前先关出水闸阀,实行闭闸停车。然后关闭真空表及压力表上的阀门,并把泵和电动机表面的水擦干净。冬季停车后还应考虑水泵不致冻裂。

3.2.5.4　产生离心泵故障的原因及其排除方法

离心泵常见的故障及其原因和排除故障的方法见表 3-1。

表 3-1　离心泵常见故障及其排除方法

故　障	可能发生原因	排除方法
1. 启动后泵不输水	(1) 吸水管有漏隙	检查管路
	(2) 泵壳内有空气	再充水放出空气
	(3) 水封细管塞住	检查并清洗该细管
2. 在运转过程中输水量减少或压头降低	(1) 转速降低	检查管路、压紧或更换填料
	(2) 空气透入吸水管或经填料箱透入泵壳	检查管路、压紧或更换填料
	(3) 排水管中阻力增加或水管破裂	检查所有的闸阀门和管路中可能阻塞处、破裂处、及时清理修补
	(4) 叶轮阻塞	检查并清洗该叶轮
	(5) 机械损失　(a) 减漏环磨损　(b) 叶轮损坏	替换坏了的零件
	(6) 吸水高度增加	按真空计读数,核查吸水高度,检查吸水管路
3. 发动机过热	(1) 转速高于额定值	检查发动机
	(2) 水泵输水量大于许可值,压头低于额定值	关小排水管路的闸门
	(3) 发动机或水泵发生机械损坏	检查发动机和水泵
4. 发生振动和噪声	(1) 装置不当	检查机组
	(2) 叶轮局部阻塞	检查和清洗叶轮
	(3) 机械损坏　(a) 轴弯曲　(b) 转动部分咬住　(c) 轴承损坏	更换坏了的零件
	(4) 排水管或吸水管的紧固装置松动	拧紧紧固装置
	(5) 吸水高度过大发生气蚀现象	停泵采取减小吸水高度的措施

3.3　轴流泵

　　轴流泵是一种高比转数(500～1200)、低扬程(4～15m)、大流量、高效率泵,按泵轴的工作位置可分为立轴、横轴和斜轴三种结构形式。按照叶片角度是否可以改变的情况,又可将轴流泵分为叶片固定式、叶片半调节式和叶片全调节式三种形式。叶片固定式叶轮一般为整铸而成,结构简单,但铸造较困难,多用于小型轴流泵;叶片可调节叶轮的叶片和轮毂分开制造,叶片半调节式叶轮多用于中、小型轴流泵,叶片全调节式叶轮多用于大、中型轴流泵。由于立轴泵占地面积小,轴承磨损均匀,叶轮淹没在水中,起动无需灌水,还可采用分座式支承方式,能按水位变化情况用适当长度的中间传动轴连接泵与电机,从而将电机安装在较高的位置以免被水淹没,因此,国内大多数轴流泵采用立轴结构。

3.3.1　轴流泵的工作原理

　　轴流泵与离心泵在结构上有明显的区别,因而它们的工作原理也是不同的。简单地说,轴流泵不是利用离心力,而是利用叶轮旋转时产生的推力来抽水的。
　　轴流泵工作时,叶轮在水中旋转,叶片就不断地把水往上推。水流流经叶轮后能量(动能和

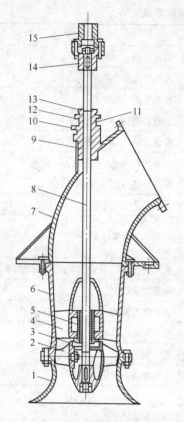

图 3-18　立式半调节型轴流泵
1—吸入管；2—叶片；3—轮毂体；4—导叶；
5—下导轴承；6—导叶体；7—出水弯管；
8—泵轴；9—上导轴承；10—引水管；
11—填料；12—填料盒；13—压盖；
14—泵联轴器；15—电动机联轴器

压能)得到增加,并通过导叶体和出水弯管送到高处。对于卧式轴流泵,它的叶轮前面有一段吸水管,叶轮位于进水池水面上方,当叶轮旋转时,水流被推往上游,而叶轮后面则产生一定的真空低压区,进水池中的水在其表面大气压力的作用下,通过吸水管被压送到叶轮后面低压区,填补那里的真空。这个过程连续进行,轴流泵就达到抽水的目的。卧式轴流泵的吸水原理与离心泵一样,叶轮后面的压力越低,它的吸力越大。

图 3-18 所示为立式半调节型轴流泵结构图。

3.3.2　轴流泵的主要部件

3.3.2.1　叶轮

轴流泵叶轮是决定泵性能的主要部件。它由叶片、轮毂体和导水锥三部分组成。导水锥具有流线型的圆头,它能以最小的损失将水流均匀地引入叶片间流道。轴流泵叶片一般为 2～6 个,叶片是扭曲的,且具有和机翼相同的横截面。半调节式叶轮叶片用压紧螺母和定位销紧固在轮毂上,如图 3-19 所示。这种叶轮,叶片不与轮毂铸成一体的目的是可以根据实际运行条件,改变叶片安装角度,使泵在具体运行条件下发挥较好的性能。需改变叶片安装角度时,首先停机,再将叶轮卸下,松开压紧螺母,并退出定位销,转动叶片,使位于叶片根部法兰边缘处的刻线对准轮毂体上某一要求的角度刻线,然后重新装好定位销,拧紧压紧螺母,装好叶轮即可。每个叶片必须调到相同的安装角度,以免运行时产生振动。

由于大、中型轴流泵叶轮多用叶片全调节式,可以在不停机的情况下改变叶片安装角度,以适应各种运行条件。大型泵的叶片安装角度通过机械控制系统和液压控制系统自动改变;中型泵则多用手动控制系统完成。

3.3.2.2　吸入管

小型立式轴流泵的吸入管常用铸铁制造,并做成流线型喇叭口,因为这种形状有利于改善轴流泵进口的进水条件,减小水力损失,提高汽蚀性能。大、中型泵则需设专用的钢筋混凝土进水流道。

3.3.2.3　泵壳

轴流泵泵壳由叶轮外壳、导叶体和出水流道(或压出弯管)组成。大中型立轴轴流泵的叶轮外壳多为中开式结构,为了制造和运输方便,有的大型泵叶轮外壳被分成四瓣。

中小型立轴轴流泵的泵壳通常都带有金属压出弯管,叶轮外壳一般采用径向剖分结构,即在球形叶轮工

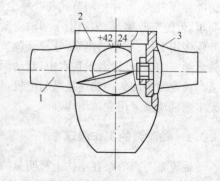

图 3-19　半调节式叶片
1—叶片；2—轮毂体；3—压紧螺母

作室最大径向尺寸处径向剖分。导叶体即为轴流泵的压水室,它
由导叶、导叶毂和外壳组成,如图 3-20 所示。导叶体一般用铸铁
制造,固定在叶轮上方,是不动部件,其外壳呈圆锥形,扩散角一般
不大于 8°～10°,导叶一般为 6～12 个,导叶进口边与叶轮叶片出
口边平行,导叶出口一般为轴向,其作用是将来自叶轮的水流的圆
周运动变为轴向运动,并通过锥形导叶体流道,将水流的部分动能
转化为压能,减少水力损失。水流流出导叶后,经一段直管(其长
度根据扬程高低而定)进入压出弯管。压出弯管的转弯角度一般
为 60°或 75°,曲率半径常用弯管进口半径的 1.5～2 倍。压出弯管
后面还设有压出短管,以便泵站安装时用来与泵站混凝土出水流
道相接。

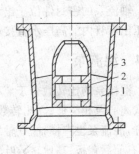

图 3-20 导叶体
1—导叶;2—导叶毂;3—外壳

3.3.2.4 其他部件

轴流泵泵轴一般较长,需用优质碳素钢制成。小型泵采用实心轴,大型泵采用空心轴,轴中
心空腔用来装置叶片操作机构的操作油管或操作杆。

轴流泵轴承包括导轴承和推力轴承。上导轴承位于泵轴穿出压出弯管的上部,高出进水池
水面;下导轴承位于导叶毂内。中小型轴流泵一般采用橡胶导轴承,是一种水润滑的滑动轴承。
如图 3-21 所示为橡胶导轴承,由轴承外壳和橡胶衬套组成。橡胶衬套内表面开有若干轴向沟
槽,或制成多边形,以便通水润滑和冷却。因上导轴承高出水面,故启动前必须加注清水润滑,以
避免发热烧坏,启动后即可停止注水,如图 3-22 所示。推力轴承位于泵轴的上部,其作用主要是
承受水泵转动部件的重力和轴向水压力,并将这些力通过电机座传递到电机梁上。泵转子的轴
向位置由轴上圆螺母调整。

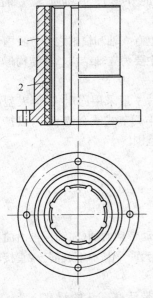

图 3-21 橡胶导轴承
1—轴在外壳;2—橡胶衬套

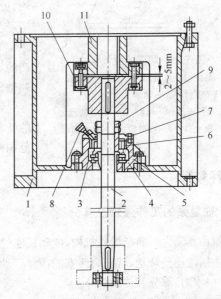

图 3-22 立式电动机直接传动装置结构
1—电机座;2—传动轴;3—轴承体;4—推力轴承;5—推力头;
6—滚珠轴承;7—轴承盖;8—油杯;9—圆螺母;
10—传动轴联轴器;11—电机联轴器

　　轴流泵的密封件位于出水弯管处,采用填料密封,与离心泵的密封形式类似。不设水封环,由压出弯管内的高压水直接渗入密封件,达到冷却、润滑作用。

3.4　混流泵

　　混流泵的比转数介于离心泵和轴流泵之间。低比转数混流泵一般做成蜗壳式,其结构与蜗壳式离心泵相类似;高比转数混流泵一般宜做成导叶式,其结构与轴流泵相类似。与其他类型泵一样,混流泵也有横轴、立轴之分,叶轮有闭式和半开式之分。低比转数混流泵叶轮一般采用闭式,有前后盖板;高比转数叶轮一般采用半开式。

　　混流泵的叶轮形状介于离心泵和轴流泵之间,既有离心泵叶轮的特点,也有轴流泵叶轮的特点,因此,混流泵叶轮工作时,兼有离心叶轮的作用和轴流叶轮的作用,叶片对水流既产生离心力,又产生推力,混流泵就是靠这两种力进行抽水的。至于混流泵的吸水原理,同样是通过叶轮后面产生一定真空低压区来达到抽水目的。

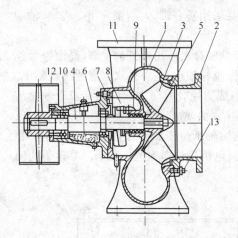

图 3-23　蜗壳式混流泵
1—泵壳;2—泵盖;3—叶轮;4—泵轴;
5—密封环;6—轴承盒;7—轴套;
8—填料压盖;9—填料;10—滚动轴承;
11—出水口;12—皮带轮;13—双头螺丝

　　一般情况下,混流泵的扬程低于离心泵,高于轴流泵;其流量大于离心泵,小于轴流泵。与离心泵和轴流泵相比,混流泵的不同之处在于,叶轮出口边是倾斜的,水流从叶轮流出时受到离心力和推力的作用,流动方向为介于径向和轴向之间的斜向,故又称混流泵为斜流泵。

　　由于蜗壳式混流泵的流量比离心泵大,导致叶轮流道宽度和蜗壳断面面积相对较大,因此,横轴蜗壳式混流泵采用悬架式悬臂结构,而不采用托架式悬臂结构,以避免增大泵的外形尺寸和质量。如图 3-23 所示。

　　导叶式混流泵也有立轴和横轴之分。我国目前生产的导叶式混流泵主要为立轴结构。其结构形式与立轴轴流泵相类似。

　　混流泵叶轮叶片一般采用固定式,但大型混流泵的叶轮叶片可采用半调节式或全调节式,以扩大适用范围或高效率运行范围。

3.5　往复泵

3.5.1　往复泵的工作原理及其分类

　　一般往复泵为一曲柄滑块机构,电动机通过皮带或齿轮传动带动曲柄(曲轴),再由曲柄滑块机构将曲柄的连接转动,转变为活塞的往复移动。往复泵可分为两个基本组成部分:直接输送液体的液缸(水力)部分和传动部分。

　　图 3-24 所示为往复泵工作原理简图。在泵缸 1 中放有带活塞杆 3 的活塞 2。缸前装有阀室 4,阀室中有只允许液体单向流动的吸入阀 5 和排出阀 6。泵缸中活塞与阀之间的空间称为工作室。从下面与吸入阀相连接的有吸入管 7 和吸液池 8。在排出阀的上方有排出管 9。

　　当活塞 2 由泵缸 1 的左端开始向右端移动时,泵缸工作室里的容积逐渐增大,形成负压。吸

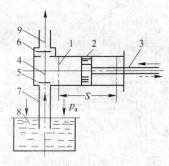

图 3-24 往复泵工作原理图
1—泵缸;2—活塞;3—活塞杆;
4—阀室;5—吸入阀;6—排出阀;
7—吸入管;8—吸液池;9—排出管

液池 8 中的液体,在大气压力作用下进入吸入管 7,并沿管上升,顶开吸入阀 5 而进入工作室。当活塞移至右端死点时,工作室容积为最大,所能吸入的液体也达到极限值。此时,活塞便开始向左移动,液体受到挤压,工作室中压力增大,吸入阀被液体压住而闭紧,排出阀 6 被推开,液体进入排出管 9 中。当活塞移至左端死点时,将所吸入的液体排尽,完成了一个工作循环。此后工作室内液体的压力,又随着活塞向右移动而降低,液体又冲开吸入阀进入泵缸,如此周而复始的运动,就达到了排液工作的目的。

活塞在泵缸内从左端点移至右端点(两端点称为死点),两死点的距离称为活塞的冲程(一般以 S 表示)。每一个工作循环中有一个吸入冲程和一个排出冲程。连续进行的两个冲程,通常称为一个双冲程。

往复泵的分类,一般按工作方式可分为下面几种:

(1) 单作用泵。每当轴转一周时(即一个双冲程),只有一次吸入过程和一次排出过程,如图 3-25 所示。这种泵活塞的排容(一个双冲程的排液量)为:

$$V_1 = AS(\text{m}^3) \tag{3-1}$$

式中　A——活塞的工作面积,m^2;

　　　S——活塞的冲程,m;

　　　V_1——活塞一个双冲程排液容积,m^3。

(2) 双作用泵。这种泵在泵缸左右两端各有一个阀室。每个阀室都装有吸入阀和排出阀,分别与吸入管和排出管相连接(图 3-25)。当活塞自左向右移动时,左阀室为吸水过程,右阀室为排水过程。而当活塞自右向左移动时,则左阀室为排水过程,右阀室为吸水过程。这样,一个双冲程泵(轴转一转)有两个吸入过程和两个排出过程,故称为双作用泵。

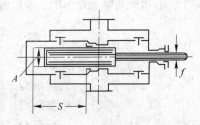

图 3-25 双作用泵原理图

显然,双作用泵左端活塞排容仍为 AS,而右端由于活塞杆的存在,活塞工作面积为 $A-f$,故其排容为 $(A-f)S$。一个双冲程的排容为:

$$V_2 = (A-f)S + AS = (2A-f)S \tag{3-2}$$

式中　f——活塞杆的截面积。

(3) 三作用泵。每当轴转一周时,有三次排出过程和三次吸入过程。实际上这种泵就是由三个单作用泵并联而成的。因此,通常把它称为三联泵。这种泵的曲柄间的夹角互为 120°。

三作用泵的活塞排容为:

$$V_3 = 3AS \tag{3-3}$$

式中　A——活塞的工作面积,m^2;

　　　S——活塞的冲程,m。

(4) 差动泵。泵的工作原理如图 3-26 所示,泵的排出管与活塞右侧相通。当泵自右向左移动排液时,有部分液体 $(A-f)S$ 进入活塞右侧的泵缸中,而仅排出液体 $AS-(A-f)S$。活塞回程时,其左端吸液,右端将剩余的液体全部排出。故差动泵在一个双冲程中是一次吸液,分两次排液。这样流量比较均匀,减轻了冲击作用。通常,活塞断面积为活塞杆断面积的两倍,使分两次排出的液体相等。

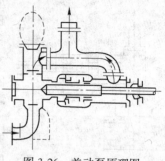

图 3-26　差动泵原理图

一个双冲程活塞排容为:

$$V_差 = AS - (A - f)S + (A - f)S = AS \qquad (3-4)$$

3.5.2　往复泵的流量及扬程

吸入往复泵液缸中的液体充满了活塞所空出的地方,如果不考虑漏损时,则轴每转一转的排液量为一个活塞排容 V,若每分钟转数为 n 时,$Q_理$(m^3/s) 为:

$$Q_理 = \frac{Vn}{60} \qquad (3-5)$$

对单作用泵及差动泵,$V = AS$,则

$$Q_理 = \frac{ASn}{60} \qquad (3-6)$$

对双作用泵,$V = V_2 = (2A - f)S$,则

$$Q_理 = \frac{(2A - f)Sn}{60} \qquad (3-7)$$

对三作用泵,$V = V_3 = 3AS$,则

$$Q_理 = \frac{3ASn}{60} \qquad (3-8)$$

由于泵缸、活塞、进出口阀以及密封装置等制造不够精密,或因长时间工作造成了磨损,引起泵的泄漏,因此实际流量恒小于理论值。

$$Q_实 = Q_理 \eta_N \qquad (3-9)$$

式中　η_N——泵的容积效率。

其值为实验数据,一般为:

大型泵 $Q \geqslant 200 m^3/h$ 　　　　$\eta_N = 0.97 \sim 0.99$

中型泵 $Q = 20 \sim 200 m^3/h$ 　　$\eta_N = 0.90 \sim 0.95$

小型泵 $Q < 20 m^3/h$ 　　　　　$\eta_N = 0.85 \sim 0.90$

应当指出:往复泵在工作过程中,液体排出的速度不是均匀的。例如,单作用式泵在吸入过程中的排液量为零,而在排出过程中由于活塞速度的变化(两端小、中间大)其流量也是变化的。

即使是三作用泵,流量也不稳定。为了使流量稳定,减少水力冲击,一般在吸入或压出口附近设空气室,用以起缓冲作用,使流量趋于均匀。

往复泵的最大压头取决于泵的强度及原动机功率。而实际压头取决于工作系统的需要。

工作系统需要的扬程计算公式和离心泵相同,用下式表示:

$$H = H_{sy} = h_w$$

3.5.3　往复泵的功率计算

往复泵的输出功率 N(kW):

$$N = \frac{\gamma QH}{1000} \qquad (3-10)$$

往复泵的电机功率:

$$N_{电} = \frac{N}{\eta} = \frac{HQ\gamma}{1000\eta} \qquad (3\text{-}11)$$

式中　H——扬程,m;

　　　Q——流量,m^3/s;

　　　γ——重度,式中为水的重度,一般取 $10^4 N/m^3$;

　　　η——泵的总效率。

往复泵的总效率一般在 0.72～0.93 之间。

3.5.4　常用往复泵的结构和型号

各种往复泵的结构主要由泵体、活塞及活塞杆、阀、空气室等部件组成。

图 3-27 为冶金工厂、矿山常用的 2DS-50/6 型往复泵,主要用来输送清水或石油。该泵的结构如图 3-28 所示。

图 3-27　2DS-50/6 型往复泵外形图

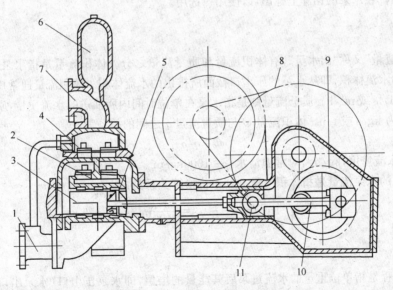

图 3-28　2DS-50/6 型往复泵结构图

1—吸液管;2—吸液阀;3—泵缸;4—排液阀;5—活塞;6—空气室;
7—排液管;8—皮带传动;9—齿轮传动;10—连杆;11—十字头

2DS-50/6 型泵系电动卧式双缸双作用式往复泵,包括传动部分和水力部分。电机经三角皮带、减速齿轮、曲轴、连杆及十字头带动活塞。为了避免传动部分润滑油与液压缸中液体相混杂,在十字头导板前加装挡油环,液压缸部分有吸液阀和排液阀各四个,它们的结构和尺寸均是相同的,为平面盘状阀。液缸底部有两个放液阀,以便停车放出缸内液体。

往复泵的型号是由汉语拼音字母和有关数字组成。汉语拼音字母表示泵的类型和特性,例如:D——电机带动;Q——蒸汽机带动;S——清水泵;N——泥浆泵;B——比例泵;L——立式泵。

拼音字母的数字表示缸数,而拼音字母后是一组分数,分子表示流量(m³/h),分母表示泵的压力(0.1MPa)。例如:

往复式水泵还有气动清水泵(QS 型),气动泥浆泵(QN 型)和电动立式清水泵(DSL 型)等系列。

3.6　泵的性能参数

在 3.2 节中,介绍了水泵的工作原理,使我们初步认识了水泵的抽水过程。但是,仅仅知道水泵的构造和原理,还无法正确合理地选用水泵,为了做好这项工作,还要熟悉水泵的性能。水泵的性能,由水泵的基本参数表示,即:流量、扬程、转速、功率和容许吸入高度(或汽蚀余量)等。这些参数通常都在水泵的铭牌上标出,以便用户选用。

3.6.1　流量

水泵的"流量"又称"出水量",有体积流量和质量流量之分。体积流量是指水泵在单位时间内所能抽送的水流体积,即从水泵的压出口截面所排出的水流体积。体积流量通常用 Q 表示,其单位为 m³/s、L/s 或 m³/h。质量流量则是指水泵在单位时间内所抽送的水流质量,质量流量用 q 表示,其单位为 kg/s 或 t/h。体积流量 Q 与质量流量 q 之间的关系为:

$$Q = q/\rho \tag{3-12}$$

式中　ρ——水流密度,kg/m³,对常温清水,$\rho = 1000\text{kg/m}^3$。

通常所说的水泵流量是指体积流量。其单位换算关系为:

$$1\text{m}^3/\text{h} = \frac{1}{3.6}\text{L/s} = \frac{1}{3600}\text{m}^3/\text{s} \tag{3-13}$$

3.6.2　扬程

水泵的扬程是指单位重量的水流过泵后其能量的增值,即水泵压出口(水泵出口法兰)处单位重量水流的能量减去泵吸入口(水泵进口法兰)处单位重量水流的能量。扬程通常用符号 H 表示,其单位为 m。根据定义,可将水泵的扬程表示为:

$$H = e_d - e_s \tag{3-14}$$

式中 e_d——水泵压出口处单位重量水流的能量,m;

    e_s——水泵吸入口处单位重量水流的能量,m。

由流体力学知道,单位重量水流的能量称为水头,通常包括位置水头 Z、压力水头 $\dfrac{P}{\rho g}$、速度水头 $\dfrac{v^2}{2g}$、它们的单位均为 m。则有

$$e_d = Z_d + \frac{P_d}{\rho g} + \frac{v_d^2}{2g} \tag{3-15}$$

$$e_s = Z_s + \frac{P_s}{\rho g} + \frac{v_s^2}{2g} \tag{3-16}$$

$$H = (Z_d - Z_s) + \frac{P_d - P_s}{\rho g} + \frac{v_d^2 - v_s^2}{2g} \tag{3-17}$$

式中 Z_d,Z_s——水泵压出口、吸入口到任选的测量基准面的距离;

    P_d,P_s——水泵压出口、吸入口处水流的静压力;

    v_d,v_s——水泵压出口、吸入口处水流的速度;

    g——重力加速度。

一般情况下,离心泵的扬程可以泵轴线为界分成两个部分,泵轴线至上游水面高度称为压水扬程或出水扬程,用 $H_压$ 表示,压水管路水力损失(包括出口动能损失)用 $h_压$ 表示;泵轴线至下游水面高度称为吸水扬程,简称吸程,用 $H_吸$ 表示,吸水管路水力损失用 $h_吸$ 表示。则水泵扬程又可表示为

$$H = H_吸 + H_压 + h_吸 + h_压 \tag{3-18}$$

水泵的扬程 H 可以从几米到几百米;而吸水扬程一般不得超过 8.5m。吸水扬程 $H_吸$ 直接关系到水泵安装高度,是一个必须予以注意的重要数据。在水泵订购时必须注意,水泵的扬程除了上、下游水位差 $H_吸 + H_压$ 外,还要考虑管路水力损失 $h_吸 + h_压$。若以上下游水位差定为水泵扬程的话,显然水泵扬程低于实际需要的扬程,这将降低水泵效率,甚至泵不上水来。

3.6.3 转速

水泵的转速是指单位时间内泵转子旋转次数,以符号 n 来表示,其单位为 r/min 或 r/s。转速也可用泵转子回转角速度 ω 表示,ω 的单位为 1/s,它们的关系为

$$n = \frac{60}{2\pi}\omega \tag{3-19}$$

水泵转速一般要与电机配套,中小型水泵常用的转速为:2900r/min、1450r/min、970r/min、730r/min、485r/min 等。

通常说的泵转速是指泵的额定转速。水泵在使用过程中,不能随意改变转速,否则将直接影响到泵的其他参数。当外界条件需要改变转速使用时,需经精确计算,以确定转速改变量。提高转速一般不得超出 10%,以免引起动力机超载或拖不动,以及造成泵零部件的损坏。降低转速一般不能低于 50%,以免使泵的效率降低太多。

3.6.4 功率和效率

水泵的功率是指泵的输入功率,即动力机传递给泵轴的功率,又称轴功率,以符号 P 表示,单位为 W、kW。

水泵除输入功率外,还有输出功率和配用功率。输出功率是指单位时间内水流流过泵时从

泵中得到的能量,即水泵输出给水流的净功率,又称水泵的有效功率,用 P_Z 表示。输出功率可用水泵的流量和扬程计算得到

$$P_Z = \rho g Q H \tag{3-20}$$

式中　　ρ——水流密度,kg/m^3。

设水泵的效率为 η,则输出功率和输入功率之比即为水泵效率

$$\eta = \frac{P_Z}{P} \tag{3-21}$$

则泵的输入功率为

$$P = \frac{P_Z}{\eta} = \frac{\rho g Q H}{\eta} \quad (W) \tag{3-22}$$

水泵的配用功率又称配套功率,是指泵所需配备的动力机功率,用 P' 表示。

通常配用功率与输入功率是不一样的。配用功率除包括输入功率外,还要包括动力机与泵之间传动造成的损失功率,以及确保机组安全运行的功率余量。一般 $P' = (1.1 \sim 1.3)P$。

泵内功率损失主要包括如下三部分:

(1) 机械损失。当动力机把输入功率传入水泵后,首先就必须克服泵轴与轴承、填料之间的摩擦阻力;其次,还必须克服叶轮外表面与水之间的摩擦阻力。克服这些阻力所消耗的功率称为机械损失。

(2) 容积损失。水流流入叶轮后,多数被压出泵出口,并输送到上游,但因叶轮与泵壳之间存在间隙,使得叶轮出口处少量水流通过上述间隙流回到叶轮进口,造成功率损失。这种功率损失称为容积损失。

(3) 水力损失。水流在泵内、叶轮内高速流动时,要克服沿程摩擦阻力和局部摩擦阻力,水流内部的互相挤压和撞击也将消耗一部分功率,这部分损失称为水力损失。

3.7　泵的基本方程

泵的任务就是把来自动力机的机械能转换成水流的能量,而这种能量的转换是在泵的叶轮中进行的。叶轮内有若干弯曲的叶片,叶片之间就是水流通过的流道。在动力机的作用下,水泵叶轮带着流道中的水流旋转,并通过叶片把能量传给水流,使水流的运动状态发生变化,从而完成了能量的转换。

水泵的基本方程就是定量地表示水流流经叶轮前后运动状态的变化与叶轮传给单位重量水流的能量之间关系的方程式。它可以用相对运动伯努利方程推得,也可以用动量矩定理推得。应用动量矩定理推导比较简单,而且比较直观,现介绍如下。

力学中的动量矩定理指出:质点系关于某一轴线的动量矩对时间的变化率,等于作用在该点上的外力矩,即可表示为

$$\frac{\mathrm{d}L}{\mathrm{d}t} = M \tag{3-23}$$

式中　　$\mathrm{d}L$——在 $\mathrm{d}t$ 时间内质点系对某一轴线动量矩的变化量;

$\mathrm{d}t$——动量矩变化经过的时间间隔;

M——作用于质点系的外力矩。

现将动量矩定理应用于水泵叶轮中的流体。即选取叶轮中某一封闭区间的液体作为研究对象(质点系)。这一封闭区间由叶轮前、后盖板以及靠近叶轮进出口的两个旋转面包围形成,如图 3-29 所示。

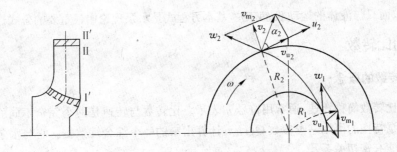

图 3-29　推导基本方程式简图

假设泵的工作状态是稳定的,即泵的参数不随时间而变化。在这种情况下,叶轮前后的液体的流动为定常流动。则上述封闭区间内的液体块在极短的时间间隔 dt 内从 I II 运动到 I′II′位置。因为是定常流动,I II 与 I′II′的重叠区间 I′II 内液体的质量和动量矩保持不变。故所研究的液体块在 dt 内动量矩变化量 dL 就相当于 I I′与 II II′两个部分的动量矩变化量,即:

$$dL = L_{I'II'} - L_{I II} = L_{II II'} - L_{I I'} \tag{3-24}$$

根据液体流动的连续性方程可知,I I′与 II II′的体积应当相等,其值等于 dt 时间流出(或流入)叶轮的液体体积 $Q_t dt$。由于 I I′、II II′很小,故可以认为这两个液体块到轴线的距离分别等于叶片的进出口半径 R_1、R_2,它们的平均速度分别等于进出口的平均速度 v_1、v_2。

叶片进、出口的绝对速度可分解为互相垂直的 v_m 和 v_u 两个分量。v_m 位于轴面内,称为轴面分速度,它所在的直线必然与叶轮轴线相交而不产生动量矩。v_u 位于圆周方向上,称为圆周分速度,它将产生动量矩,其值为

$$L = m v_u R = \rho Q_t dt v_u R \tag{3-25}$$

由此可得动量矩的变化量为

$$dL = \rho Q_t (v_{u_2} R_2 - v_{u_1} R_1) dt \tag{3-26}$$

$$M = \frac{dL}{dt} = \rho Q_t (v_{u_2} R_2 - v_{u_1} R_1) \tag{3-27}$$

现分析上述研究对象所受到的外力矩。因为所研究的液体块是轴对称的,重力、表面力也是轴对称的,不产生力矩。对理论扬程(用 H_t 表示)而言,不计黏性力,所以在这块液体上只有叶片对液体的作用力矩。叶轮就是通过叶片把力矩转给液体,使液体的能量增加。该力矩 M 在单位时间内对液体做的功为 M_ω,它应当等于单位时间内流经叶轮的液体从叶轮中得到的能量(输入水力功率 $\rho g Q_t H_t$),即为

$$M_\omega = \rho g Q_t H_t \tag{3-28}$$

由此得

$$M = \frac{1}{\omega} \rho g Q_t H_t = \rho Q_t (v_{u_2} R_2 - v_{u_1} R_1) \tag{3-29}$$

$$H_t = \frac{\omega}{g} (v_{u_2} R_2 - v_{u_1} R_1) \tag{3-30}$$

则得基本方程为

$$H_t = \frac{1}{g} (u_2 v_{u_2} - u_1 v_{u_1}) \tag{3-31}$$

水泵的基本方程式实际上是一个能量平衡方程式,它建立了叶轮的外特性(理论扬程 H_t)与叶轮前后液体运动参数 v_u 之间的关系。从基本方程式可以看出,水泵的理论扬程与液体的种类

和性质无关,而只与液体的运动状态有关,基本方程式是水泵理论中最重要的公式。

3.8　泵的比转数

3.8.1　比转数的概念

水泵的比转数简称比速,通常用符号 n_s 表示。比转数与转速是两个完全不同的概念。比转数是表示水泵特性的可用基本参数 Q、H、n 计算出来的一个综合性数据。它与水泵叶轮结构形状和水泵性能有密切关系。

比转数的计算公式为

$$n_s = \frac{3.65n\sqrt{Q}}{H^{3/4}}$$ (3-32)

式中,n 的单位为 r/min,Q 的单位为 m³/s,H 的单位为 m。在实际应用中,n_s 通常只注意其数值的大小,而不考虑它的单位。

应当注意,水泵的比转数 n_s 是指水泵设计工况(即最高效率点)下的流量、扬程和额定转速代入式 3-32 计算而得的,水泵其他工况(性能曲线上其他各组参数)不能作为计算比转数的依据。

3.8.2　水泵叶轮形状与比转数的关系

从比转数的计算公式 3-14 可以看出,在一定的转速下,H 越大,Q 越小,比转速 n_s 就越低,即高扬程小流量离心泵的比转数低。反之,低扬程大流量的轴流泵,其比转数就高。通常叶轮外径 D_2、叶轮内径 D_0 和叶槽宽度 b 三个主要尺寸即决定了叶轮的基本形状。那么,对于低比转数离心泵来说,采用增加 D_2、减小 D_0 和减小 b 的方法,可以达到增大 H 和减小 Q 的目的。D_2/D_0 可以大到 2.5。因此,低 n_s 离心泵,叶轮扁平,叶轮流道以径向为主,叶片通常为圆柱面。随着 n_s 的增大,则 D_2 逐渐减小,b 逐渐增大,达到 H 减小,Q 增大的效果。此时,叶轮流道逐渐变粗变短,逐渐变为以轴向为主,叶片也逐渐扭曲起来。这种变化是有规律的,比转数 n_s 从小到大的变化,泵型就从离心泵变为混流泵,直到轴流泵。因此,可以根据 n_s 的大小将水泵进行分类。表 3-2 列出了叶轮形状随比转数的变化关系。

表 3-2　比转数和叶轮形状及性能曲线关系

水泵类型	离心泵			混流泵	轴流泵
	低比转数	中比转数	高比转数		
比转数	50～80	80～150	150～300	300～500	500～1000
叶轮简图					
尺寸比	$\frac{D_2}{D_0} \approx 2.5$	$\frac{D_2}{D_0} \approx 2.0$	$\frac{D_2}{D_0} \approx 1.8 \sim 1.4$	$\frac{D_2}{D_0} \approx 1.2 \sim 1.1$	$\frac{D_2}{D_0} \approx 0.8$
叶片形状	圆柱形叶片	进口处扭曲形 出口处圆柱形	扭曲形叶片	扭曲形叶片	扭曲形叶片
工作性能曲线					

3.8.3 比转数的应用

水泵的比转数除了可以在设计中作为相似判别数选择相应模型泵,以及对水泵进行分类比较外,还可以帮助更合理地选择水泵的类型。当着手泵站建设时,在扬程、流量及动力机转速已经知道的情况下,面临选择哪一种水泵更为合适的问题。此时,可以根据已知的 H、Q、n 等参数,计算出比转数,再根据算出的 n_s 值在表 3-2 中初步确定相应 n_s 的泵型,然后进一步使用水泵性能表,确定水泵的具体规格型号,给工作带来方便。

如果有一台水泵,只要量出叶轮进口直径和外缘直径,就可以根据它们的尺寸比来大致确定这台泵的比转数,从而就可以大致了解这台泵的性能,以便于使用。

例 3-1 设有两台单吸单级水泵,额定流量、扬程分别为 $Q_1 = 35\text{m}^3/\text{h}$, $Q_2 = 40\text{m}^3/\text{h}$; $H_1 = 25\text{m}$, $H_2 = 12\text{m}$;转速 n 均等于 2900r/min。试判断这两台水泵是否是同一系列的水泵。

解:
$$n_{s1} = 3.65n \frac{\sqrt{Q_1}}{H_1^{3/4}} = 3.65 \times 2900 \times \frac{\sqrt{\dfrac{35}{3600}}}{25^{3/4}} = 93.35$$

$$n_{s2} = 3.65n \frac{\sqrt{Q_2}}{H_2^{3/4}} = 3.65 \times 2900 \times \frac{\sqrt{\dfrac{40}{3600}}}{12^{3/4}} = 173.05$$

因为 $n_{s1} \neq n_{s2}$,所以两台水泵不是同一系列的水泵。

3.9 泵的特性曲线

水泵的特性曲线是反映水泵各个性能之间参数的关系和变化规律的曲线。它对于正确合理地使用水泵,具有重要意义。特性曲线包括能量特性曲线和汽蚀特性曲线,这里只介绍能量特性曲线,而汽蚀特性曲线将在讲到汽蚀内容时介绍。

水泵的能量特性曲线是十分重要的技术性能曲线,共包括三条曲线,即在水泵的转速 n 为常数的情况下,扬程与流量的关系曲线 $H = f_1(Q)$、输入功率与流量的关系曲线 $P = f_2(Q)$ 以及效率与流量的关系曲线 $\eta = f_3(Q)$。在绘制上述曲线时,一般用流量 Q 作为横坐标,用扬程 H、输入功率 P 和效率 η 作为纵坐标,将三条曲线画在同一张坐标图上,用户选水泵时需要知道泵的特性曲线,以便判断所选用的水泵型号是否适当。水泵工作时也需要知道泵的特性曲线,以便判断水泵是否在高效率范围内运行等。但是,由于水流在叶片为有限多的叶轮内流动状态复杂,各种局部损失很难准确计算,故到目前为止,特性曲线无法用理论推导得出,而只能通过试验的方法来绘制。水泵特性曲线形状大致如图 3-30 所示,下面对三条曲线分别加以分析。

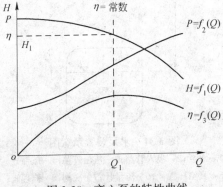

图 3-30 离心泵的特性曲线

3.9.1 扬程特性曲线(H-Q)

从图 3-30 中可以看出,$H = f_1(Q)$ 曲线是一条随着流量的增加而下降的曲线,即流量较小时,扬程较高;流量增加时,扬程随之下降。从表 3-2 中则可以看到,三种泵的扬程曲线虽然都是下降曲线,但离心泵(n_s 较低)下降较缓,轴流泵(n_s 较高)下降较陡,许多轴流泵在流量为 40%～60% 设计流量时,出现拐点。这是因为随着流量的减少,而使叶片的冲角加大,导致在叶片末端发生脱流,同时发生扬程的急剧下降。当流量继续减小时,造成叶片内外断面的扬程不等,出现回流,这样就使部分水流多次经过叶轮,且每经过一次叶轮就得到一定的能量,故扬程急剧增高,使扬程特性曲线变陡,当流量减小到零时,扬程增加到最大值。在实际运行中,为了防止出现扬程的不稳定,要求轴流泵不要在拐点附近工作。混流泵扬程曲线的陡缓程度介于离心泵和轴流泵之间。

3.9.2 功率特性曲线(P-Q)

离心泵的功率特性曲线具有随流量的增加而上升的特点,如图 3-30 所示。在流量为零时,水泵消耗的功率比正常功率(高效区功率)小得多;当流量逐渐增大时,输入功率增加;当流量很大时,输入功率呈现略为下降的趋势。从表 3-2 可以看出,轴流泵和离心泵的功率特性曲线变化规律相反。轴流泵的输入功率随着流量的减小而增加,当流量等于零时,功率达到最大值,可达额定功率的两倍左右。混流泵的功率特性曲线较平坦,流量变化时,功率几乎不变,即使流量等于零时,功率的增加也很小。

从功率特性曲线可以看出,离心泵应关闭闸阀启动,以减小动力机的启动负载,待启动后再打开闸阀。轴流泵则应开阀启动,以免动力机过载。

3.9.3 效率特性曲线(η-Q)

由图 3-30 可见,当离心泵流量较小时,其效率并不高;当流量逐渐增加时,其效率随着慢慢提高;当流量增加到一定数值后,继续增加流量,效率反而慢慢下降。整条曲线形状两头低,中间高,即存在最高效率点。出现这种情况的原因是,在水泵设计中,为了获得高效率,在设计流量时,保证叶片进口处的水流相对速度与叶片进口端几乎相切,叶轮出口处的水流绝对速度与蜗壳扩散管内壁或导叶进水端相切。当流量偏离设计流量时,上述水流方向均发生变化,以致产生撞击和脱流现象,增加水力损失,使效率降低。

从表 3-2 可以看出,离心泵、混流泵和轴流泵的效率曲线总的变化趋势是相同的。但是,离心泵、混流泵的效率曲线在最高点两侧变化较平缓,即高效率区域较宽。这表明离心泵、混流泵的效率对较大范围内的流量变化不很敏感,有利于进行流量调节。轴流泵的效率曲线在最高点两侧下降较快,高效区较窄,不利于流量调节。

3.10 泵的装置特性曲线

前面介绍了水泵的能量特性曲线,但是,在泵站建设和管理过程中仅仅了解泵的特性曲线是不够的,因为水泵必须与输水管路相结合,才能进行工作。还必须了解水泵装置的特性,才能进一步了解泵站运行状况。

3.10.1 水泵装置

所谓水泵装置,即指水泵和管路及其管路附件组成的装置。图 3-31 为一个简单的水泵装置示意图,在泵的作用下,水从吸水池经吸水管路流入水泵,经旋

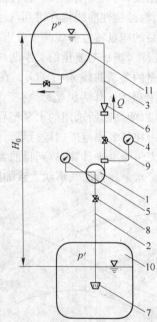

图 3-31 水泵装置示意图
1—水泵;2—吸入管路;3—压出管路;4—压强计;
5—真空压强计;6—流量计;7—底阀;8—修理阀;
9—调节阀;10—吸水池;11—压水池

转的叶轮增加能量后,再经压出管路流入压水池中。

为了减少水力损失,进水口径大于300mm的水泵,一般不装底阀。轴流泵一般不装逆止阀和闸阀,只装拍门及测量仪表等管路附件。

3.10.2 装置扬程

装置扬程的定义为:在水泵装置中,把单位重量的水自吸水池水位移至压水池水位所需做的功。装置扬程用H_C表示,其单位为m。

装置扬程H_C应等于如下两部分之和。

(1)单位重量水能量增加部分。它包括:

1)位能的增加,用H_0表示;

2)压能的增加$\dfrac{p'' - p'}{\rho g}$。

(2)水从吸水池表面到压水池表面途中各种水力损失的总和$\sum h$。它包括管路的进口、出口损失,以及管路中的沿程损失和局部损失等,可表示为$\sum h = KQ^2$。

于是,装置扬程H_C可写成:

$$H_C = H_0 + \frac{p'' - p'}{\rho g} + KQ^2 \tag{3-33}$$

式中　H_C——水泵装置扬程;

　　　H_0——压水池与吸水池之间的水位差;

　　p',p''——分别为吸水池、压水池液面的压强;

　　　ρ——水的密度;

　　　K——装置流量模数;

　　　Q——装置流量。

3.10.3 装置特性曲线

装置特性曲线就是装置扬程与管路中的流量的关系曲线。式3-15是装置扬程公式,也就是装置特性曲线的公式。对水泵来讲,$H_0 + \dfrac{p'' - p'}{\rho g}$是不随流量改变的,故装置特性曲线是一条抛物线。

装置特性曲线如图3-32所示。从中可以看出,将单位重量的水从吸水池水位提升到压水池水位,所需要的能量与流量的二次方成正比,流量越大,所需能量也越大。这是由于管路损失与流量的二次方成正比的缘故。

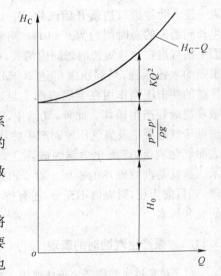

图3-32　装置特性曲线

3.11　泵的汽蚀

3.11.1　汽蚀现象及汽蚀机理

汽蚀现象又称空蚀现象、空泡现象,它是水力机械以及某些与液体有关的机器中特有的现象。人们最先发现汽蚀现象是在海洋轮船的螺旋桨上,在使用过的螺旋桨上发现有海绵状的金属表面破坏,严重时桨叶断裂失落,后来在其他与液体有关的机器零件上,如水泵的叶轮和叶轮与泵壳的间隙中,均发现了这种破坏现象。因而,这种现象就引起人们的注意和研究。由于汽蚀的结果是对水泵流道金属表面的破坏,而这种破坏与水汽化成气泡,气泡再凝结成水的过程相连在一起。因此,人们称这种现象为汽蚀或空蚀现象。

在介绍汽蚀机理之前,首先考虑水和汽的相互转化问题:在 0.1MPa 压力作用下,水加热到 100℃就会沸腾,产生大量气泡。然后,在水温低于 100℃时,只要将水面上的压力降到一定值,水同样也会沸腾,例如当水温在 30℃时,将水面上的压力降到 43kPa,水就开始汽化而沸腾。在高原地区,由于海拔高,大气压力低,水烧不到 100℃就沸腾,就是这个道理。因此,水的温度升到一定值或水面上的压力降到一定的值,均能使水变成汽。反之,降低蒸汽的温度或增加压力,汽就能凝成水。由此可见,水和汽在一定的温度和压力条件下是可以互相转化的。其他液体同样具有这种性质。

根据水和汽的转化性质,就可以来分析汽蚀的产生原因。在水泵运行过程中,泵内流道各处的水流流速和压力是不相等的,通常在叶轮进口处的压力最低,当这个地方的压力等于或低于水在当时温度下的汽化压力时,水就会汽化,同时,溶解在水中的气体也因压力降低而逸出,且这些气体中大部分是氧气,因为氧气比其他气体易溶于水。因而,就形成许多蒸汽和气体混合的小气泡。当这些小气泡随水流到达压力较高的区域时,蒸汽急剧凝结而消失,同时,气泡周围的水就以很高的速度充填气泡空间。由于从气泡的产生到消失,时间极短,我们可以从叶轮内水流流速和汽蚀破坏的部位估计这个时间,假如叶轮进口处的相对速度为30m/s,叶轮叶片汽蚀破坏部位与叶片进口边的距离为 3cm,若水流一进入叶片进口边就开始汽化,则气泡从产生、生长到消失的总时间约为 0.001s。附着在金属表面上的气泡在这样短暂的时间内消失,将产生一个很强的水锤压强,局部压强可达 200MPa 以上,这样高的冲击压强作用在金属表面上足以使表面上微观裂缝处产生破坏。此外,气泡中的氧气,也会借助于气泡凝结及氧气压缩而产生的热量,使金属表面氧化剥落,产生化学腐蚀破坏。如图 3-33 所示。这就是汽蚀破坏的原因。对于汽蚀破坏的机理,到目前为止,研究尚不充分,还有待于更深入的研究和探索。

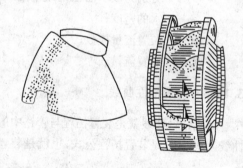

图 3-33 汽蚀破坏的叶片

3.11.2 泵产生汽蚀时的表现

(1)对泵过流部件产生破坏作用。在水泵中,汽蚀破坏最严重的是叶轮,其他如叶轮口环间隙处会产生间隙汽蚀破坏,甚至水泵的导叶有时也会发生汽蚀破坏。

(2)产生噪声和振动。当汽蚀发生时,气泡的破灭会有各种频率的噪声产生,当汽蚀严重时,泵内会不断发出明显的如炒豆的爆裂声,并且机组会产生振动,故水泵是否产生汽蚀可以用测噪声的仪器测得。

(3)泵特性曲线的改变。当水泵产生轻微汽蚀时,叶轮叶片表面被一层很薄、很细小的气泡覆盖着,因此叶片表面好像更光滑,结果使泵的效率稍稍有些提高。汽蚀现象继续发展时,产生大量气泡,实际上改变了水的密度,扬程就要下降。汽蚀现象再进一步加剧时,则蒸汽充满叶片表面,在叶片上造成脱流,水泵的扬程、功率和效率均会迅速下降,如图 3-34 所示。

特性曲线受汽蚀影响的程度跟水泵的比转数有关。低比转数离心泵叶轮流道狭长,宽度较小,汽蚀开始后,气泡区迅速扩展到流道的整个宽度,引起水流断裂。故特性曲线呈急剧下降的形状,如图 3-35a 所示。对于中、高比转数的离心泵和混流泵,叶轮流道较宽,当脱流产生时,在流道的局部先脱流,随着汽蚀的进一步发展,脱流区逐步扩大,最后全部脱流。故特性曲线开始下降比较缓慢,而后下降加剧,如图 3-35b 所示。对于高比转数的轴流泵,由于叶轮流道宽阔,故汽蚀开始后汽蚀区不易扩

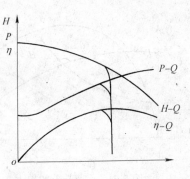

图 3-34 汽蚀对特性曲线的影响

展到整个流道,则特性曲线下降缓慢,以致无明显的断裂点,如图 3-35c 所示。

为了尽可能避免发生汽蚀,必须注意以下几点:

(1)水泵的叶轮设计合理,尽可能提高表面质量;

(2)水泵的安装高度不能过大;

(3)水泵不能在超过额定转速和额定流量的情况下工作;

(4)所抽送水的温度不能过高;

(5)尽可能避免产生涡流。

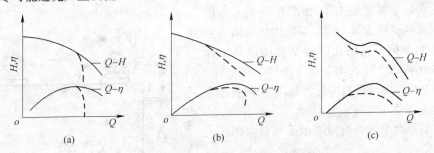

图 3-35 不同比转数泵受汽蚀影响特性下降的形式
(a)离心泵;(b)混流泵;(c)轴流泵

3.11.3 泵的容许吸入高度及汽蚀余量

允许吸入高度及汽蚀余量,是水泵汽蚀性能好坏的重要指标。允许吸入高度越大,表明水泵的汽蚀性能越好。允许吸入高度就是为了保证水泵运转时不发生汽蚀而规定的最大吸入高度。

泵的汽蚀余量又称为动压降,汽蚀余量有必需汽蚀余量和有效汽蚀余量之分。必需汽蚀余量是指叶轮进口前单位质量的水流所具有的超过当时水温度下汽化压力的富余能量。该余量是为了满足水流从叶轮进口处到被叶轮增压前所产生的压力下降的需要。有效汽蚀余量则为水泵装置能够向泵提供的单位质量液体的超出于当时水温度下汽化压力部分的能量。要使水泵不发生汽蚀,有效汽蚀余量必须大于必需汽蚀余量。

3.12 泵的运行

3.12.1 水泵的运行工作区

水泵是在某一工作状况(简称工况),即在某一流量和扬程下运行,此时泵的扬程与装置扬程

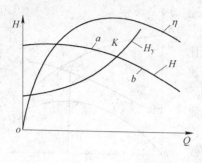

图 3-36　水泵运行工况点

相平衡。将水泵特性曲线和装置特性曲线画在同一张图上,如图 3-36 所示,两曲线的交点 K 即为水泵扬程和装置扬程的平衡点,该点称为工况点。随着装置特性曲线的变化,泵的工况点发生变化,那么 K 点在哪个位置上,水泵运行最经济呢? 从前述可知,水泵效率是主要的经济指标,水泵运行的效率越高越经济。在效率曲线上有一最高效率点,离开这一点,效率要降低,但是在这点附近,效率还是比较高的,所以最高效率点附近的一定范围为水泵的高效率区。最高效率点所对应的工况称为最佳工况或设计工况,高效率区所对应的工况区为水泵的工作区,如图中 ab 段所示。如果水泵运行工况点 K,落在这个范围内,水泵运行是最经济的。

由此可见,在选型时,所选择水泵的流量和扬程(即铭牌或样本上的数值)必须与实际所需流量和扬程(即装置扬程)一致或相近,以发挥泵的最大效率。如果太大或太小,使泵运行时的工况点不在工作区内,将是不经济的。

3.12.2　水泵的串联运行

有时一台水泵的扬程不够,更换一台扬程高一点的离心泵又没有合适的,这时可以用两台扬程较低的水泵串联起来工作,如图 3-37 所示。所谓两台水泵串联就是第一台水泵的出口接第二台水泵的入口。但不是随便两台泵都能串联工作的,水泵的串联运行必须具备以下条件:

(1) 两台泵的流量基本上相等,至少两台水泵的最大流量基本上相等;

(2) 后一台泵的强度应能承受两台泵的压力总和。

串联运行后的总扬程是两台泵扬程的总和,其流量还是一台泵的流量。串联时应把扬程低的

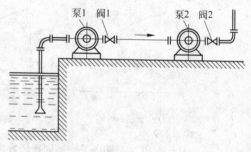

图 3-37　水泵的串联运行

那一台放在前面,扬程高的那一台放在后面,这样有利于泵对压力的承受,若串联的两台泵扬程都很高,后一台泵的强度不能承受两台泵的扬程总和时,可采取第一台泵将水送到一定高度后,再接第二台泵。

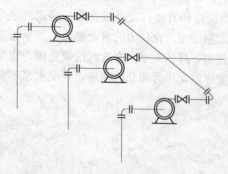

图 3-38　泵的并联运行

3.12.3　水泵的并联运行

水泵并联运行就是一台泵的流量不够,或者输水管道流量变化很大时,可以用两台或几台泵的出水管合用一条输水管道,如图 3-38 所示。水泵并联运行也并不是随便几台泵都能并联工作的。水泵并联运行的条件是:并联运转的几台水泵的扬程基本上相等,并且扬程曲线是下降的,不然的话,扬程低的水泵不能发挥作用,甚至从扬程低的那台泵倒流。并联运行后,水泵的扬程不变,流量是几台并联泵流量的总和。

并联运行安装时,在汇合点前各台泵的管路阻力最好都一样,各台泵的出口均应安装一个闸阀,以便一台泵有故障时,其他泵还可以运行。

泵并联运行,不但可以节省输水管用量,缩小占地面积,而且当一台泵有故障时,送水不中断,还可以用开泵的台数来调节流量。

3.13 泵的调节

泵在系统中运转时,有时由于两台以上的泵协调工作和管路系统等方面因素的影响,致使运转工况点和泵最优工况不符合。在这种情况下,可调节泵的特性,使其经济运转;有时,为了满足一定的流量要求,也需要对泵装置特性进行调节。

要改变运转工况点可设法移动泵特性与装置特性曲线的交点。由此可见,改变泵特性或装置特性是调节泵流量的两条途径。

3.13.1 改变装置特性

从式 3-33 水泵装置特性公式可以看出,H_0、p'、p''、ρ、g 均为定值,故唯一可以改变的是 K。而 K 与管路中的阻力有关,只要通过改变压力管路上的调节阀门开度即可。改变泵装置管路中的阻力系数,使管路特性发生变化,借以达到调节流量的目的。这是常用的节流调节法,又称为阀门调节法,它的优点是调节方便简单,故应用甚广。但由于它是依靠改变节流阀处的水力损失来进行调节的,因此增加了水力损失。

3.13.2 改变水泵特性

3.13.2.1 改变水泵转速

改变水泵转速,使泵的特性曲线升高或降低,从而使泵特性与装置特性的交点位置发生改变,泵的流量也随之发生变化,如图 3-39 所示。

变转速调节法没有节流损失。但必须使用能调速的原动机,如柴油机、直流电动机和变频调速交流电动机。

水泵转速变化引起性能的变化,它们之间的关系称为比例定律。

(1) 流量与转速的一次方成正比,即

$$\frac{Q_1}{Q_2} = \frac{n_1}{n_2} \tag{3-34}$$

(2) 扬程与转速的二次方成正比,即

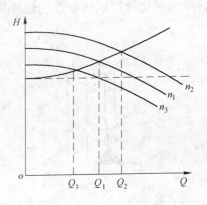

图 3-39 变转速调节法

$$\frac{H_1}{H_2} = \left(\frac{n_1}{n_2}\right)^2 \tag{3-35}$$

(3) 功率与转速的三次方成正比,即

$$\frac{N_1}{N_2} = \left(\frac{n_1}{n_2}\right)^3 \tag{3-36}$$

3.13.2.2 改变叶轮外径

改变叶轮外径能使特性曲线向下移动,图 3-40 中绘出了不同外径时的工况点,其情况和改变转速时类似。

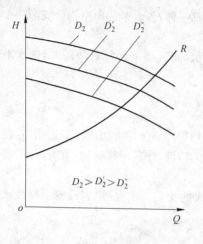

图 3-40　改变叶轮外径调节法

水泵叶轮外径因切割大小改变,将会使水泵性能发生变化,它们之间的关系如下:

(1) 切割前后水泵流量之比,等于切割前后水泵叶轮外径之比,即

$$\frac{Q_1}{Q_2} = \frac{D_1}{D_2} \qquad (3\text{-}37)$$

(2) 切割前后水泵扬程之比,等于切割前后水泵叶轮外径二次方之比,即

$$\frac{H_1}{H_2} = \left(\frac{D_1}{D_2}\right)^2 \qquad (3\text{-}38)$$

(3) 切割前后水泵功率之比,等于切割前后水泵叶轮外径三次方之比,即

$$\frac{N_1}{N_2} = \left(\frac{D_1}{D_2}\right)^3 \qquad (3\text{-}39)$$

如果切割量不大,则切割前后相应工况点的效率的变化可以忽略。下列情况可进行变径调节:

(1) 由于选型不合理,水泵扬程超过装置扬程较多,因而运行工况点不在工作区范围内,致使水泵运行效率较低;

(2) 动力机功率太小,与水泵不配套。

叶轮切割只适用于离心泵和混流泵。水泵比转数不同,其切割方式也是不同的,图 3-41 为各种叶轮的切割方式,图中 D_1 为切割前的叶轮外径,D_2 为切割后的叶轮外径。切割量表示为

$$\frac{D_1 - D_2}{D_1} \times 100\%$$

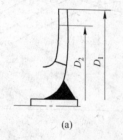
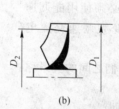
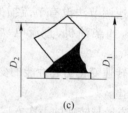

图 3-41　各种叶轮切割的方式

(a) 低比转数和中比转数离心泵;(b) 高比转数离心泵;(c) 混流泵

叶轮切割后,叶片的出水端变钝,最好能锉尖,以提高出水量和水泵的效率。叶轮的切割量是有限的,切割量太多,则会使效率降低很多。叶轮最大切割量,可参考表 3-3。

表 3-3　叶轮最大切割量

比转数	60	120	200	300	500
最大允许切割量/%	20	15	11	9	7
效率下降值	每切割 10%,约下降 1%		每切割 4%,约下降 1%		

3.13.2.3 改变叶片的安放角

大多数轴流泵以及一些大型的导叶式混流泵叶片制成可调节的,随着叶片安放角的改变,特性曲线也要变化,为此,把叶片不同安放角下的特性曲线综合后画在同一张图上,则得到通用特性曲线(一般略称为特性曲线),如图 3-42 所示。

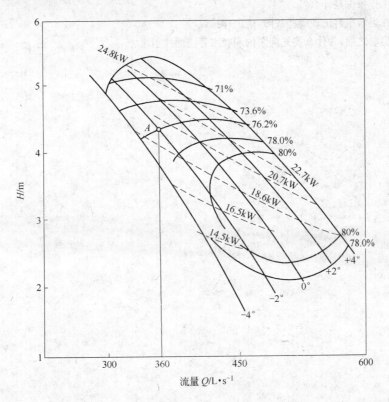

图 3-42 轴流泵特性曲线

图 3-42 中 - 4°、- 2°、0°、+ 2°、+ 4°等是叶片的安放角,它表示叶片在轮毂上的安放位置,"-"角表示叶片放得平一些,叶片的安放角小一些;"+"角表示叶片放得陡一些,叶片安放角大一些。

图中有一组与各安放角对应的扬程与流量的关系曲线;一组等效率曲线(不同安放角时相同效率点连起来的曲线);一组等功率曲线(不同安放角时相同功率的点连起来的曲线)。根据这张图就可很方便地查出某一流量下不同安放角时的扬程、功率和效率。例如:为了求出叶片安放角 - 2°时,流量 $Q = 360$ L/s 下的扬程、功率和效率,可在曲线图上 $Q = 360$ L/s 处画一条与纵坐标平行的直线,该直线与 - 2°的扬程曲线相交于 A,由此可查得 A 的扬程为 4.4m;A 点处在等功率曲线 18.6kW 与 20.7kW 之间,用插值法可得 A 点功率为 19.8kW;A 点处在等效率曲线 76.2%上,则 A 点效率为 76.2%(如在两曲线之间,也用插值法求得)。

思考题及习题

1. 水泵各种扬程之间有何关系? 试说明它们的物理意义。

2. 机械损失、容积损失和水力损失的物理意义是什么？

3. 管路特性曲线与哪些因素有关？

4. 为什么说水泵特性曲线与管路特性曲线的交点就是水泵的工作点？

5. 产生汽蚀现象的原因是什么，如何防止汽蚀现象的发生？

6. 水泵的正常工作条件是什么？

7. 离心式水泵在运转中常出现哪些故障，应怎样排除？

8. 离心式水泵启动之前，为什么要先向泵内和吸水管内灌注引水？

4 风 机

风机是输送或压缩空气及其他气体的机械设备,它将原动机的能量转变为气体的压力能和动能。风机的用途非常广泛,它在矿山、冶金、发电、石油化工、动力工业以及国防工业等生产部门都是不可缺少的。而对冶金部门,它已成为关键设备之一,各种风机都获得了广泛应用。例如,通风机用于精矿的吸风烧结,烟道抽风及车间里的通风换气;鼓风机应用于精矿的焙烧、鼓风炉熔炼、高炉鼓风、火法精炼等冶金过程的送风;空气压缩机在火法精炼过程中,使密度较大的金属溶体沸腾和氧化或为大型鼓风炉送风,在湿法冶金过程中用于搅拌液体或进行氧化作业;真空泵主要应用在湿法冶金过程中的真空过滤,以及在各种真空冶金过程中获得必要的真空度。

4.1 风机的分类及应用

风机按压力和作用分为通风机、鼓风机和压缩机。通风机的排气压力较小,不超过 0.015MPa;鼓风机的排气压力稍大,其出口压力为 0.115～0.35MPa;压缩机的排气压力最高,其出口压力大于 0.35MPa 或更高。

风机按其工作原理可分为以下几种:

(1) 离心风机是气流轴向进入风机的叶轮后主要沿径向流动。这类风机根据离心作用的原理制成,产品包括离心通风机、离心鼓风机和离心压缩机。

(2) 轴流风机是气流轴向进入风机的叶轮近似地在圆柱形表面上沿轴线方向流动。这类风机包括轴流通风机、轴流鼓风机和轴流压缩机。

(3) 回转风机是利用转子旋转改变气室容积而进行工作的。常见的品种有罗茨鼓风机、回转压缩机。

风机的产品用途代号表示方法见表 4-1。

表 4-1 风机产品用途代号

序 号	用途类别	代 号		序 号	用途类别	代 号	
		汉字	简写			汉字	简写
1	工业冷却水通风	冷却	L	11	烧结炉烟气	烧结	SJ
2	微型电动吹风	电动	DD	12	一般用途空气传播	通用	T(省略)
3	一般用途通风换气	通用	T(省略)	13	空气动力	动力	DL
4	防爆气体通风换气	防爆	B	14	高炉鼓风	高炉	GL
5	防腐气体通风换气	防腐	F	15	转炉鼓风	转炉	ZL
6	船舶用通风换气	船通	CT	16	柴油机增压	增压	ZY
7	纺织工业通风换气	纺织	FZ	17	煤气输送	煤气	MQ
8	矿井主体通风	矿井	K	18	锅炉通风	锅通	G
9	矿井局部通风	矿局	KJ	19	锅炉引风	锅引	Y
10	隧道通风换气	隧道	SD	20	船舶锅炉通风	船锅	CG

序 号	用途类别	代 号		序 号	用途类别	代 号	
		汉字	简写			汉字	简写
21	船舶锅炉引风	船引	CY	28	化工气体输送	化气	HQ
22	工业用炉通风	工业	GY	29	石油炼厂气体输送	油气	YQ
23	排尘通风	排尘	C	30	天然气输送	天气	TQ
24	煤粉通风	煤粉	M	31	降温凉风用	凉风	LF
25	谷物粉末输送	粉末	FM	32	冷冻用	冷冻	LD
26	热风吹吸	热风	R	33	空气调节用	空调	KT
27	高温气体输送	高温	W	34	电影机械冷却烘干	影机	YJ

风机的用途遍及国民经济各个领域。因而,按照各自的用途和所处理气体的种类、风量、压力(升压)的不同,则其应用形式均各有所异。表 4-2 所示为炼钢炼铁用风机的特点。

表 4-2 炼钢炼铁用风机的特点

名 称	形 式	输送气体	风量/$m^3 \cdot min^{-1}$	压力/kPa	特 点
烧结炉鼓风机	离 心	排气	100~4000	12~17	由于灰尘较多,应对叶轮、机壳采取耐磨措施。而在不断提高了集尘风机性能的今天,均采用高效后向叶片、机翼形叶片
烧结炉冷却通风机	轴流离心	空气	6500~16000	0.6~1.4	在强制式通风中,采用效率高的轴原式为好,但噪声较大,在排气式通风中,由于磨损严重,可采用具有耐磨结构的离心式通风机
高炉气体升压鼓风机	离 心	高炉气(B气体)	300~8000	200~600	为防止轴封部分的气体泄漏,采用水封;因叶轮附着灰尘会引起不平衡;为洗净灰尘,可装设喷水装置
转炉气体鼓风机	离 心	转炉气体	3000~7000	13~20	叶片使用有耐蚀性的材料,因会附着灰尘,可以水喷射予以清洗,并装备有手动盘车装置

4.2 风机的主要参数

风机的主要参数和泵类似,我们把表征风机特性的物理量称为风机的参数,并将主要参数列入风机的性能表中和铭牌上,以便正确的选择和使用风机。

(1)流量。风机的流量是指单位时间内所输送的流体体积,以符号 q 表示,单位为 m^3/s、m^3/min、m^3/h。

(2)全风压。全风压是指单位体积的流体通过风机以后所获得的能量。也就是流出风机时,单位体积的流体所具有的能量减去流入时所具有的能量,也称为能量增量。风机的全压(或压头)以符号 p 表示,单位为 Pa。流量和全风压表明了机械具有的工作能力,是风机最主要的性能参数。

(3)功率与效率。如前所述,风机的全压 p 是指单位体积的流体通过该机械后所获得的能量。所以在单位时间内通过风机的全部流体所获得的总能量 qp,即为风机的功率。由于这部分功率完全传递给流过的流体,所以称为有效功率,以符号 N_x 表示,常用的单位为 kW。

即

$$N_x = \frac{qp}{1000} \tag{4-1}$$

式中　q——风机的风量，m^3/s；

　　　p——风机的风压，Pa。

在风机的铭牌上，有时采用轴功率这一名称。轴功率指电动机传递给风机机轴的功率，以符号 N 表示。风机的轴功率除了用于增加流体的能量之外，还有部分功率损耗掉了。这些损耗包括风机转动产生的机械摩擦损失；流体在风机中克服流动阻力所产生的能量损失；一部分流体沿风机叶轮周围及叶轮与吸风管连接处的间隙产生漏气现象所造成的能量损失等等。显而易见，轴功率必然大于有效功率，即 $N > N_x$，它们之间的比值称为风机的效率，以符号 η 表示，即

$$\eta = \frac{N_x}{N} = \frac{qp}{1000N} \tag{4-2}$$

从关系式 4-2 可以看出，η 越大，说明风机的能量消耗越少，效率愈高。因此，效率 η 是评价风机性能好坏的一项重要指标。

在风机的铭牌上，也采用配套功率或电机容量这类功率名称。配套功率或电机容量是指电动机的功率，以符号 N_m 表示。由于风机在运转过程中，有时会出现超负荷的情况，所以在选择电动机时，电动机的功率一般要比风机的轴功率大一些，即 $N_m > N$。它们之间的比值称为备用系数，以符号 K 表示，于是

$$N_m = KN = K\frac{qp}{1000\eta} \quad (kW) \tag{4-3}$$

备用系数通常取 $1.15 \sim 1.50$。

(4) 转速。转速是指风机叶轮每分钟的转数，以符号 n 表示。常用的单位是 r/min。

各种风机都是按一定的转速进行设计的。当使用时的实际转速不同于设计转速值时，则风机的其他性能参数(如 q、p、N 等)也将按一定的规律产生相应的变化。

常用的转速有 2900r/min、1450r/min、960r/min。在选用电动机时，电动机的转速应该和风机的转速相一致。

4.3　离心式通风机

4.3.1　离心式通风机的工作原理

离心式通风机与离心泵的工作原理类似，图 4-1 为离心式通风机的示意图。当电动机通过皮带轮 9 带动装于轴承 8 上的风机主轴 7 时，叶轮 4 将高速旋转(叶轮通过轮毂 6 用键装于主轴 7 上)，通过叶片 5 推动空气，使空气获得一定能量而由叶轮中心向四周流动。当气体路经蜗壳 3 时，由于体积逐渐增大，使部分动能转化为压力能，而后从排风口 2 进入管道。当叶轮旋转时，叶轮中心形成一定的真空度，此时吸气口 1 处的空气在大气压力作用下被压入风机。这样，随着叶轮的连续旋转，空气即不断地被吸入和排出，完成送风任务。

离心式通风机与离心泵的区别在于前者输送的是可压缩的气体，而后者输送的是不可压缩的液体。但是，对风机中的通风机而言，压力比极低，气体通过通风机时容积几乎不变，故通风机的计算与离心泵大致相同，仅因气体重度很小，其吸入高度不受限制，也不需要计算。离心式鼓风机和压缩机，由于压缩比 ε 较大，气体容积变化很显著，故在鼓风机和压缩机的设计计算中，必须考虑气体压缩的因素。

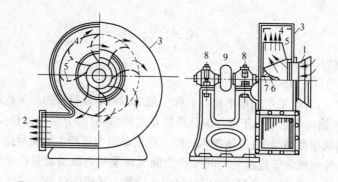

图 4-1　离心式通风机工作原理

1—吸气口；2—排风口；3—蜗壳；4—叶轮；5—叶片；6—轮毂；7—主轴；8—轴承；9—皮带轮

4.3.2　离心式通风机的结构

离心式通风机一般由四个基本机件组成：集流器、叶轮、机壳、传动部件。

4.3.2.1　集流器

集流器也称喇叭口，是通风机入口，如图 4-2 所示。它的作用是在损失较小的情况下，将气体均匀地导入叶轮。目前常用的集流器有如图 4-3 所示的四种类型：圆筒形、圆锥形、圆弧形及喷嘴形。

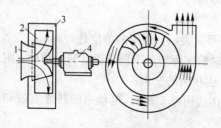

图 4-2　离心式通风机示意图

1—集流器；2—叶轮；3—机壳；4—传动部件

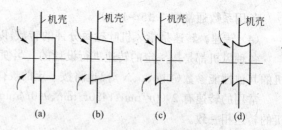

图 4-3　集流器形式示意图

（a）圆筒形集流器；（b）圆锥形集流器；
（c）圆弧形集流器；（d）喷嘴形集流器

圆筒形集流器本身损失很大，且引导气流进入叶轮的流动状况也不好。其优点是加工简便。圆锥形集流器，略比圆筒形好些，但仍不佳。圆弧形集流器，较前两种形式好些，实际使用也较为广泛。双曲线形（或称喷嘴形）集流器，损失较小，引导气流进入叶轮的流动状况也较好。其缺点是加工比较复杂，加工制造要求较高，广泛采用在高效通风机上。

为了减小气流在机壳内的涡流损失，目前生产的 4-72 型通风机在集流器上又附装一扩压环（见图 4-4），起稳压作用。

4.3.2.2　叶轮

叶轮是通风机的主要部件，它的尺寸和几何形状对通风机的性能有着很大的影响。离心式通风机的叶轮由前盘、后盘、叶片和轮毂组成，一般采用焊接和铆接加工。叶轮前盘的形式有如图 4-5 所示的平前

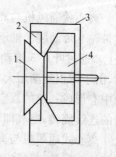

图 4-4　4-72 型离心式
通风机扩压环结构

1—集流器；2—扩压环；
3—机壳；4—叶轮

盘、圆锥前盘和圆弧前盘等几种。平前盘制造简单,但对气流的流动有不良影响,效率降低。圆锥前盘和圆弧前盘叶轮虽然制造比较复杂,但效率和叶轮强度都比平前盘优越。

叶片是叶轮最主要的部分,它的出口角、叶片形状和叶片数目等对通风机的工作有很大的影响。

离心式通风机的叶轮,根据叶片出口角的不同,可分为如图4-6所示的前向(前弯)、径向和后向(后弯)三种。在叶轮圆周速度相同的情况下,叶片出口角β_2越大,则产生压力越高。所以两台同样大小和同样转速的离心式通风机,前弯叶轮的压力比后弯叶轮的压力要高。但一般后弯叶轮的流动效率比前弯叶轮要好,所以,在一般情况下,使用后弯叶轮的通风机,耗电量比前弯叶轮通风机要小。同时由三种叶轮通风机的性能曲线(如图4-7所示)可以看出,当流量超过某一数值后,后弯叶轮通风机的轴功率具有下降的趋势,表明它具有不超负荷的特性;而径向叶轮与前弯叶轮的通风机,轴功率随流量的增加而增大,表明容易出现超负荷的情况。如果在通风除尘系统工作情况不正常时,后弯叶轮通风机由于有不超负荷的特性,因而不会烧坏电动机,而其他两类通风机,就会出现超负荷以致烧坏电动机的事故。

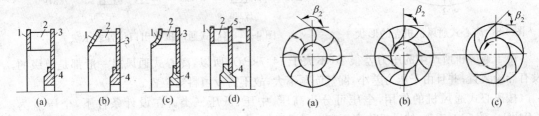

图 4-5 叶轮的结构形式

(a) 平前盘;(b) 圆锥前盘;(c) 圆弧前盘;(d) 具有中盘
1—前盘;2—叶片;3—后盘;4—轮毂;5—中盘

图 4-6 离心式通风机叶轮结构的三种类型

(a) 前向式:$\beta_2 > 90°$;(b) 径向式:$\beta_2 = 90°$;(c) 后向式:$\beta_2 < 90°$

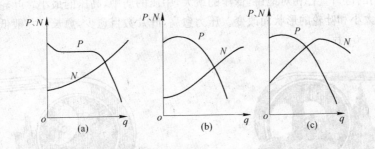

图 4-7 三种类型叶轮的离心式通风机性能曲线

(a) 前向式叶轮通风机的性能曲线;(b) 径向式通风机的性能曲线;(c) 后向式叶轮通风机的性能曲线

离心式通风机的叶片形状有板形、弧形和机翼形。板形叶片制造简单。机翼形叶片具有良好的空气动力性能,强度高,刚性大,通风机的效率一般较高。但机翼形叶片的缺点是输送含尘气流浓度高的介质时,叶片容易磨损,叶片磨穿后,杂质进入叶片内部,使叶轮失去平衡而产生振动。

4.3.2.3 机壳

离心式通风机机壳的形状如图4-8所示。机壳为包围在叶轮外面的外壳,一般多为螺线形。断面沿叶轮转动方向渐渐扩大,在气流出口处断面为最大。机壳可以用钢板、塑料板、玻璃钢等材质制成。机壳断面有方形及圆形。一般低、中压通风机的机壳多呈方形断面,高压通风机多呈圆形断面。

机壳的作用在于收集从叶轮甩出的气流,并将高速气流的速度降低,使其静压力增加,以此来克服外界的阻力,将气流送出。

离心式通风机的机壳出口方向,可以向任何方向,如图 4-9 所示。使用时,一般由通风机叶轮旋转方向和机壳出口位置联合表示决定。

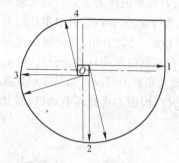

图 4-8　离心式通风机机壳的形状　　　　图 4-9　离心式通风机壳出口位置表示法

由于通风机所产生的压力差很小(不大于 14.7kPa),所以,离心式通风机一般都是单级的,没有导轮装置;并且由于压力差小,漏气问题不大,故不需设填料箱装置。

按离心式通风机的作用,全压可分为高压、中压、低压三类。在设计条件下,全压 p 为:$2.94\text{kPa} < p \leqslant 14.7\text{kPa}$ 的风机称高压离心式通风机;全压 p 为:$0.98\text{kPa} < p \leqslant 2.94\text{kPa}$ 的风机称为中压离心式通风机;全压 $p \leqslant 0.98\text{kPa}$ 的风机称为低压离心式通风机。高压、中压、低压离心式通风机的基本构造也不相同。

图 4-10~图 4-12 分别示出了低压、中压及高压离心式通风机的构造形式。从比较中,我们可以看到,它们的进口直径相对地讲,低压的最大,中压的居中,高压的最小。叶轮上的叶片数目一般随压力的大小和叶轮的形状而改变。压力愈高,叶片数目愈少,愈长。一般低压离心式通风机的叶片为 48~64 片。

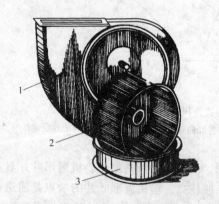

图 4-10　低压离心式通风机
1—机壳;2—叶轮;3—集流器

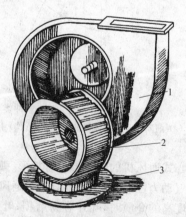

图 4-11　中压离心式通风机
1—机壳;2—叶轮;3—集流器

图 4-13 所示的是排尘离心式通风机,其特点是叶轮的直径较大,叶轮具有大片长而向前弯的叶片,这种叶轮的构造形式,可以减小或避免机械杂质(屑末、碎粒、纤维等)对通风机的堵塞。

用这种通风机来输送含有尘埃、碎屑的空气是有利的。因此,在选择通风机时,要注意根据输送空气的特点来选择相适合的通风机。

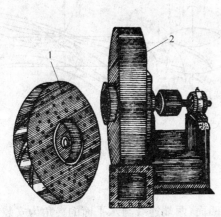

图 4-12 高压离心式通风机
1—诵风机外形;2—叶轮

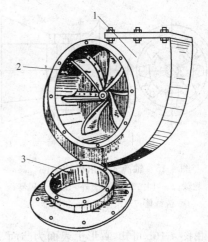

图 4-13 排尘离心式通风机
1—机壳;2—叶轮;3—集流器

4.3.2.4. 传动部件

离心式通风机的传动部件包括轴和轴承,有的还包括联轴器或皮带轮,是通风机与电动机连接的构件。机座一般用生铁铸成或用型钢焊接而成。

通风机的叶轮用键或沉头螺钉固定在轴上,轴安装在机座上的轴承中,然后与电动机相连接。通风机的轴承用得最多的是滚动轴承。离心式通风机与电动机的连接方式共有六种,如图 4-14 所示。

图中 a 是风机叶轮直接装在电动机轴上传动;b 是皮带轮在两轴承中间传动;c 是皮带悬臂安装在轴的一端,叶轮悬臂安装在轴的另一端传动;d 是叶轮悬臂安装传动;e 是皮带轮悬臂安装,叶轮安装在两轴承之间传动;f 是叶轮安装在两轴承之间传动。

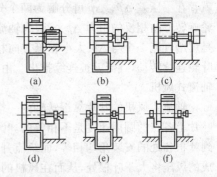

图 4-14 离心式通风机的传动方式简图
(a) 直联传动;(b)、(c) 悬臂支承皮带传动;
(d) 悬臂支承联轴器传动;(e) 双支承皮
带传动;(f) 双支承联轴器传动

就可靠、紧凑和噪声低而言,a 传动最好,但这种传动方式,仅在通风机尺寸较小的条件下采用,当通风机尺寸较大时,应用皮带或联轴器传动。

4.4 轴流式风机

在供热和除尘等通风工程中,离心式风机得到广泛的采用。对于某些要求风量大而风压低的工况,通常采用轴流式风机。

4.4.1 轴流式风机的构造和工作原理

图 4-15 为轴流式通风机的简图。轴流式通风机主要由圆筒形外壳 4、整流器 7、扩散器 8 以及进风口和叶轮组成。进风口由集风器 5 和流线体 6 组成,叶轮由轮毂 1 和叶片 2 组成。叶轮与轴 3 固定在一起形成通风机的转子,转子支承在轴承上。

当电动机驱动通风机叶轮旋转时,就有相对气流通过每一个叶片,如图 4-16a 所示。为了分析这种通风机的工作原理,现取一叶片断面(称叶片翼形)进行研究。

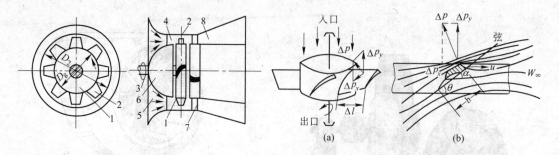

图 4-15　轴流式通风机的简图
1—轮毂;2—叶片;3—轴;4—外壳;5—集风器;
6—流线体;7—整流器;8—扩散器

图 4-16　轴流式通风机原理图

由图 4-16b 可知,翼形上表面为凸面,下表面为凹面,两端连线与水平面的夹角为安装角 θ。由于气流在同一瞬时相对流过上下表面的路程不同,所以流经较长路程的上表面的气流速度比下表面大。根据伯努利方程,气流对下表面的压力大于对上表面的压力。这样叶片的上下表面就存在一压差 Δp。Δp 可分解为两个分力:一个与轴平行推动叶轮向上的升力 Δp_y,另一个与叶轮旋转方向相反的阻力 Δp_x。因为轴流式通风机的轴端有止推轴承,限制了叶轮沿轴向移动,于是就给气流一个与 Δp_y 大小相等方向相反的力,使气流沿轴向下移动,从而在进风口形成负压。叶轮连续转动,气流就被连续推出。由于气流在这种通风机中是沿轴向流动,故称这种通风机为轴流式风机。

轴流式风机的叶片靠近转轴的一端称为叶根,远离转轴的另一端称为叶梢。当叶片旋转时,叶片上各点的圆周速度是不相等的,叶梢的圆周速度大于叶根。如果叶片是非扭曲形的,从叶梢到叶根各处的安装角均相等,而绕流升力的大小与叶片圆周速度的平方成正比。因此,叶梢处造成的风压将大于叶根处,从而在风机的出风侧就产生由于压差而引起的漩涡运动。如叶片成扭曲形时,可减小叶梢处的安装角;就可使叶梢和叶根处的风压趋近于平衡,从而改善了出风侧的气流流动性能。

4.4.2　轴流式风机的性能曲线

与离心式风机一样,轴流式风机的性能曲线也是指风量与风压、功率及效率之间的关系。性能曲线也是根据实测获得的。

图 4-17 为轴流式风机性能曲线图。从图中可以看出,轴流式风机的性能有如下特点:

(1) q-Δp 曲线很陡斜。当风量减小时,风压反而增加。当 $q=0$ 时,风压达到最大值。

(2) 从 q-N 曲线可以看出,当风量 q 减小时,所需功率 N 增大;当风量 $q=0$ 时,功率 N 达到最大值。此值要比最高效率工况时所需的功率大 1.2～1.4 倍,甚至达到两倍以上。这个特点与离心式风机完全不同。所以轴

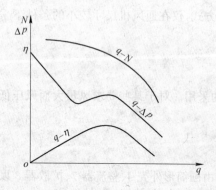

图 4-17　轴流式风机性能曲线图

流式风机在启动时应注意保证管路通畅、阻力最小，以防止启动时产生电机超载。

（3）从 q-η 曲线可以看出，该曲线在高效区的两侧均迅速下降，说明了高效区很小。因此，一般不采用阀门调节的方法来调节流量。大型轴流风机通常采用调节叶片安装角或改变转速的方法来达到调节流量的目的。

4.4.3　轴流式风机的结构

一般的轴流式风机如图 4-18 所示。叶轮安装在圆筒形机壳中，当叶轮旋转的时候，空气由集流器进入叶轮，在叶片的作用下，空气压力增加，并接近于沿轴向流动，由排出口排出。

在一般的构造上，轴流式通风机的叶轮直接安装在电动机的轴上。为了减小气流运动的阻力，常在叶轮前面设置一个流线型整流罩，并把电动机用流线罩罩起来，也可起到整流作用（见图4-19）。

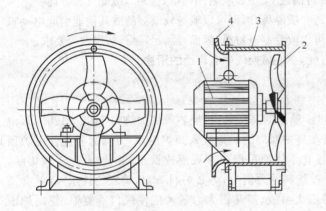
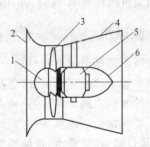

图 4-18　轴流式通风机的构造
1—电动机；2—叶片；3—机壳；4—集流器

图 4-19　整流较好的轴流式通风机的构造
1—前整流罩；2—集流器；3—叶片；4—扩散筒；
5—电动机；6—后整流罩

轴流式通风机的集流器与离心式通风机集流器的作用相同。对轴流式通风机的机壳和叶轮、叶片，应根据不同用途，采用不同材质制作。目前，常用的有普通钢、不锈钢、塑料玻璃钢、合金铝等。

由于气流在轴流式通风机内是近似沿轴流动的，因此，轴流式通风机在通风系统中往往成为通风管道的一部分。它既可以水平放置，也可以垂直放置或倾斜放置。

在有些情况下，由于生产需要，也可以把电动机安装在机壳的外面。其构造形式如图 4-20所示。

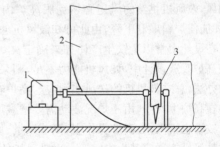

图 4-20　电动机安装在机壳外面的轴流式通风机
1—电动机；2—机壳；3—叶轮

4.4.4　轴流式通风机实例

CZL-11 型长轴轴流式通风机如图 4-21 所示，适用于输送空气及各种对人体有害的易燃性气体，它可作为管路的一部分联结于管路中。可用于实验室的通风，工厂或各种建筑物的通风管路中通风换气。

本风机按叶轮直径的大小分为 No. 4～No. 10 7 个机号。

叶轮的叶片采用优质钢板制成单板圆弧扭曲线型，叶片数按需要为 4 片和 6 片。其安装角度可为 15°、25°、35° 三种。根据叶片数的多少和安装角度可获得不同的风量风压。

图 4-21　CZL-11 型长轴轴流式通风机

风机的叶轮通过传动部分与电动机直联。叶轮装于风箱中，弯管后侧有密封装置。传动轴、风筒、电动机皆固定于支架上。

传动部分由主轴、轴承箱和联轴器组成。

风筒为 90°，弯管的出口方向按需要可制成上、下、左、右四种位置，用以改变气流方向。

由于采用上述结构，使电动机与输送介质隔离，因而可以输送较潮湿的或其他能引起电动机发生事故的气体。此外如有特殊要求，可以改变制造材料，因而可满足防爆、防腐蚀等要求。

本风机结构紧凑、体轻，使用维护方便，在通风换气中有广泛的用途。

4.5　鼓风机

鼓风机是高炉设备的心脏。鼓风机所输送的高压风流，经热风炉加热到 1100～1200℃，由设在高炉腹下部的环形风管，通过安装在高炉四周的风口吹入高炉内，一方面起着托住由炉顶部装料钟处加入的炉料。另一方面通过化学还原反应在炉底形成铁水和渣。万一送风切断，高炉不能继续生产铁水，同时因炉内支撑炉料的力消失，势必炉料下塌，炉底的铁水，渣就会飞溅，使风口灌渣、灌铁水，这就形成高炉重大事故，需花很大力量才能使风口等复原，使高炉恢复生产。

可以断言，高炉鼓风的安全生产将直接决定高炉能否安全持续生产的重要因素之一，也就是确保大型钢铁联合企业稳定生产的重要因素之一，因此高炉鼓风的安全生产是头等大事，是直接为高炉服务的，必须时刻为高炉提供优质、适量的风源，为高炉的稳定生产服务。

高炉冶炼首先要使炉内的燃料燃烧才能进行生产，而燃料燃烧所需的氧，要靠鼓风机供给足够的风，鼓风机供给的风还必须克服高炉内料柱的阻力，才能使燃烧生成的煤气上升和合理分布，才能使炉料顺利下降，由此可知鼓风机的风量和风压对高炉生产的重要性。

在设计中常以生铁生产任务来确定高炉容积，根据高炉容积和设备水平来选用鼓风型号。但在高炉改造设计中，如风机能力不足，则采用更换大风机的办法，如风机能力大，则采用扩大炉容的办法，总之鼓风机的送风能力应与高炉容积相配合。

在高炉生产中，由于炉况波动需要增减风量，增减幅度有时较大，高压高炉也常改常压操作，压力波动也较大；在高炉操作中，调节风量、风压、风温是必要的正常调节炉况的手段，这就要求高炉鼓风机能适应其生产需要。对鼓风机的要求如下：

（1）能稳定地按给定风量连续运行，并有宽广的送风范围；

（2）长期连续安全运行和便于维修；

（3）原动机和鼓风机的运转效率要高；

（4）配置有自动控制和安全装置，调节性能良好。

一般排气压力在 0.115～0.7MPa 的风机称鼓风机。鼓风机是一种能量转换的装置，可分为叶轮式或透平式（离心式或轴流式）和容积式（活塞式和旋转式）两类。高炉用鼓风机的形式主要是离心式和轴流式,只有在炉容很小(小于 28m³)的高炉上才有用定容式罗茨鼓风机的。随着高炉的大型化及炉顶压力的提高,高压高炉多采用轴流式鼓风机,而且风机容量也随高炉大型化迅速增大,驱动系统也由汽轮机向同步电动机发展,鼓风机则向全静叶可调式发展,但在中、小型高炉上则绝大多数仍用离心式鼓风机。

4.5.1　离心式鼓风机

图 4-22 所示为离心式鼓风机,特点是构造简单、使用方便、可靠性高。鼓风机的叶轮旋转使空气受离心力的作用而升高压力,其升压过程是从叶轮的方向吸入空气,在叶轮内受离心力作用而大约升压 70%,并以 180~200m/s 的速度向半径方向排出,排出的空气在扩散器内把速度的能量转变为压力,大约升压 30%,然后把流动方向转换成轴向进入下一级的叶轮,进一步升高压力,这样必须由离心力的作用压缩空气,所以必须用相当高的速度来旋转叶轮,而且鼓风机每一级的压缩比限于 1.2,故在需要高的压力时,必须用增加级数来达到,但由于轴的关系最多只能到 13 级,这种鼓风机的效率最高为 78%,风压风量特性曲线的斜度平缓,在炉内压力变化大的场合下,有不能按定风量送风的缺点。

驱动方式多使用电动机,在设备费和运行方面是很有利的。在正常情况离心鼓风机能连续而均匀地送风,对高炉操作有利。图 4-23 为离心式鼓风机的压缩过程。

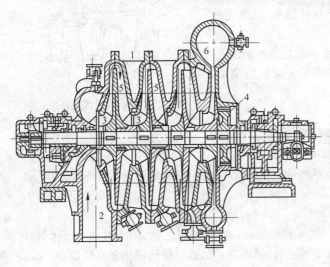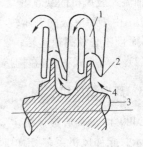

图 4-22　离心式鼓风机　　　　　　　　　　图 4-23　离心式鼓风机的压缩过程
1—机壳;2—进气口;3—工作叶轮;4—扩散器;　　　　1—扩散器;2—叶轮;3—轴;4—空气入口
5—固定导向叶片;6—出气口

4.5.2　轴流式鼓风机

图 4-24 所示为轴流式鼓风机,其形式有固定静叶轴流式(转速可调)、静叶可调轴流式(转速可调、静叶可调)、全静叶可调轴流式(固定转速)。轴流式与离心式鼓风机的升压原理完全不同,在和轴同心的圆筒形机壳内,由叶轮旋转产生压力,它的空气流路在轴向静叶之间,流过的空气起着转动动叶的扩散作用,即降低流速把运动能转变为压力能,达到升压的目的。这种鼓风机每一级的压缩比为 1.08~1.14,图 4-25 为轴流式鼓风机的压缩过程,作为高炉用时配置有 11~14 级,其特性曲线的斜率较大。

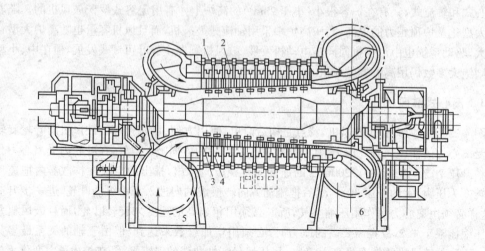

图 4-24　轴流式鼓风机
1—机壳；2—转子；3—工作动叶；4—导流静叶；5—吸气管口；6—排气管口

轴流式鼓风机的优点：

（1）适合高速运转，能与电动机、蒸汽轮机、燃气轮机等高速原始机直接连接运转；

（2）效率比其他形式都要高，达到 90％ 也是可能的；

（3）由于动叶或静叶的可调方式采用起来比较简单，具有较宽的高效率工作范围。

轴流式鼓风机的缺点：

（1）由于每一级的升压较小，要得到高压，需要采用多级数，而且还必须高速运转；

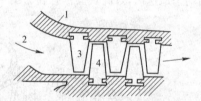

图 4-25　轴流式鼓风机压缩过程
1—机壳；2—空气；3—静叶；4—动叶

（2）与离心式相比，在构造上动叶或静叶的强度较弱，而且在叶面污损时性能降低。

4.5.3　离心鼓风机实例

D400-41 型离心鼓风机主要用于 $100 m^3$ 高炉鼓风，亦可用于输送其他无腐蚀性气体，如图 4-26 所示。此种风机系多级、单吸入、双支承结构，采用电动机通过弹性联轴器直联驱动。从电动机端看，鼓风机转子均为顺时针方向旋转。机壳用铸铁制成，轴承箱与机壳铸成一体。沿轴线水平中分面分为上下两部分，用栓紧固连接成一体。进、出风口方向皆垂直向下。

转子轴用优质碳素钢制成，叶轮用合金钢制成。鼓风机转子经过静、动平衡校正，运转平稳。

风机的两端轴设有梳齿形密封，以防止气体泄漏。

轴承有止推轴承和支承轴承两部分，均采用压力供油强制润滑的滑动轴承。润滑系统包括主油泵、电动油泵、油冷却器、滤油器等。电动油泵除在启动或停机时使用外，当系统中油压降低至某一定值时尚能自动开启，保证机组正常润滑。

风机设有进口节流手动调节装置（包括节流网和传动装置）、逆止阀和排气阀。

该种型号的机组经运行证明，具有效率高、结构紧凑、运行平稳、易于维修等优点。

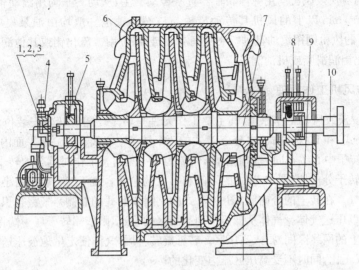

图 4-26　D400-41 型离心鼓风机结构图

1—主油泵；2—冷却器；3—油过滤器；4—电动泵；5—支撑轴承；6—定子；7—转子；
8—止推轴承；9—底座；10—联轴器

4.6　罗茨鼓风机

冶金工厂常用的回转式鼓风机有罗茨式和叶式鼓风机两种，罗茨式和叶式鼓风机多用在小型高炉作为鼓风机使用。

罗茨鼓风机是容积式气体压缩机械中的一种。其特点是：在最高设计压力范围内，管网阻力变化时流量变化很小，工作适应性较强，故在流量要求稳定而阻力变动幅度较大的工作场合，可予自动调节。且叶轮与机体之间均具有一定间隙而不直接接触，结构简单，制造维护方便。

罗茨鼓风机适用于金属冶炼、气体自动输送、中小型氮肥厂、纺织工业、水泥及轻化工业输送干净的空气、干净煤气、二氧化碳及各种惰性气体；也可用于污水处理，水产养殖等液体搅拌系统，还适用于各种颗粒状物料的输送、港口吸粮、电报纸传递等负压设备。

各型出厂产品是根据用户所选择的风机性能来选配电动机，因此风机使用性能不得超过规定的范围，以免电机过载而发生事故。

罗茨鼓风机壳体制成气冷或水冷两种结构。静压 $p_{st} \leqslant 49.35$ kPa 的产品制成气冷结构（D型）；静压力 $p_{st} > 49.35$ kPa 的产品制成水冷结构（SD型）。结构形式又分为立式和卧式：

立式：鼓风机两转子中心线在同一垂直平面内，进、出风口分别在鼓风机的两侧。叶轮直径在 50cm 以下者均制成立式。由联轴器端正视，主动转子为逆时针方向转动。

卧式：鼓风机两转子中心线在同一水平面内，进风口在机壳下部的一侧，出风口在风机的上部。叶轮直径在 50m 或以上者均制成卧式，由联轴器端正视，主动转子（在左方）为逆时针方向转动。

转子采用二叶渐开线叶形的叶轮，同步传动齿轮视风机大小分别采用正齿轮、斜齿轮或组合人字齿轮。

轴端密封一般采用骨架式橡胶油封。

鼓风机壳体与叶轮均采用高强度铸铁，主、从动轴及齿轮用 45 号钢，也可以按照用户要求采用相应的满足特殊要求的其他金属材料。

各种型号的罗茨鼓风机均用弹性联轴器直联传动。主、从动转子均用滚动轴承作两支点支承。流量在 20m³/min 以上的风机其传动齿轮与该端面轴承一般均由油泵集中供油润滑;而15 m³/min 以下的风机则用甩油盘进行飞溅润滑;密封部位用二硫化钼或其他润滑脂;联轴器端轴承采用二硫化钼润滑脂或机油润滑。

4.6.1　罗茨鼓风机工作原理

图 4-27 为罗茨鼓风机工作原理,其主要工作元件是转子。随着转轴安装位置不同,罗茨鼓风机有 W 式(卧式)和 L 式(立式)之分。W 式的两个转子中心线在同一水平面内,气流为垂直流向;L 式的两个转子中心线在同一垂直面内,气流为水平流向。工作时耦合的转子以相同的速度作反向旋转,在转子分向侧(图中 W 式的下侧和 L 式的左侧),由于气室容积由小变大,此侧形成低压区,得以进气。在转子的合向侧(图中 W 式的上侧和 L 式的右侧),气室容积由大变小,此侧形成高压区,得以压送气体。气体从低压区向高压区的输送,则依靠转子任一端将气体从低压区沿机壳区间(图上的网线区间)扫入高压区。转轴旋转一周,气体便定量地被压送四次。因此,它的流量与转速成正比,同时不受高压区压力变化的影响。

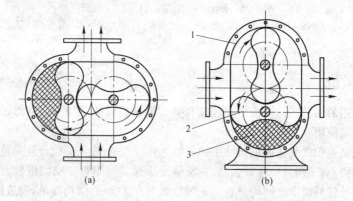

图 4-27　罗茨鼓风机工作原理
(a) 卧式;(b) 立式
1—机壳;2—转子;3—机壳区间

4.6.2　罗茨鼓风机的特性和应用

罗茨鼓风机是一种低压(10~200kPa)、排风量较大(25~400 m³/min)、效率较高 η= 65%~80%的风机。它的特性是:流量几乎不随风压改变而改变,即流量几乎不受管道阻力的影响,只要转速保持不变,流量也就基本不变(俗称"硬风")。这是离心式和轴流式风机所没有的特性。因而它适用于要求风量稳定,而压力要求不太高的生产中。例如,铸工车间冲天炉的鼓风、化铁炉的鼓风、气力输送等方面得到较广的应用。

4.7　风机的运行特性

4.7.1　风机特性曲线

通常把一定转速下风机的流量、全压、效率和功率之间的关系曲线称为风机的特性曲线。它可全面评定风机各性能参数的变化,每一种风机的特性曲线是不同的,图 4-28 为 4-72-11No. 5 通风机的特性曲线。

　　由于同类型的通风机是按几何相似、运动相似和动力相似的原理进行设计的，因此实际应用中常采用通风机的无因次量来描述各性能参数之间的关系，图 4-29 为风机的无因次特性曲线，其无因次量关系式为：

$$\bar{p} = \frac{p}{\rho v^2} \tag{4-4}$$

$$\bar{Q} = \frac{Q}{\frac{\pi}{4} D_2^2 v \times 3600} \tag{4-5}$$

$$\bar{p} = \frac{p}{\frac{\pi}{4} D_2^2 \rho v^2} \tag{4-6}$$

式中　D_2——叶轮的外直径，m；

　　　　v——叶轮的外缘圆周速度，m/s；$v = \pi D_2 n / 60$。

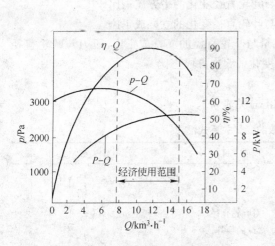

图 4-28　通风机的特性曲线

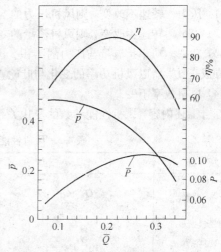

图 4-29　风机无因次特性曲线

4.7.2　气体密度对风机性能的影响

　　(1) 流量不变。由于叶轮转速和直径均不改变，即风机输送的气体体积不变，但气体质量随密度的改变而改变。

　　(2) 压力。由式 $\dfrac{p_1}{p_2} = \left(\dfrac{n_1}{n_2}\right)^2 \dfrac{\rho_1}{\rho_2}$ 可知，叶轮转速不改变，则风机压力的变化与气体密度的变化成正比。

　　(3) 功率。由式 $\dfrac{P_1}{P_2} = \left(\dfrac{n_1}{n_2}\right)^3 \dfrac{\rho_1}{\rho_2}$ 可知，叶轮转速不改变，则风机功率的变化与气体密度的变化成正比。

　　(4) 风机效率不变。

4.7.3　叶轮转速对风机性能的影响

　　(1) 压力。由式 $\dfrac{p_1}{p_2} = \left(\dfrac{n_1}{n_2}\right)^2 \dfrac{\rho_1}{\rho_2}$ 可知，当气体密度不改变时，则风机压力的变化与转速变化的平方成正比。

（2）流量。由式 $\dfrac{Q_1}{Q_2}=\dfrac{n_1}{n_2}$ 可知，当气体密度不改变时，则风机流量的变化与转速的变化成正比。

（3）功率。功率是流量与压力的乘积，因流量与转速成正比、压力与转速的平方成正比，所以风机功率的变化与转速变化的立方成正比。

（4）风机效率不变。

由此看出，叶轮转速改变时，风机的特性曲线也随之改变。虽然转速改变并不影响管网特性曲线，但实际工况点将发生变化，在新的转速下的特性曲线与管网特性曲线的交点即为新的工况点。

4.7.4　叶轮直径对风机性能的影响

当风机的几何形状相似，叶轮转速不变时，风机性能将随叶轮直径的改变而改变。

（1）压力。转速不改变，则风机压力的变化与叶轮直径变化的平方成正比。

（2）流量。转速不改变，则风机流量的变化与叶轮直径变化的立方成正比。

（3）功率。功率是流量与压力的乘积。因流量与叶轮直径的立方成正比、压力与叶轮直径的平方成正比，所以风机功率的变化与叶轮直径变化的 5 次方成正比。

（4）风机效率不变。

综合上述内容，风机性能参数的变化关系式汇总见表 4-3。

表 4-3　风机性能参数的变化关系式汇总

项　目	计　算　公　式	项　目	计　算　公　式
对空气密度 ρ 的换算	$Q_2=Q_1$ $p_2=p_1\dfrac{\rho_2}{\rho_1}$ $P_2=P_1\dfrac{\rho_2}{\rho_1}$ $\eta_2=\eta_1$	对叶轮直径 D 的换算	$Q_2=Q_1\left(\dfrac{D_2}{D_1}\right)^3$ $p_2=p_1\left(\dfrac{D_2}{D_1}\right)^2$ $P_2=P_1\left(\dfrac{D_2}{D_1}\right)^5$ $\eta_2=\eta_1$
对转速 n 的换算	$Q_2=Q_1\dfrac{n_2}{n_1}$ $p_2=p_1\left(\dfrac{n_2}{n_1}\right)^2$ $P_2=P_1\left(\dfrac{n_2}{n_1}\right)^3$ $\eta_2=\eta_1$	对 ρ,n、D 同时换算	$Q_2=Q_1\left(\dfrac{n_2}{n_1}\right)\left(\dfrac{D_2}{D_1}\right)^3$ $p_2=p_1\left(\dfrac{n_2}{n_1}\right)^2\dfrac{\rho_2}{\rho_1}\left(\dfrac{D_2}{D_1}\right)^2$ $P_2=P_1\dfrac{\rho_2}{\rho_1}\left(\dfrac{n_2}{n_1}\right)^3\left(\dfrac{D_2}{D_1}\right)^5$ $\eta_2=\eta_1$

4.8　风机的并联和串联

4.8.1　风机的并联工作

当系统设计流量很大时，可以在系统设计时采用两台风机进行并联，但前提是并联的两台风机型号必须相同。风机Ⅰ和风机Ⅱ并联工作时的总特性曲线见图 4-30。其特性参数的关系是：

流量　　　　　　　　　　　　　　$Q=Q_1+Q_Ⅱ$ 　　　　　　　　　　（4-7）

压力

$$p = p_{\mathrm{I}} = p_{\mathrm{II}} \tag{4-8}$$

功率

$$P = P_{\mathrm{I}} + P_{\mathrm{II}} \tag{4-9}$$

效率

$$\eta = \frac{Qp}{3600P \times 10^3} \tag{4-10}$$

在实际的管网系统中，因管网阻力变化，总流量并不等于单台风机流量的 2 倍，见图 4-31，并联工作的风机在管网阻力损失较大时，可能出现下述三种情况：

（1）风机在管网 I 中工作时，其工况点为 A，此时流量 Q_A 大于仅有 1 台风机（I 或 II）单独工作的流量（$Q_{\mathrm{I}1}$ 或 $Q_{\mathrm{II}1}$）。

（2）风机在管网 2 中工作时，其工况点为 B，此时流量 Q_B 等于 II 号风机单独工作时的流量 $Q_{\mathrm{II}2}$ 号风机只能引起功率的额外消耗。

（3）风机在管网 3 中工作时，其工况点为 C，此时流量 Q_C 小于 II 号风机单独工作时的流量 $Q_{\mathrm{II}2}$，I 号风机阻碍了 II 号风机的工作效果。

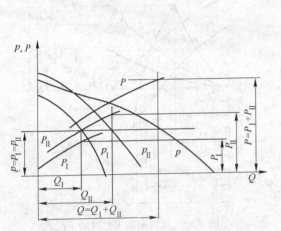

图 4-30　并联工作的风机总特性曲线

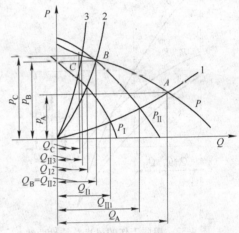

图 4-31　风机并联工作时的工况点

所以，在系统设计时考虑管网阻力的平衡计算，并将风机和管网的特性曲线绘制在同一坐标上进行分析比较，找到选型风机在并联运行工况下达到高效率的工作点。若风机选型与管网特性不匹配，则可能会产生如前所述的不良后果。

4.8.2　风机的串联工作

当系统各分支管路的阻力相差较大，而且系统总阻力大时，宜采用大小风机进行串联，风机 I 和风机 II 串联工作时的总特性曲线见图 4-32，其特性参数的关系为：

流量

$$Q = Q_{\mathrm{I}} = Q_{\mathrm{II}} \tag{4-11}$$

风压

$$p = p_{\mathrm{I}} + p_{\mathrm{II}} \tag{4-12}$$

功率

$$P = P_{\mathrm{I}} + P_{\mathrm{II}} \tag{4-13}$$

效率

$$\eta = \frac{Qp}{3600P \times 10^3} \tag{4-14}$$

如果系统管网设计不当，且出现大流量小阻力时，此时的风机串联，见图 4-33，有可能出现下述三种情况：

（1）风机在管网 1 的工况点为 A，此时压力 p_A 大于仅有 1 台风机（Ⅰ号或Ⅱ号风机）单独工作时的压力 p_{I1}（或 p_{II1}）。

（2）风机在管网 2 的工况点为 B，此时压力 p_B 等于Ⅰ号风机单独工作时的压力 p_{I1}，Ⅱ号风机将引起功率的额外消耗。

（3）风机在管网 3 的工况点为 C，此时压力 p_C 小于Ⅰ号风机单独工作时的压力 p_{I1}，Ⅱ号风机将阻碍Ⅰ号风机的工作效果。

因此，系统设计时，必须综合考虑风机特性与管网特性的关系，应将风机与管网的特性曲线绘制在同一坐标上进行分析比较，使风机在串联运行工况下达到高的工作效率。若选型风机与管网特性不匹配，则可能会产生如前所述的不良后果。

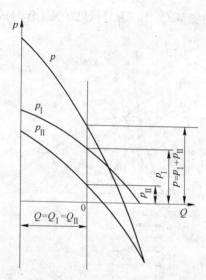

图 4-32　串联工作的风机总特性曲线

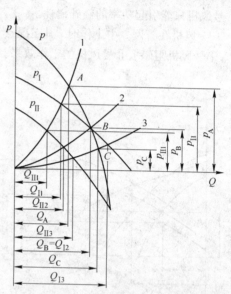

图 4-33　风机串联工作时的工况点

4.9　风机的选用

冶金车间用的风机与一般通风或空调系统用的风机有较大的区别。冶金车间一般气体流量和系统阻力损失较大，而且气体中的含尘浓度大和气体温度高。所以应根据风机在冶金车间所设位置的不同，正确选用合适的风机是至关重要的。

4.9.1　风机选型计算

（1）流量 Q_f（m³/h）为

$$Q_f = k_{Q1} k_{Q2} Q \tag{4-15}$$

式中　Q——气体总流量，m³/h；

k_{Q1}——设备漏风附加系数，按设备设计或由设备制造厂提供；

k_{Q2}——管网漏风附加系数，一般通风系统取 $k_{Q2}=1.1$；除尘系统取 $k_{Q2}=1.1 \sim 1.15$。

（2）全压 p_f（Pa）为

$$p_f = (pk p_1 + p_s) k p_2 \tag{4-16}$$

式中　p——管网总压力损失，Pa；

p_s——设备压力损失，Pa，按设备设计或由设备制造厂提供；

kp_1——管网压力损失附加系数，一般通风系统 kp_1 = 1.1～1.15，除尘系统 kp_1 = 1.1～1.2；

kp_2——风机全压负差系数，由风机制造厂提供。

4.9.2 根据风机所处位置分类

(1) 增压风机。当系统管网阻力较大时，可在阻力较大的一侧管路上设置增压风机，这样不但可以降低系统主风机的功率，而且还可以保证这一侧管路的抽气效果。如电炉除尘系统中的炉内排烟(一次烟气除尘)管路、钢包精炼炉排烟管路和辅原料除尘管路等都有设置增压风机的例子。由于在这些系统的管路中气体含尘浓度较高，特别是炉内排烟含尘浓度(标态)高达 10～30g/m³，对增压风机的磨损技术提出了更高的要求。

(2) 正压风机。根据除尘工艺的设计布置需要，将风机设置在除尘器的进口段，通常称为正压风机，包括上述的增压风机在内。用于电炉除尘系统的正压风机，由于烟气量大且气体含尘浓度(标态)较高，一般为 1～3g/m³，所以对正压风机的磨损技术同样提出了较高的要求。

(3) 负压风机。根据除尘工艺的设计布置需要，将风机设置在除尘器的出口段，通常称为负压风机。由于风机设置在除尘器的出口段，风机所处的环境要好得多，气体含尘浓度虽然在 150g/m³ 以下，但还要适当考虑部分除尘器滤袋破损时，粉尘对风机的磨损问题。

(4) 高温风机。一般将风机进口气体温度在 120℃ 以上的风机称为高温风机。如用于炉内排烟管路和钢包精炼炉排烟管路上的风机等。系统设计时，不但对风机本身的材料有要求，而且对电机配套参数有要求，即必须考虑冷态时的电机运行要求。

4.9.3 风机结构形式

用于冶金行业的风机结构形式较多，具体应根据系统的设计需要，进行正确的选择。

(1) 风机叶形。除尘风机常用的叶形有机翼形和平板形两大类。平板形又可分为：宽度平板、后弯式平板、径向直叶片、径向出口圆弧形平板叶片等形式。

(2) 单吸单支承离心风机。即悬臂支承型离心风机，它是一种常规型风机，通常用于风量不是很大且气体含尘浓度低的场合。

(3) 单吸双支承离心风机。作为除尘用风机，适用于气体流量大的除尘系统，运行稳定可靠且效率较高。

(4) 双吸双支承离心风机。作为除尘用风机，适用于气体流量大的除尘系统，运行稳定可靠且效率较高。

(5) 滚动轴承。适用于风机转速较低的场合，风机配套系统简单。

(6) 滑动轴承。适用于风机转速较高且风量大的场合，轴承使用寿命相对滚动轴承的使用寿命长且检修简单，但风机配套管路系统复杂，需要设置稀油润滑系统和高位油箱。

4.9.4 风机耐磨措施

根据对风机使用场合的不同磨损要求，目前的风机耐磨措施可分为：

(1) 风机磨损部位加衬板；

(2) 衬板上喷耐磨合金；

(3) 风机磨损部位喷耐磨粉末合金；

(4) 风机磨损部位采用碳化钨焊条堆焊。

4.9.5　风机选用要求

（1）根据系统设计时的流量和压力等参数要求，选用风机制造厂样本中合适的风机流量和压力等参数。当流量和压力等参数在风机性能表内两种机号之间时，最好利用无因次特性曲线公式进行验算选择，确定合理的机号，以排除风机在实际使用时效果达不到设计要求的可能。

（2）根据输送不同气体的物理、化学性质（如易燃易爆性、腐蚀性、温度、含尘浓度等），选择不同用途、不同类型的风机和风机的结构形式及耐磨措施。

（3）选用低噪声高效率的风机。

（4）设置并联风机时，应选用相同型号和相同规格的风机；设置串联风机时，应选用大小风机的组合。并将风机的特性曲线与管网的特性曲线绘制在同一坐标上，通过分析比较后才能决定是否可以采用风机的并联或串联。

（5）根据系统管道的设计布置，选用合理的风机旋转方向。

（6）设置风机进口阀门。

4.10　电机的选用

4.10.1　电机功率计算

电机功率 $P(\mathrm{kW})$：

$$P = \frac{Q_\mathrm{f} \cdot p_\mathrm{f} \cdot k}{1000\eta \cdot \eta_\mathrm{me} 3600} \tag{4-17}$$

式中　Q_f——风机风量，$\mathrm{m^3/h}$；

　　　p_f——风机全压，Pa；

　　　k——电机容量安全系数，由风机制造厂提供；

　　　η——风机效率，由风机制造厂提供；

　　　η_me——机械传递效率，见表4-4。

表4-4　机械传递效率 η_me

传　动　方　式	η_me
直联传动	1.0
联轴器传动	0.98
三角胶带传动（滚动轴承）	0.95

4.10.2　电机绝缘和防护等级

（1）绝缘耐热等级表示绝缘物耐受高热程度的级别。它可决定电气设备，特别是电机绕组的极限容许温升和活性材料在电气设备中的利用程度及绝缘寿命。绝缘的耐热等级可分为：Y、A、E、B、F、H、C 七级，其最高允许温度分别为：90℃、105℃、120℃、130℃、155℃、170℃、180℃。用于除尘系统的电机绝缘耐热等级一般为 F 级。

（2）防护等级。电机的外壳防护等级由表征字母 IP 及附加在 IP 后的两位数字组成，数字含义见表4-5 和表4-6 电机外壳的防护等级可根据电机设置的场合进行选择，设置在室内的电机其防护等级一般为 IP23 或 IP44，设置在室外的电机其防护等级一般要求为 IP54 以上（含 IP54）。

表 4-5 第一位表征数字表示的防护等级

第一位表征数字	防护等级	
	简述	含义
0	无防护电机	无专门防护
1	防护大于 50 mm 固体的电机	能防止大面积的人体(如手)偶然或意外地触及或接近壳内带电或转动部件(但不能防止故意接触); 能防止直径大于 50 mm 的固体异物进入壳内
2	防护大于 12mm 固体的电机	能防止手指或长度不超过 80 mm 的类似物体触及或接近壳内带电或转动部件; 能防止直径大于 12mm 的固体异物进入壳内
3	防护大于 2.5mm 固体的电机	能防止直径大于 2.5mm 的工具或导线触及或接近壳内带电或转动部件; 能防止直径大于 2.5mm 的固体异物进入壳内
4	防护大于 1mm 固体的电机	能防止直径或厚度大于 1mm 的导线或片条触及或接近壳内带电或转动部件; 能防止直径大于 1mm 的固体异物进入壳内
5	防尘电机	能防止触及或接近壳内带电或转动部件,进尘量不足以影响电机的正常运行

表 4-6 第二位表征数字表示的防护等级

第二位表征数字	防护等级	
	简述	含义
0	无防护电机	无专门防护
1	防滴电机	垂直滴水应无有害影响
2	15°防滴电机	当电机从正常位置向任何方向倾斜至 15°以内任何角度时,垂直滴水应无有害影响
3	防淋水电机	与竖直线成 60°角范围以内的淋水应无有害影响
4	防溅水电机	承受任何方向的溅水应无有害影响
5	防喷水电机	承受任何方向的喷水应无有害影响
6	防海浪电机	承受猛烈的海浪冲击或强烈喷水时,电机的进水量应不达到有害的程度
7	防浸水电机	当电机浸入规定压力的水中经规定时间后,进水量不达到有害的程度
8	潜水电机	在制造厂规定的条件下能长期潜水,电机一般为水密型,但对某些类型电机也可允许水进入,但不应达到有害的程度

4.11 风机系统的设计和运行要求

4.11.1 风机布置

风机可布置在户内即风机房内,也可布置在户外。不管采用何种布置方式进行风机房设计和风机设备布置时,均应遵循以下原则:

（1）考虑到通风除尘效果和系统节能，风机应尽可能靠近需要通风除尘的工作区域附近。

（2）考虑到风机的消声隔振要求，风机房建筑应为独立建筑，风机基础采用独立的隔振基础，风机进出口管道设柔性连接管，机壳外贴附吸声隔音材料等措施。对布置在户外的风机，除了前面所说的措施外，还要在风机的进出口管道外壁贴附吸声隔音材料，并在风机的出口段设置消声器（除尘器在风机前）。

（3）风机房内应有良好的照明和通风换气环境。特别是设有操作盘、箱和装有观察仪表的部位需加强人工照明，保证足够的照度，以利于操作人员维护检修。对于输送含有尘毒、爆炸危险气体的通风除尘系统，其机房换气次数可按 5～8 次/h 设计，同时应设有不小于 5～12 次/h 换气次数的事故排风系统。

（4）布置机房应考虑留有适当的操作和维修空间，主要检修通道应不小于 2m，非主要通道不小于 0.8m，对于大中型风机包括电机等设备，机房设计要考虑设备可搬运和吊装的需要。

（5）风机基础地脚螺栓一般均采用二次浇灌，预留孔深度一般为地脚螺栓长度加 50mm。

（6）机房内应设置用于风机或机房清洁用的水龙头和排水地漏，同时地坪设计应有坡度。

（7）对于输送易燃易爆气体的风机，机房应设有消防措施、火警信号以及安全门等，机房的所有门、窗均应向外开启。

（8）布置在户外的风机，电机防护等级应采用 IP54 以上（含 IP54），执行器和电气仪表箱、柜等的防护等级应采用 IP65 以上（含 IP65）。

4.11.2　风机的隔振和消声

人耳能听到的声音，是由弹性介质的质点振动所引起，其频率范围大约在 16～16000 Hz，1Hz 表示每秒振动一次，按照声音在介质中的传播可分为空气声、固体声和水声。通常人们把不需要听的声音称为噪声，即噪声定义为人耳可感受的频率范围内的静态声压分布，并且是对人耳有干扰的声音。

风机和电机等在运转时，由于机械部件之间存在着力的传递，因而会产生振动和噪声。其中一部分由振动的机器设备直接向空间辐射，形成了空气声；另一部分的振动能量则通过设备本身的基础，向地层和建筑物结构进行传递，这种通过固体传递的声音被称为固体声。

振动不仅能激发噪声，而且还能形成对设备本身和建筑物的破坏。所以在风机系统设计的同时，应考虑风机的隔振和消声。

4.11.3　风机的声压和声功率级

风机的声压级 $L_{\mathrm{wA}}(\mathrm{dB(A)})$ 可以通过叶轮圆周速度、叶轮直径和一些常数进行预计算。

$$L_{\mathrm{wA}} = k + 10\lg \frac{Q}{Q_0} + 20\lg \frac{p}{p_0} \tag{4-18}$$

式中　Q——风机流量，$\mathrm{m^3/h}$；

　　　Q_0——流量为 $1\mathrm{m^3/h}$；

　　　p——风机全压，$\mu\mathrm{Pa}$；

　　　p_0——全压为 $100\mu\mathrm{Pa}$；

　　　k——噪声附加值，对前弯和后弯离心风机取 $h = 11\mathrm{dB(A)}$；对轴流风机取 $h = 16\mathrm{dB(A)}$。

4.11.4　风机隔振措施

风机隔振是一项系统工程，它包含了风机本身的低振和吸振、风机基础的隔振和减振等。

（1）风机的低振和吸振。风机制造厂应对风机不断进行优化设计和技术改进，在提高风机效率的同时，积极采用低振动风机；另外对风机外壳进行隔音吸声包覆，以阻滞并吸收被激发的固体声和辐射的空气声。风机外壳的包覆结构设计可参照图 4-34，包覆层厚度可根据风机的结构形式和技术参数以及吸声材料的性质来决定，厚度一般在 200～300mm。

（2）风机的隔振和减振。风机的隔振设计主要是确定隔振效果，同时设计隔振基础或减振器时应避开风机制造厂提供的频率范围。隔振和减振措施主要包括以下内容：

1）布置在地面上的风机，宜设置独立的混凝土基础；

2）布置在楼板上的风机，一般为中小型风机，宜采用带有阻尼减振器或隔振垫的钢支架基础或混凝土基础；

3）对风机靠近办公室、操作室及居住区时，应设置风机房；

4）风机进出口管道连接采用软性接头连接。

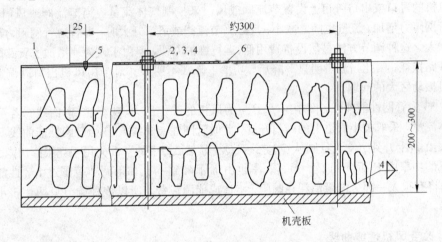

图 4-34　风机外壳包覆层结构

1—隔声材料；2—焊接单头螺柱；3—螺母；4—垫圈；5—自攻螺钉；6—镀锌钢板

4.11.5　风机的消声措施

风机的噪声包括电机的电磁噪声，由振动引起的机械噪声和空气动力噪声。空气动力噪声又包括旋转噪声和涡流噪声。旋转噪声是风机叶片作旋转时，气流沿各截面不断发生变化引起的噪声，又称离散频率噪声；涡流噪声又称紊流噪声，它是由于紊流边界层及其脱离引起气流压力脉动造成的，涡流噪声具有很宽的频率范围，所以又称宽频噪声。风机的消声措施主要是针对空气动力噪声而言。

对除尘系统来说，消声器通常设置在负压风机的出口管道上，正压风机一般不设消声器。消声器的种类很多，但用于风机配套系列的消声器一般有：阻性消声器、抗性消声器、微穿孔板消声器和阻抗复合式消声器。

（1）阻性消声器。对中高频消声效果好，加工制造简单，应用较为普遍。但它不适用于高温、潮湿或有粉尘的场合。

（2）抗性消声器。不用吸声材料，对中低频消声效果好。

（3）微穿孔板消声器。对中低频宽带消声有较好的效果，主要用于空调等系统。

（4）阻抗复合式消声器。综合了上述三种类型的消声器特点，具有宽频带、高吸收的消声效果。主要用于声级很高、低中频带消声。但由于阻性段有吸声材料，因此它同样不适用于高温、潮湿或有粉尘的场合。

4.12　风机的运行调节和节能

除尘系统的气体流量和压力，是随工艺生产过程中的经常性和间断性的变化而变化的，即引起除尘系统管网性能曲线的变化。为适应这一经常性变化，满足实际生产的需要，就需对运行中的风机进行调节，调节的目的在于改变风机的运行工况点，同时达到节能的理想效果。由于工况点是风机性能曲线与管网性能曲线的交点，因此改变风机性能曲线或改变管网性能曲线均可实现对风机的调节。

风机的调节方法一般分为两类：一是改变管网性能曲线，二是改变风机的性能曲线。

4.12.1　改变管网性能曲线

在风机的进口或出口管道上设置节流阀或风门来控制气体流量。当节流阀或风门关小时，即管道管网阻力增加，流量也随之减小；反之当节流阀或风门开大时，即管道管网阻力减小，流量随之增大。这种调节方法虽然设备费用低、运行维护方便，但由于人为地增加了管路阻力，即增大了管路损耗，因此当流量明显下降后，功率下降却不明显。对于用风机出口阀调节，还存在着风机振动区大的问题。

图 4-35 为管网性能曲线，图中的 p、P、η 为风机的工作压力、功率、效率曲线。若系统需要减少气体流量，采取关小管道上的阀门开度，此时管网性能曲线 R_1 变为管网性能曲线 R_2，管网阻力损失由 p_1 上升到 p_2，流量则从 Q_1 减少到 Q_2。显然 Δp_2 中的一部分用于克服阀门阻力，这时虽然风机的功率由 P_1 下降到 P_2，但其效率也由 η_1 下降到 η_2。如果调节范围过大，性能则将恶化，此时将有很大一部分能量消耗在阀门上，造成能源浪费。所以该种调节只适用于小范围的风量调节。

4.12.2　改变风机性能曲线

设管网性能曲线 R 不变，改变风机性能曲线，此时风机工况点将沿着管网性能曲线 R 移动，达到调节流量的目的。通常调节方法有：改变风机转速和改变风机进口导流叶片角度。

（1）改变风机转速。当风机转速改变后，其性能曲线也随之改变，但效率曲线的变化值 不大，一般可以忽略效率的变化，见图 4-36，风机转速 n_1 变化到 n_3 时，工况点 A_1 将沿着管网性能

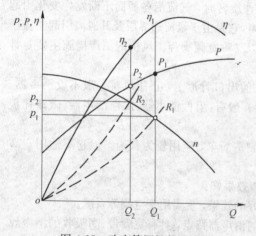

图 4-35　改变管网性能曲线

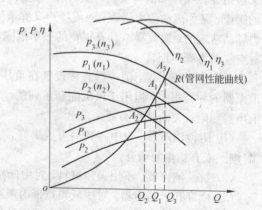

图 4-36　改变风机转速性能曲线

曲线 R 移动到 A_3 此时流量 Q, 压力 p, 功率 P 均发生了变化。改变风机转速后的风量、压力、功率关系式如下：

$$\frac{n_1}{n_2} = \frac{Q_1}{Q_2} = \sqrt{\frac{p_1}{p_2}} = \sqrt[3]{\frac{P_1}{P_3}} \qquad (4\text{-}19)$$

根据式 4-19, 用表 4-7 来说明风机调速与流量、压力和轴功率的关系。因此说, 改变风机转速是一种最优的调节手段, 而且节能效果显著。有转差损耗类的调速装置, 主要是液力耦合器调速；高效类调速装置主要有变频电机和绕线型异步电动机串级调速。前者设备简单、投资费用低, 但运行效率比后者低, 节能效果不如后者。

系统选择调速节能时, 应注意以下事项：

1) 风机调速范围不宜过大, 一般为风机额定转速的 $70\%\sim100\%$。因为当转速低于风机额定转速的 $40\%\sim50\%$ 时, 风机本身效率已明显下降。

2) 调速范围确定时, 应注意避开机组的机械临界共振转速, 否则当调速至该谐振频率时, 将可能损害机组。

3) 调速装置的性能应尽可能与风机的负载特性一致, 否则达不到理想的调速效果。

表 4-7 风机调速与流量、压力和轴功率的关系

转速 $n/\%$	流量 $Q/\%$	压力 $p/\%$	轴功率 $P/\%$
100	100	100	100
90	90	81	72.9
80	80	64	51.2
70	70	49	34.3
50	50	25	12.5
40	40	16	6.4

(2) 改变风机进口导流器叶片安装角度。在风机叶轮进口前设置导流器, 通过改变导流器叶片安装角度, 使进入风机叶轮的气流方向发生变化, 风机的性能曲线也随之改变, 从而达到调节流量的目的, 见图 4-37, 图中示出了导流器叶片安装角度为 $90°$ 全开时的性能曲线, 到逐步

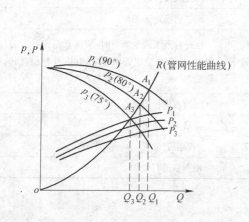

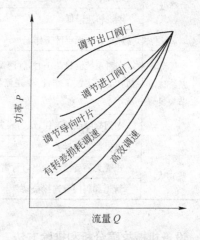

图 4-37 改变导流器叶片安装角度   图 4-38 各种调节方法的消耗功率与流量的典型关系

关小至 $80°$、$75°$ 时的性能曲线，流量由 Q_1 下降到 Q_3，功率也有所下降，但不明显。导流器结构简单，使用可靠，从节能省电来看，该种调节方法的调节效率虽然不如风机调速好，但比用改变管网性能的方法要好得多。

图 4-38 表示各种调节方法的消耗功率与流量典型关系。即是对以上内容的概括和总结。

4.13　风机的运行故障分析和排除方法

运行中的风机故障来自于多方面，有管网系统的性能故障、设备机械故障、机械振动、轴承故障和润滑系统的故障等。其中尤以性能故障和机械故障最为常见。

4.13.1　系统性能故障分析和排除方法

风机运行时，常常发生流量过多或不足等情况。产生这种现象的原因有很多，故障分析和排除方法详见表 4-8。

表 4-8　系统性能故障分析和排除方法

序号	故障名称	产生故障的原因	排除方法
1	流量不足	系统管网包括阀门等发生被粉尘和杂物堵塞	对系统管网和风机等设备进行清扫
		气体温度过低，引起气体密度增大	通过对气体密度的测定，消除密度增大的原因
		风机排气管道破裂，或管道法兰漏气	更换法兰垫片或进行补焊
2	流量过大	气体温度过高，引起气体密度减小	通过对气体密度的测定，消除密度减小的原因；调节阀门开度或改变风机的转速
		风机进气管道破裂或管道法兰漏气	更换法兰垫片或进行补焊
3	风机压力降低	管网特性发生变化，阻力增大，风机工作点改变	调整管网特性，减小阻力，尽可能恢复原风机工作点
		风机本身有缺陷或发生磨损	更换风机或进行检修
		风机转速降低	提高风机转速
		风机在非稳定区工作	调整到稳定区工作
4	系统调节失灵	在对系统流量调小时，管网发生堵塞，使风机在非稳定区工作，产生逆流反击风机转子现象	在进行系统流量调节时，应注意流速降低的同时，是否会造成管网堵塞，并应及时检查和清扫
		阀门故障或被卡住，压力表失灵等	更换或进行检修
5	风机噪声大	风机制造质量差	检修风机或更换
		机壳无隔音措施和出口管道无消声器等	加设隔音装置
		管道和阀门等连接松动	检查后进行加固

4.13.2　设备机械故障分析和排除方法

风机运行时，因设备本身原因发生故障的故障分析和排除方法详见表 4-9。

表 4-9　机械故障分析和排除方法

序号	故障名称	产生故障的原因	排除方法
1	叶轮损坏或磨损	机壳或进口与叶轮摩擦	校正并保持机壳或进风口与叶轮的适当间隙
		叶片表面受粉尘磨损和腐蚀	对叶片磨损部位修复,叶片磨损严重时应更换叶轮
		叶轮变形过大,使叶轮径向跳动或端面跳动很大	卸下叶轮,用铁锤等工具进行校正
		铆钉和叶片松动	更换铆钉
2	轴承箱剧烈振动	风机轴与电机轴安装不同心,联轴器未装正	进行安装调整
		叶轮变形,叶轮铆钉松动和轴松动等	修复叶轮,拧紧螺母和更换配件
		基础刚度不够或不牢固	采取加固措施并拧紧螺母
		转子不平衡和松动,叶片受磨损	修复叶片并重找平衡
		叶轮损坏或磨损	修复或更换叶轮
3	电机电流过大和温升过高	开车时,进风阀门未关闭	关闭阀门,并按操作程序开机
		电机输入电压过低或电源单相断电	检查电源并进行修复
		系统流量超过规定值	检查设计参数,并关小阀门或降低转速
		输送的气体密度过大或温度过低	检查设计参数,调整气体密度或温度
		轴承箱剧烈振动	找原因并消除轴承箱的剧烈振动
4	机壳过热	风机在阀门关闭的情况下,运行时间过长	停车,待机壳冷却后按操作程序开车
5	密封圈损坏或磨损	机壳变形,转子振动过大,密封圈与轴套不同轴以及密封齿内有金属粒和焊渣等杂物	先消除机壳变形和转子振动过大等不利因素,然后更换密封圈并调整其安置位置
6	轴承温升过高	润滑油脂质量较差、变质或含有杂质太多	定期检查和更换润滑油脂
		轴承箱剧烈振动	找出引起轴承箱剧烈振动的原因并予以消除
		滚动轴承损坏	更换滚动轴承
		轴与滚动轴承安装歪斜,前后两轴承不同心	重新安装

思考题及习题

1. 试述离心式和轴流式通风机的工作原理。
2. 试比较通风机和水泵的工作参数的意义、单位有何异同。
3. 试述前弯、径向、压弯叶片叶轮的离心式通风机的优缺点。
4. 什么叫通风机的全压、静压和动压,它们之间有何关系?
5. 离心式通风机一般由哪几部分组成?

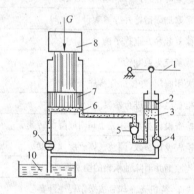

5 液压传动

5.1 概述

液压传动是近几十年发展起来的一门较新的技术。它是以流体作为工作介质进行能量传递的一种方式。由于流体这种工作介质具有独特的物理性能,在能量传递、系统控制、支撑和减小摩擦等方面发挥着十分重要的作用,所以液压技术发展十分迅速,现已广泛应用于工业、农业、国防等各个部门,尤其是在冶金工业的企业中,凡是有机械设备之处,几乎都使用液压传动技术。

5.1.1 液压传动的工作原理

图 5-1 为液压千斤顶的原理示意图,我们可以它为例来说明液压传动的工作原理。图中大小两个液压缸 6 和 3 的内部分别装有活塞 7 和 2,活塞和缸体之间保持一种良好的配合关系,不仅活塞能在缸内滑动,而且配合面之间又能实现可靠的密封。当用手向上提起杠杆 1 时,小活塞 2 就被带动上升,于是小缸 3 的下腔密封容积增大,腔内压力下降,形成部分真空,这时钢球 5 将所在的通路关闭,油池 10 中的油液就在大气压力的作用下推开钢球 4 沿吸油孔道进入小缸的下腔,完成一次吸油动作。接着压下杠杆 1,小活塞下移,小缸下腔的密封容积减小,腔内压力升高,这时钢球 4 自动关闭了油液流回油池的通路,小缸下腔的压力油就推开钢球 5 挤入大缸 6 的下

图 5-1 液压千斤顶的工作原理示意图
1—杠杆;2—小活塞;3,6—液压缸;
4,5—钢球;7—大活塞;8—重物;
9—放油阀;10—油池

腔,推动大活塞将重物 8 向上顶起一段距离。如此反复地提压杠杆 1,就可以使重物(重力为 G)不断升起,达到起重的目的。

若将放油阀 9 旋转 90°,则在物体 8 的自重作用下,大缸中的油液流回油箱,活塞下降到原位。

从此例可以看出,液压千斤顶是一个简单的液压传动装置。分析液压千斤顶的工作过程,可知液压传动是依靠液体在密封容积中变化的压力能实现运动和动力传递的。液压传动装置本质上是一种能量转换装置,它先将机械能转换为便于输送的液压能,后又将液压能转换为机械能做功。

5.1.2 液压传动系统的组成及图形符号

图 5-2 所示为一台简化的机床液压传动系统图。液压缸 8 固定在床身上,活塞 9 连同活塞杆带动工作台 10 作往复运动,液压泵 3 由电动机驱动,从油箱 1 中吸油并把压力油输入管路,经节流阀 6 至换向阀 7。当换向阀两端的电磁铁均不通电,其阀芯在两端弹簧力作用下处于中间位置(见图 5-2a)时,管路中 P、A、B、T 均不相通,液压缸两腔油路被封闭。

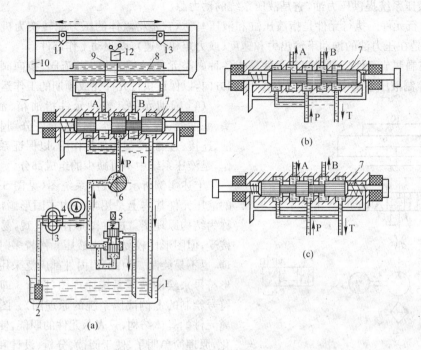

图 5-2 机床液压传动系统简图

(a) 阀芯在中间;(b) 阀芯在右边;(c) 阀芯在左边

1—油箱;2—滤油器;3—液压泵;4—压力表;5—溢流阀;6—节流阀;7—换向阀;

8—液压缸;9—活塞;10—工作台;11,13—挡块;12—行程开关

若换向阀左端的电磁铁通电,衔铁吸合,将其阀芯推至右端(见图 5-2b),使管路 P 和 A 通,B 和 T 通。液压缸进油路为:泵 3→节流阀 6→换向阀(P—A)→液压缸左腔;回油路为:液压缸右腔→换向阀(B—T)→油箱。这时,活塞 9 连同工作台 10 在左腔液压力推动下向右移动。当工作台上的挡块 11 与行程开关 12 相碰时,控制左侧电磁铁断电,右侧电磁铁通电,换向阀芯移至左端(见图 5-2c),使管路 P 和 B 通,A 和 T 通。液压缸进油路为:泵 3→节流阀 6→换向阀(P—B)→液压缸右腔;回油路为:液压缸左腔→换向阀(A—T)→油箱。这时,活塞带动工作台向左移动。当挡块 13 再碰到行程开关时,又可控制电磁铁通断,使换向阀芯换位,从而实现工作台自动往复运动。

工作台的移动速度通过节流阀 6 调节。当阀 6 开口较大时,进入液压缸的流量大,工作台移动速度较高。关小节流阀,工作台的移动速度即减慢。

工作台移动时需克服的负载(如切削力、摩擦力等)不同时,需要的工作压力亦不同,因此,泵输出油液的压力应能调整。另外,由于工作台速度要改变,所以进入液压缸的流量也在改变。一般情况下,泵输出的压力油多于液压缸所需要的油,因此,多余的油应能及时排回油箱,调节溢流阀 5 弹簧的预紧力,就能调整泵出口油液的压力;系统中多余的油液在达到相应压力下也可由打开的溢流阀回油箱。因此,溢流阀 5 起调压、溢流作用。图中,2 为滤油器,起过滤和净化油液的作用;4 为压力表,用以测定泵出口的油压。

从上述例子可以看出,液压传动系统除工作介质(液压油、乳化液等)外,由以下四个部分组成:

(1) 动力元件。动力元件即液压泵。它是将原动机输入的机械能转换为液压能的装置,其作用是为液压系统提供压力油,它是液压系统的动力源。

(2) 执行元件。执行元件是指液压缸和液压马达,它是将液体的压力能转换为机械能的装置,其作用是在压力油的推动下输出力和速度(或力矩和转速),以驱动工作部件。

(3) 控制调节元件。控制调节元件是指各种阀类元件,如溢流阀、节流阀、换向阀等。它们的作用是控制液压系统中油液的压力、流量和方向,以保证执行元件完成预期的工作运动。

(4) 辅助元件。辅助元件指油箱、油管、管接头、滤油器、热交换器等。这些元件分别起贮油、输油、连接、过滤、冷却和加热作用,以保证系统正常工作,是液压系统中不可缺少的组成部分。

上述实例所示的液压系统图(见图 5-2a),其中的液压元件基本上是用半结构式图形画出来的,故称为结构原理图。这种图形比较直观,易为初学者接受,但图形比较复杂,当液压元件较多时就显得繁琐,也不易绘制。为此,国内外都广泛采用元件的图形符号来绘制液压系统原理图(图 5-3 即为用元件符号绘制的上例液压系统的原理图)。图形符号脱离元件的具体结构,只表示元件的职能,使系统图简化,原理简单明了,便于阅读、分析、设计和绘制。按照规定,液压元件图形符号应以元件的静止位置或零位来表示。若液压元件无法用图形符号表达时,仍允许采用结构原理图表示。我国目前液压元件的图形符号采用 GB786.1—93 制定的标准。

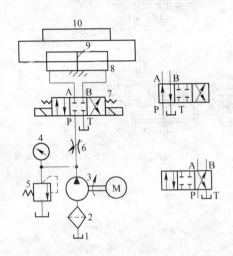

图 5-3 液压传动系统图(用图形符号绘制)
1—油箱;2—滤油器;3—液压泵;4—压力表;
5—溢流阀;6—节流阀;7—换向阀;8—液压缸;
9—活塞;10—工作台

5.1.3 液压传动的优缺点及应用

液压传动是用液体作为介质来传递能量的,液压传动与机械传动、电气传动、气压传动相比,有以下一些优点:

(1) 易于获得较大的力或力矩。

(2) 功率重量比大。即重量和体积较小的设备能输出较大的功率。

(3) 易于实现往复运动。液压缸对实现往复运动是最方便的,而电动机则须通过齿轮齿条等机构把旋转运动变成直线往复运动。

(4) 易于实现较大范围的无级变速。液压传动通过调节液体的流量就可以方便地实现无级变速,而且调速比范围大,最高可达 5000。这是其他传动形式无法比拟的。

(5) 传递运动平稳。由于液压流体的控制可以在非常小的流量时仍然很均匀,所以设备的运动速度可以很平稳,机床中可以实现 1mm/min 以下的无爬行稳定进给。

(6) 可实现快速而且无冲击的变速和换向。由于液压机构的功率重量比大,所以液压设备的惯性小,因此反应速度就快,故在高速换向频繁的机器上采用液压传动可使换向冲击大大减小。

(7) 与机械传动相比易于布局和操纵。液压传动部件由管道相连,故在安装位置上有很大的自由度,各部件可以安放在我们希望的位置上。

(8) 易于防止过载事故。在液压传动中可以方便地用压力阀来控制系统的压力,从而防止过载,避免事故的发生,而且可以通过装在系统中的压力计来了解各处的工作情况和负载大小,而在机械传动中各处的负载大小就不易观察。

（9）自动润滑,元件寿命长。液压传动中使用的介质大都为矿物油,它对液压部件产生润滑作用,因此液压元件有自润滑作用,寿命就长。

（10）易于实现标准化、系列化。各种液压系统都是由液压元件构成,因此对液压元件实现标准化、系列化,可大大提高生产效率,降低成本,提高产品质量。

与其他传动形式相比较,液压传动有以下缺点:

（1）易出现泄漏。由于液压系统的油压较高,因此液压油容易通过密封或间隙产生泄漏,油泄漏则降低容积效率,外泄漏则引起液压介质的消耗,同时又引起污染。

（2）油的黏度随温度变化,引起工作机构运动速度不稳定。油液黏度变化则引起阻力变化,故通过的流量泄漏量也随温度而变化,这就会引起工作机构运动速度不稳定。

（3）空气渗入液压油中会引起爬行、振动、噪声。

（4）用矿物油作液压介质时,有燃烧危险,应注意防火。

（5）矿物油与空气接触会发生氧化,使油变质,必须定期换油。

（6）液压元件的零件加工质量(几何精度、表面粗糙度等)要求较高。

总的说来,液压传动的优点是十分突出的,它的缺点将随着科学技术的发展而逐渐得到克服。

我国的液压行业开始于 20 世纪,80 年代迅速发展,逐步壮大,相继建立了科研机构和专业生产厂家,从事液压技术研究和液压产品生产。他们不但能生产液压泵、液压阀等液压元件,还设计制造了许多新型的液压元件,如电液比例阀、电液伺服阀等。到目前为止,已形成了我国液压元件产品的生产系列。液压技术的发展正着向高效率、高精度、高性能方向迈进;液压元件向着体积小、重量轻、微型化和集成化方向发展;静压技术、交流液压等新兴的技术正在开拓。又由于计算机的使用,更推进了液压技术的发展,像液压系统的辅助设计、计算机仿真和优化、微机控制等工作,也都取得了显著成果。

可以预见,为满足国民经济发展的需要,液压技术也将继续获得快速的发展。它在各个工业部门的应用越来越广泛。

5.2 液压油

液压传动是以液体(液压油)作为工作介质来进行能量传递的,因此,了解液体的基本性质,对于正确理解液压传动原理以及合理设计和使用液压系统都是非常必要的。

5.2.1 液压油的主要性质

5.2.1.1 密度
单位体积液体的质量称为该液体的密度,即

$$\rho = \frac{m}{V} \tag{5-1}$$

式中　ρ——液体的密度;

　　m——体积为 V 的液体的质量;

　　V——液体的体积。

密度是液体的一个重要的物理参数。随着液体温度或压力的变化,其密度也会发生变化,但这种变化量通常不大,可以忽略不计。一般液压油的密度为 900kg/m^3。

5.2.1.2 可压缩性
液体受压力作用而发生体积减小的性质称为液体的可压缩性。体积为 V 的液体,当压力增

大 Δp 时,体积减小 ΔV,则液体在单位压力变化下的体积相对变化量为

$$k = -\frac{1}{\Delta p}\frac{\Delta V}{V} \tag{5-2}$$

式中,k 称为液体的压缩系数。由于压力增大时液体的体积减小,因此上式的右边须加一负号,以使 k 为正值。

k 的倒数称为液体的体积模量,以 K 表示

$$K = \frac{1}{k} = -\frac{\Delta p}{\Delta V}V \tag{5-3}$$

式中,K 表示产生单位体积相对变化量所需要的压力增量。在实际应用中,常用 K 值说明液体抵抗压缩能力的大小。在常温下,纯净油液的体积模量 $K = (1.4 \sim 2) \times 10^3 \mathrm{MPa}$,数值很大,故一般可认为油液是不可压缩的。

应当指出,当液压油中混有空气时,其抗压缩能力将显著降低,这会严重影响液压系统的工作性能。在有较高要求或压力变化较大的液压系统中,应力求减少油液中混入的气体及其他易挥发物质(如汽油、煤油、乙醇和苯等)的含量。由于油液中的气体难以完全排除,实际计算中常取液压油的体积模量 $K = 0.7 \times 10^3 \mathrm{MPa}$。

5.2.1.3　黏性

A　黏性的物理性质

液体在外力作用下流动时,分子间的内聚力要阻止分子间的相对运动,因而产生一种内摩擦力,这一特性称为液体的黏性。黏性是液体的重要物理性质,也是选择液压用油的主要依据之一。

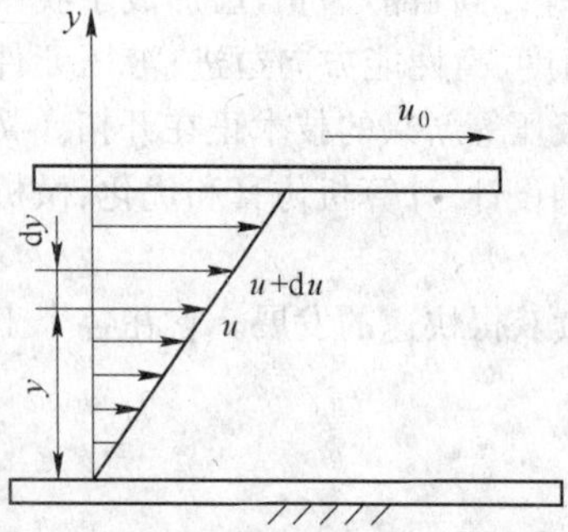

图 5-4　液体的黏性

液体流动时,由于液体的黏性以及液体和固体壁面间的附着力,会使液体内部各层间的速度大小不等。如图 5-4 所示,设两平行平板间充满液体,下平板不动,上平板以速度 u_0 向右平移。由于液体的黏性作用,紧贴下平板的液体层速度为零,紧贴上平板的液体层速度为 u_0,而中间各层液体的速度则根据它与下平板间的距离大小近似呈线性规律分布。

实验测定结果指出,液体流动时相邻液层间的内摩擦力 F 与液层接触面积 A、液层间的速度梯度 $\mathrm{d}u/\mathrm{d}y$ 成正比,即

$$F = \mu A \frac{\mathrm{d}u}{\mathrm{d}y} \tag{5-4}$$

式中,μ 是比例常数,称为动力黏度。若以 τ 表示内摩擦切应力,即液层间在单位面积上的内摩擦力,则

$$\tau = \frac{F}{A} = \mu \frac{\mathrm{d}u}{\mathrm{d}y} \tag{5-5}$$

这就是牛顿液体内摩擦定律。

由式 5-5 可知,在静止液体中,因速度梯度 $\mathrm{d}u/\mathrm{d}y = 0$,内摩擦力为零,所以液体在静止状态下是不呈黏性的。

B　黏度

液体黏性的大小用黏度来表示。常用的黏度有三种,即动力黏度、运动黏度和条件黏度。

(1)动力黏度。动力黏度又称绝对黏度,由式 5-4 可得

$$\mu = \frac{F}{A\dfrac{\mathrm{d}u}{\mathrm{d}y}} \tag{5-6}$$

可知动力黏度的物理意义是:液体在单位速度梯度下流动时,接触液层间单位面积上的内摩擦力。

动力黏度的法定计量单位为 Pa·s(帕·秒,N·s/m²),它与以前沿用的非法定计量单位 P(泊,dyne. s/cm²)之间的关系是

$$1\mathrm{Pa}\cdot\mathrm{s} = 10\mathrm{P}$$

(2) 运动黏度。动力黏度和该液体密度的比值称为运动黏度,以 ν 表示

$$\nu = \frac{\mu}{\rho} \tag{5-7}$$

比值 ν 无物理意义,但它却是工程实际中经常用到的物理量,称为运动黏度。

运动黏度的法定计量单位是 m²/s(米²/秒),它与以前沿用的非法定计量单位 cSt(厘斯)之间的关系是

$$1\mathrm{m}^2/\mathrm{s} = 10^6\mathrm{mm}^2/\mathrm{s} = 10^6\mathrm{cSt}$$

国际标准化组织 ISO 规定统一采用运动黏度来表示油的黏度等级。我国生产的全损耗系统用油和液压油采用 40℃时的运动黏度值(mm²/s)为其黏度等级标号❶,即油的牌号。例如牌号为 L-HL32 的液压油,就是指这种油在 40℃时的运动黏度平均值为 32mm²/s。

C 黏度和温度的关系

油液对温度的变化极为敏感,温度升高,油的黏度即降低。油的黏度随温度变化的性质称为油液的黏温特性。不同种类的液压油有不同的黏温特性。图 5-5 为几种典型液压油的黏温特性曲线图。

黏温特性较好的液压油,黏度随温度的变化较小,因而油温变化对液压系统性能的影响较小。

国际和国内常采用黏度指数 VI 值来衡量油液黏温特性的好坏。黏度指数 VI 值较大,表示油液黏度随温度的变化率较小,即黏温特性较好。一般液压油的 VI 值要求在 90 以上,优异的在 100 以上。

D 黏度和压力的关系

液体所受的压力增大时,其分子间的距离减小,内聚力增大,黏度亦随之增大。但对于一般的液压系统,当压力在 32MPa 以下时,压力对黏度的影响不大,可以忽略不计。

5.2.1.4 其他性质

液压油还有其他一些物理化学性质,如抗燃性、抗凝性、抗氧化性、抗泡沫性、抗乳化性、防锈性、润滑性、导热性、相容性(主要是指对密封材料不侵蚀、不溶胀的性质)以及纯净性等,都对液压系统工作性能有重要影响。对于不同品种的液压油,这些性质的指标也不同,具体可见油类产品手册。

5.2.2 液压油的选用

为了正确选用液压油,需要了解对液压油的使用要求,熟悉液压油的品种及其性能,掌握液

---

❶ 我国过去曾用 50℃时的运动黏度值作为油的黏度等级标号,如 15、20、30、40、60 号,其相对应的新的黏度等级标号分别为 L-HL22、L-HL32、L-HL46、L-HL68、L-HL100。

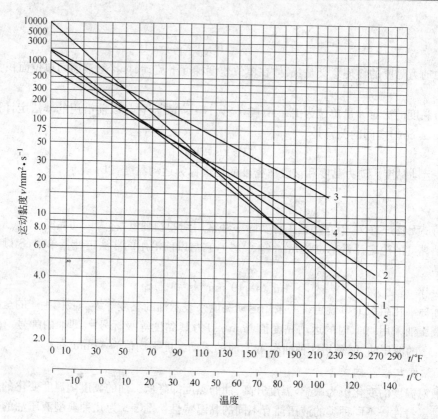

图 5-5　典型液压油的黏温特性曲线

1—矿油型普通液压油；2—矿油型高黏度指数液压油；
3—水包油乳化液；4—水-乙二醇液；5—磷酸酯液

压油的选择方法。

5.2.2.1　对液压油的使用要求

液压传动用油一般应满足如下要求：

（1）黏度适当，黏温特性好。

（2）润滑性能好，防锈能力强。

（3）质地纯净，杂质少。

（4）对金属和密封件有良好的相容性。

（5）氧化稳定性好，长期工作不易变质。

（6）抗泡沫性和抗乳化性好。

（7）体积膨胀系数小，比热容大。

（8）燃点高，凝点低。

（9）对人体无害，成本低。

对于具体的液压传动系统，则需根据情况突出某些方面的使用性能要求。

5.2.2.2　液压油的品种

液压油的品种很多，主要分为三大类型：矿油型、乳化型和合成型。液压油的主要品种及其特性和用途列于表 5-1。

表 5-1 液压油的主要品种及其特性和用途

类型	名　称	ISO 代号	特　性　和　用　途
矿油型	普通液压油	L-HL	精制矿油加添加剂,提高抗氧化和防锈性能,适用于室内一般设备的中低压系统
	抗磨液压油	L-HM	L-HL 油加添加剂,改善抗磨性能,适用于工程机械、车辆液压系统
	低温液压油	L-HV	L-HM 油加添加剂,改善黏温特性,可用于环境温度在 −20～−40℃ 的高压系统
	高黏度指数液压油	L-HR	L-HL 油加添加剂,改善黏温特性,VI 值达 175 以上,适用于对黏温特性有特殊要求的低压系统,如数控机床液压系统
	液压导轨油	L-HG	L-HM 油加添加剂,改善黏-滑性能,适用于机床中液压和导轨润滑合用的系统
	全损耗系统用油	L-HH	浅度精制矿油,抗氧化性、抗泡沫性较差,主要用于机械润滑,可作液压代用油,用于要求不高的低压系统
	汽轮机油	L-TSA	深度精制矿油加添加剂,改善抗氧化、抗泡沫等性能,为汽轮机专用油,可作液压代用油,用于一般液压系统
乳化型	水包油乳化液	L-HFA	又称高水基液,特点是难燃、黏温特性好,有一定的防锈能力,润滑性差,易泄漏。适用于有抗燃要求、油液用量大且泄漏严重的系统
	油包水乳化液	L-HFB	既具有矿油型液压油的抗磨、防锈性能,又具有抗燃性,适用于有抗燃要求的中压系统
合成型	水-乙二醇液	L-HFC	难燃,黏温特性和抗蚀性好,能在 −30～60℃ 温度下使用,适用于有抗燃要求的中低压系统
	磷酸酯液	L-HFDR	难燃,润滑抗磨性能和抗氧化性能良好,能在 −54～135℃ 温度范围内使用;缺点是有毒。适用于有抗燃要求的高压精密液压系统

　　矿油型液压油润滑性和防锈性好,黏度等级范围较宽,因而在液压系统中应用很广。据统计,目前有 90% 以上的液压系统采用矿油型液压油作为工作介质。

　　矿油型液压油的主要品种有普通液压油、抗磨液压油、低温液压油、高黏度指数液压油、液压导轨油及其他专用液压油(如航空液压油、舵机液压油等),它们都是以全损耗系统用油为基础原料,精炼后按需要加入适当的添加剂制得的。

　　目前,我国液压传动采用全损耗系统用油和汽轮机油的情况仍很普遍。全损耗系统用油是一种机械润滑油,价格虽较低廉,但精制过程精度较浅,抗氧化稳定性较差,使用过程中易生成黏稠胶块,阻塞元件小孔,影响液压系统性能。系统压力越高,问题越严重。因此,只有在低压系统且要求不高时才可用全损耗系统用油作为液压代用油。至于汽轮机油,虽经深度精制并加有抗氧化、抗泡沫等添加剂,其性能优于全损耗系统用油,但它是汽轮机专用油,并不充分具备液压传动用油的各种特性,只能作为一种代用油,用于一般液压传动系统。

　　普通液压油是以精制的石油润滑油馏分,加有抗氧化、防锈和抗泡沫等添加剂制成的,其性能可满足液压传动系统的一般要求,广泛适用于在 0～40℃ 工作的中低压系统。

　　矿油型液压油中的其他品种,包括抗磨液压油、低温液压油、高黏度指数液压油、液压导轨油等,都是经过深度精制并加有各种不同的添加剂制成的,对相应的液压系统具有优越的性能(见

表 5-1)。

　　矿油型液压油有很多优点,但其主要缺点是可燃。在一些高温、易燃、易爆的工作场合,为了安全起见,应该在液压系统中使用难燃性液体,如水包油、油包水等乳化液,或水-乙二醇、磷酸酯等合成液。

5.2.2.3　液压油的选择

　　液压油的选择,首先是油液品种的选择。选择油液品种时,可根据是否液压专用、有无起火危险、工作压力及工作温度范围等因素进行考虑(参照表 5-1)。

　　液压油的品种确定之后,接着就是选择油的黏度等级。黏度等级的选择是十分重要的,因为黏度对液压系统工作的稳定性、可靠性、效率、温升以及磨损都有显著的影响。在选择黏度时应注意液压系统在以下几方面的情况:

　　(1) 工作压力。工作压力较高的系统宜选用黏度较大的液压油,以减少泄漏。

　　(2) 运动速度。当液压系统的工作部件运动速度较高时,宜选用黏度较小的液压油,以减轻液流的摩擦损失。

　　(3) 环境温度。环境温度较高时宜选用黏度较大的液压油。

　　在液压系统的所有元件中,以液压泵对液压油的性能最为敏感。因为泵内零件的运动速度最高,工作压力也最高,且承压时间长,温升高。因此,常根据液压泵的类型及其要求来选择液压油的黏度。各类液压泵适用的液压油黏度范围如表 5-2 所示。

表 5-2　各种液压泵适用的液压油黏度范围

液压泵类型		黏度/$mm^2 \cdot s^{-1}$(40℃)		液压泵类型	黏度/$mm^2 \cdot s^{-1}$(40℃)	
		5~40℃[①]	40~80℃[①]		5~40℃[①]	40~80℃[①]
叶片泵	7MPa 以下	30~50	40~75	齿轮泵	30~70	95~165
	7MPa 以上	50~70	50~90	径向柱塞泵	30~50	65~240
螺杆泵		30~50	40~80	轴向柱塞泵	30~70	70~150

　　①5~40℃、40~80℃系指液压系统温度。

5.2.3　液压油的污染及其控制

　　液压油受到污染,常常是系统发生故障的主要原因。因此,控制液压油的污染是十分重要的。

5.2.3.1　污染的危害

　　液压油被污染指的是液压油中含有水分、空气、微小固体颗粒及胶状生成物等杂质。液压油污染对液压系统造成的危害主要是:

　　(1) 固体颗粒和胶状生成物堵塞过滤器,使液压泵运转困难,产生噪声;堵塞阀类元件小孔或缝隙,使阀动作失灵。

　　(2) 微小固体颗粒会加速零件磨损,使元件不能正常工作;同时,也会擦伤密封件,使泄漏增加。

　　(3) 水分和空气的混入会降低液压油的润滑能力,并使其氧化变质;产生汽蚀,使元件加速损坏;使液压系统出现振动、爬行等现象。

5.2.3.2　污染的原因

　　液压油被污染的原因主要有以下三方面:

　　(1) 残留物污染。这主要是指液压元件在制造、储存、运输、安装、维修过程中带入的砂粒、铁屑、磨料、焊渣、锈片、棉纱和灰尘等,虽经清洗,但未清洗干净而残留下来,造成液压油污染。

(2) 侵入物污染。这主要是指周围环境中的污染物(空气、尘埃、水滴等)通过一切可能的侵入点,如外露的往复运动活塞杆,油箱的进气孔和注油孔等侵入系统,造成液压油污染。

(3) 生成物污染。这主要是指液压系统在工作过程中产生的金属微粒、密封材料磨损颗粒、涂料剥离片、水分、气泡及油液变质后的胶状生成物等,造成液压油污染。

5.2.3.3 污染度等级

油液的污染度是指单位容积液体中固体颗粒污染物的含量。为了描述和评定液压系统油液的污染度,以便对污染进行控制,有必要制定液压系统油液的污染度等级。目前常用的污染度等级标准有两个:一个是国家标准,采用 ISO4406 国际标准;另一个是美国 NAS1638 标准。

5.2.3.4 污染的控制

液压油污染的原因很复杂,液压油自身又在不断产生脏物,因此要彻底防止污染是很困难的。为了延长液压元件的寿命,保证液压系统正常工作,将液压油污染程度控制在某一限度以内是较为切实可行的办法。实用中常采取如下三方面措施来控制污染:

(1) 力求减少外来污染。液压装置组装前后必须严格清洗,油箱通大气处要加空气过滤器,向油箱灌油应通过过滤器,维修拆卸元件应在无尘区进行。

(2) 滤除系统产生的杂质。应在系统的有关部位设置适当精度的过滤器,并且要定期检查、清洗或更换滤芯。

(3) 定期检查更换液压油。应根据液压设备使用说明书的要求和维护保养规程的规定,定期检查更换液压油。换油时要清洗油箱,冲洗系统管道及元件。

5.3 液压泵和液压马达

液压泵是液压系统的动力元件,其功用是供给系统压力油。从能量观点看,它把原动机输入的机械能转换为输出油液的压力能。液压马达则是液压系统的执行元件,它把输入油液的压力能转换为输出轴转动的机械能,用来拖动负载做功。图 5-6 所示为用符号表示泵和马达的能量转换关系。

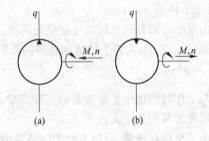

图 5-6　液压泵和马达的能量转换关系

(a) 液压泵;(b) 液压马达

5.3.1 液压泵概述

5.3.1.1 液压泵的基本原理及分类

图 5-7 所示为一单柱塞液压泵的工作原理。当偏心轮 1 由原动机带动旋转时,柱塞 2 便在泵体 3 内往复移动,使密封腔 a 的容积发生变化,容积增大时造成真空,油箱中的油便在大气压力作用下通过单向阀 4 流入泵内,实现吸油,容积减小时,密封腔内的油受挤压,便通过单向阀 5 向系统排出,实现压油。由此

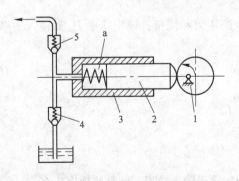

图 5-7　单柱塞液压泵的工作原理

1—偏心轮;2—柱塞;3—泵体;4,5—单向阀

可见,液压泵是靠密封容积的变化来实现吸油和压油的,其排油量的大小取决于密封腔的容积变化。故液压泵又称容积式泵。

按照结构形式的不同,液压泵分为齿轮式、叶片式、柱塞式和螺杆式等类型;按照转轴每转一周所能输出的油液体积可否调节,液压泵又分为定量式和变量式两类。

5.3.1.2　液压泵的性能参数

A　液压泵的压力

液压泵的压力参数主要是工作压力和额定压力。

液压泵的工作压力是指泵工作时输出油液的实际压力。泵的工作压力取决于外界负载,外负载增大,泵的工作压力也随之提高。

液压泵的额定压力是指泵在正常工作条件下,按试验标准规定能连续运转的最高压力,泵的额定压力受泵本身的泄漏和结构强度所制约。当泵的工作压力超过额定压力时,泵就会过载。工作压力用 p 表示,单位为 N/m² 或 Pa,MPa 等。

由于液压传动的用途不同,系统所需要的压力也不相同,为了便于液压元件的设计、生产和使用,将压力分为几个等级,列于表 5-3 中。

表 5-3　压力分级

压力等级	低　压	中　压	中高压	高　压	超高压
压力/MPa	≤2.5	>2.5～8	>8～16	>16～32	>32

B　液压泵的排量和流量

由泵的密封容腔几何尺寸变化计算而得的泵的每转排油体积称为泵的排量。排量以 V_p 表示,常用单位为 mL/r。

由泵的密封容腔几何尺寸变化计算而得的泵在单位时间内排油体积称为泵的理论流量。理论流量以 q_{pt} 表示,它等于排量和转速的乘积,即

$$q_{pt} = V_p n_p \tag{5-8}$$

泵工作时的输出量称为泵的实际流量。在泵正常工作条件下,按试验标准规定必须保证的输出量称为泵的额定流量。

由于泵存在泄漏,所以泵的实际流量或额定流量都小于理论流量。

C　液压泵的功率

液压泵的输入量是转矩和转速,输出量是油液的压力和流量。输出功率 P_{po} 和输入功率 P_{pi} 分别为

$$P_{po} = p q_p \tag{5-9}$$

$$P_{pi} = 2\pi n_p T_{pi} \tag{5-10}$$

式中　p——泵的工作压力;

　　　n_p——泵的输入转速;

　　　T_{pi}——泵的实际输入转速。

若忽略泵在能量转换过程中的损失,则输出功率等于输入功率。即泵的理论功率。

$$P_{pt} = p q_{pt} = 2\pi n_p T_{pt} \tag{5-11}$$

式中　T_{pt}——泵的实际输入转矩。

D 液压泵的效率

实际上液压泵在能量转换过程中是有损失的,输出功率总小于输入功率。两者之间的差为功率损失,它分为容积损失和机械损失两部分。

(1)容积效率。容积损失是因为内泄漏、气穴和油液在高压下的压缩而造成的流量上的损失。流量损失主要是内泄漏,它与工作压力有关,随工作压力的增高而加大,所以泵的实际流量随工作压力的增高而减少,它总是小于理论流量。衡量容积损失的指标是容积效率,它是泵的实际输出流量与理论流量的比值,用 η_{pv} 表示

$$\eta_{pv} = \frac{q_p}{q_{pt}} = 1 - \frac{\Delta q_t}{q_{pt}} \tag{5-12}$$

(2)机械效率。机械损失是因为摩擦而造成的转矩上的损失。驱动液压泵的转矩总是大于其理论上的所需的转矩。衡量机械损失的指标是机械效率,它是泵的理论转矩 T_{pt} 与其实际输入转矩 T_{pi} 的比值,用 η_{pm} 表示

$$\eta_{pm} = \frac{T_{pt}}{T_{pi}} = \frac{pV_p}{2\pi T_{pi}} \tag{5-13}$$

(3)总效率。衡量功率损失的指标是总效率,它是泵的输出功率与输入功率的比值,用 η_p 表示

$$\eta_p = \frac{P_{po}}{P_{pi}} = \eta_{pv}\eta_{pm} \tag{5-14}$$

由此可知:泵的总功率等于容积效率和机械效率的乘积。

5.3.2 齿轮泵

齿轮泵是一种常用的液压泵。它的主要优点是结构简单,制造方便,价格低廉,体积小,重量轻,自吸性能好,对油液污染不敏感,工作可靠。其缺点是流量脉动大,噪声大,流量不可调(定量泵)。齿轮泵有外啮合和内啮合两种结构形式。本节着重介绍外啮合齿轮泵的工作原理和结构性能。

5.3.2.1 齿轮泵的工作原理和结构

CB-B 型齿轮泵的结构如图 5-8 所示,它是分离三片结构,三片是指泵盖 1、5 和泵体 4,泵体 4

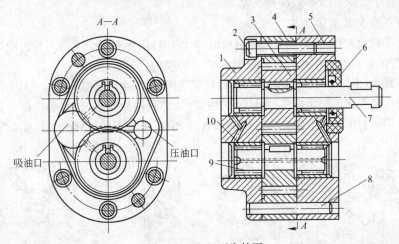

图 5-8 CB-B 型齿轮泵

1,5—泵盖;2—螺钉;3—齿轮;4—泵体;6—密封圈;7—主动轴;8—销钉;9—从动轴;10—滚动轴承

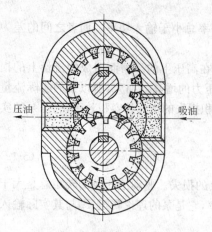

压油　　吸油

图 5-9　齿轮泵的工作原理图

内装有一对齿数相同、宽度和泵体相等而又互相啮合的齿轮 3，这对齿轮与两端盖和泵体形成一密封腔，并由齿轮的齿顶和轮齿的啮合线把密封腔分为两部分，即吸油腔和压油腔。两齿轮分别用键固定在由滚针轴承支承的主动轴 7 和从动轴 9 上，主动轴由电动机带动旋转。

　　齿轮泵的工作原理如图 5-9 所示。当泵的主动齿轮按图示箭头方向作逆时针方向旋转时，齿轮泵右侧（吸油腔）齿轮脱开啮合，齿轮的轮齿退出齿间，使密封容积增大，形成局部真空，油箱中的油液在外界大气压的作用下，经吸油管路、吸油腔进入齿间。随着齿轮的旋转，吸入齿间的油液被带到另一侧，进入压油腔。这时轮齿进入啮合，使密封容积逐渐减小，齿间部分的油液被挤出，形成了齿轮泵的压油过程。齿轮啮合时的齿向接触线把吸油腔和压油腔分开，起配油作用。当齿轮泵的主动齿轮由电机带动不断旋转时，轮齿脱开啮合的一侧，由于密封容积变大则不断从油箱中吸油，轮齿进入啮合的一侧，由于密封容积减小则不断地排油，这就是齿轮泵的工作原理。

5.3.2.2　齿轮泵的排量和流量

　　齿轮泵的排量可看作两个齿轮的齿槽容积之和，若假设齿槽容积等于轮齿体积，则当齿轮齿数为 z、模数为 m、节圆直径为 d（其值等于 mz）、有效齿高为 h（其值等于 $2m$）、齿宽为 b 时，泵的排量为

$$V_p = 6.66 z m^2 b \tag{5-15}$$

齿轮泵的实际输出流量为

$$q_p = 6.66 z m^2 b n \eta_V \tag{5-16}$$

　　上式中的 q_p 是齿轮泵的平均流量。实际上，由于齿轮啮合过程中压油腔的容积变化率是不均匀的，因此齿轮泵的瞬时流量是脉动的。由计算得到的实际输出流量 q_p 其实是外啮合齿轮泵的平均流量。

5.3.2.3　外啮合齿轮泵的结构要点

A　困油现象及其消除措施

　　齿轮泵要平稳地工作，齿轮啮合的重合度必须大于 1，因而有时会有两对轮齿同时啮合。此时，就有一部分油液被围困在两对轮齿所形成的封闭腔内，如图 5-10 所示。这个封闭容积先随齿轮转动逐渐减少（由图 5-10a 到图 5-10b），以后又逐渐增大（由图 5-10b 到图 5-10c）。封闭容积减小会使被困油液受挤而产生高压，并从缝隙中流出，导致油液发热，轴承等机件也受到附加的不平衡负载作用。封闭容积增大又会造成局部真空，使溶于油中的气体分离出来，产生气穴，引

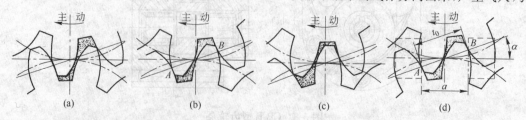

　　　(a)　　　　　　　　(b)　　　　　　　　(c)　　　　　　　　(d)

图 5-10　齿轮泵的困油现象及其消除措施

起噪声、振动和气蚀,这就是齿轮泵的困油现象。

消除困油的方法,通常是在齿轮的两端盖板上开卸荷槽(如图 5-10d 中的虚线所示),使封闭容积减小时通过右边的卸荷槽与压油腔相通,封闭容积增大时通过左边的卸荷槽与吸油腔相通。在很多齿轮泵中,两槽并不对称于齿轮中心线分布,而是整个向吸油腔侧平移一段距离,实践证明,这样能取得更好的卸荷效果。

B 径向作用力不平衡

在齿轮泵中,液体作用在齿轮外缘的压力是不均匀的,从低压腔到高压腔,压力沿齿轮旋转方向逐齿递增,因此齿轮和轴受到径向不平衡力的作用。工作压力越高,径向不平衡力也越大。径向不平衡力很大时能使泵轴弯曲,导致齿顶接触泵体,产生摩擦;同时也加速轴承的磨损,降低轴承使用寿命。为了减小径向不平衡力的影响,常采取缩小压油口的办法,使压油腔的压力油仅作用在一个齿到两个齿的范围内;同时适当增大径向间隙,使齿顶不和泵体接触。

C 端面泄漏及端面间隙的自动补偿

齿轮泵压油腔的压力油可通过三条途径泄漏到吸油腔去:一是通过齿轮啮合处的间隙;二是通过泵体内孔和齿顶圆间的径向间隙;三是通过齿轮两端面和盖板间的端面间隙。在三类间隙中,以端面间隙的泄漏量最大,约占总泄漏量的75%～80%。泵的压力愈高,间隙泄漏就愈大,因此一般齿轮泵只适用于低压,且其容积效率亦很低。为减小泄漏,用设计较小间隙的方法并不能取得好的效果,因为泵在经过一段时间运转后,由于磨损而使间隙变大,泄漏又会增加。为使齿轮泵能在高压下工作,并具有较高的容积效率,需要从结构上采取措施对端面间隙进行自动补偿。

通常采用的端面间隙自动补偿装置有浮动轴套式和弹性侧板式两种,其原理都是引入压力油使

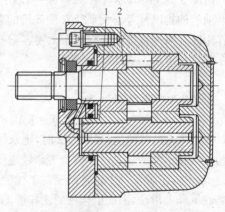

图 5-11 采用浮动轴套的中高压齿轮泵

轴套或侧板紧贴齿轮端面,压力越高,贴得越紧,因而自动补偿端面磨损和减小间隙。图 5-11 为采用浮动轴套的中高压齿轮泵的一种典型结构,图中,轴套 1 和 2 是浮动安装的,轴套左侧的空腔均与泵的压油腔相通。当泵工作时,轴套 1 和 2 受左侧油压作用而向右移动,将齿轮两侧面压紧,从而自动补偿了端面间隙。这种齿轮泵的额定工作压力可达 10～16MPa,容积效率不低于 0.9。

5.3.3 叶片泵

叶片泵在机床、工程机械、船舶、压铸及冶金设备中应用十分广泛。和其他液压泵相比较,叶片泵具有结构紧凑、外形尺寸小、流量均匀、运转平稳、噪声小等优点。但也存在着结构复杂、吸油性能差、对油液污染比较敏感等缺点。

按照工作原理,叶片泵可分为单作用式和双作用式两类。双作用式与单作用式相比,它的径向力是平衡的,受力情况比较好,应用较广。双作用叶片泵不能变量,而单作用叶片泵可以变量。

5.3.3.1 双作用叶片泵的工作原理

图 5-12 所示为双作用叶片泵的工作原理。定子 1 的两端装有配流盘,定子内表面形似椭圆,由两段大半径 R 圆弧、两段小半径 r 圆弧和四段过渡曲线所组成。定子 1 和转子 2 的中心重合。在转子上沿圆周均布的若干个槽内分别安放有叶片 3,这些叶片可沿槽滑动。在配流盘上,对应于定子四段过渡曲线的位置开有四个腰形配流窗口,其中两个窗口 a 与泵的吸油口连通,为

吸油窗口；另两个窗口 b 与压油口连通，为压油窗
口。当转子由轴带动按图示方向旋转时，叶片在离
心力和根部油压（叶片根部与压油腔相通）的作用下
压向定子内表面，并随定子内表面曲线的变化而被
迫在转子槽内往复滑动。转子旋转一周，每一叶片
往复滑动两次，两个封油叶片之间的密封容积就发
生两次增大和缩小的变化。容积增大，通过吸油窗
口 a 吸油；容积缩小，通过压油窗口 b 压油。转子每
转一周，吸、压油作用发生两次，故这种泵称为双作
用叶片泵。又因吸、压油口对称分布，转子和轴承所
受的径向液压力相平衡，所以这种泵又称为平衡式
叶片泵。这种泵的排量不可调节，是定量泵。

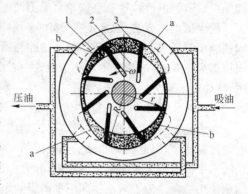

图 5-12　双作用叶片泵的工作原理
1—定子；2—转子；3—叶片

5.3.3.2　双作用叶片泵的排量和流量

由图 5-12 可知，当叶片每伸缩一次时，每两叶
片间油液的排出量等于大半径 R 圆弧段的容积与小半径 r 圆弧段的容积之差。若叶片数为 z，则
双作用叶片泵每转排油量应等于上述容积差的 2z 倍。当忽略叶片本身所占的体积时，双作用叶
片泵的排量可按下式计算：

$$V_\mathrm{p} = 2\pi(R^2 - r^2)b \qquad\qquad (5\text{-}17)$$

泵输出的实际流量则为

$$q_\mathrm{p} = n_\mathrm{p}V_\mathrm{P}\eta_N = 2\pi(R^2 - r^2)bn_\mathrm{p}\eta_N \qquad\qquad (5\text{-}18)$$

如不考虑叶片厚度，当 z = 12 时，则双作用叶片泵无流量脉动。这是因为在压油区位于压油
窗口的叶片不会造成它前后两个工作腔之间隔绝不通（见图 5-12），此时，这两个相邻的工作腔已
经连成一体，形成了一个组合的密封工作腔。随着转子的匀速转动，位于大、小半径圆弧处的叶
片均在圆弧上滑动，因此组合密封工作腔的容积变化率是均匀的。实际上，由于存在制造工艺误
差，两圆弧有不圆度，也不可能完全同心；其次，叶片有一定的厚度，根部又连通压油腔，在吸油区
的叶片不断伸出，根部容积要由压力油来补充，减少了输出量，造成少量流量脉动。但脉动率除
螺杆泵外是各泵中最小的。通过理论分析还可知，流量脉动率在叶片数为 4 的整数倍、且大于 8
时最小。故双作用叶片泵的叶片数通常取 12。

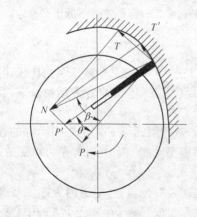

图 5-13　双作用叶片泵的叶片倾角

5.3.3.3　双作用叶片泵的结构要点

A　定子过渡曲线

定子内表面的曲线是由四段圆弧和四段过渡曲线所
组成的。理想的过渡曲线不仅应使叶片在槽中滑动时的
径向速度和加速度变化均匀，而且应使叶片转到过渡曲线
和圆弧交接点处的加速度突变不大，以减小冲击和噪声。
目前双作用叶片泵一般都使用综合性能较好的等加速等
减速曲线作为过渡曲线。

B　叶片安放角

对于双作用叶片泵来说，其叶片可以径向放置，此时
在压油区该叶片受到定子的法向反力 N 和切向分力 T，如
图 5-13 所示。

$$T = N \cdot \sin\beta \tag{5-19}$$

切向分力 T 使叶片发生弯曲的趋势，压力角 β 越大，则切向分力 T 越大，这样使叶片磨损增加，运动不灵活，甚至在叶片槽内发生卡死现象。

如果叶片有一个向前倾斜的安放角 θ，此时的切向分力为 T'，则

$$T' = N \cdot \sin(\beta - \theta) \tag{5-20}$$

这样可以减小切向分力，使叶片受力情况好转。一般叶片安放角 $\theta = 10° \sim 14°$。YB 型叶片泵，取 $\theta = 130°$。对于前倾放置的叶片泵，不能反向旋转。

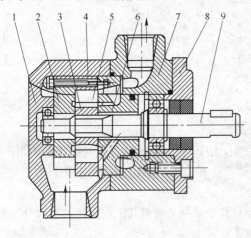

图 5-14　双作用叶片泵的典型结构
1—左泵体；2—左配流盘；3—转子；4—定子；5—叶片；
6—右配流盘；7—右泵体；8—泵盖；9—轴

C　端面间隙的自动补偿

图 5-14 所示为一中压双作用叶片泵的典型结构。由图可见，为了减少端面泄漏，采取的间隙自动补偿措施是将右配流盘的右侧与压油腔相通，使配流盘在液压推力作用下压向定子。泵的工作压力愈高，配流盘就会愈加贴紧定子。同时，配流盘在液压力作用下发生变形，亦对转子端面间隙进行自动补偿。

D　提高工作压力的主要措施

双作用叶片泵转子所承受的径向力是平衡的，因此，工作压力的提高不会受到负载能力的限制。同时，泵采用配流盘对端面间隙进行补偿后，泵在高压下工作也能保持较高的容积效率。双作用叶片泵工作压力的提高主要受叶片与定子内表面之间磨损的限制。

前已述及，为了保证叶片顶部与定子内表面紧密接触，所有叶片的根部都是通压油腔的。当叶片处于吸油区时，其根部作用着压油腔的压力，顶部却作用着吸油腔的压力，这一压力差使叶片以很大的力压向定子内表面，加速了定子内表面的磨损。当提高泵的工作压力时，这个问题就更显突出，所以必须在结构上采取措施，使吸油区叶片压向定子的作用力减小。可以采取的措施有多种，下面介绍高压叶片泵常采用的双叶片结构和子母叶片结构。

（1）双叶片结构。在转子的每一槽内装有两片叶片，叶片顶端和两侧面倒角构成了 V 形通道，使根部压力油经过通道进入顶部，这样，叶片顶部和根部油压力相等，承压面积并不相等，从而使叶片压向定子的作用力不致过大。

（2）子母叶片结构。子母叶片结构又称复合叶片。母叶片的根部油腔经转子上的油孔始终和顶部油腔相通，而子叶片和母叶片间的小腔通过配流盘经油槽总是接通压力油。当叶片在吸油区工作时，推动母叶片压向定子的力仅为小腔的油压力，此力不大，但能使叶片与定子接触良好，保证密封。

5.3.3.4　单作用叶片泵

A　单作用叶片泵的工作原理

图 5-15 所示为单作用叶片泵的工作原理。与双作用叶片泵显著不同之处是，单作用叶片泵的定子内表面是一个圆

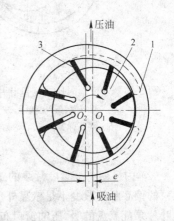

图 5-15　单作用叶片泵的工作原理
1—定子；2—转子；3—叶片

形,转子与定子间有一偏心量 e,两端的配流盘上只开有一个吸油窗口和一个压油窗口。当转子旋转一周时,每一叶片在转子槽内往复滑动一次,每相邻两叶片间的密封腔容积发生一次增大和缩小的变化,容积增大时通过吸油窗口吸油,容积缩小时则通过压油窗口将油压出。由于这种泵在转子每转一转过程中,吸油压油各一次,故称单作用叶片泵。又因这种泵的转子受不平衡的液压作用力,故又称非平衡式叶片泵。轴和轴承上的不平衡负荷较大,因而使这种泵工作压力的提高受到了限制。

改变定子和转子间的偏心距 e 值,可以改变泵的排量,故单作用叶片泵是变量泵。

B　单作用叶片泵的排量和流量

单作用泵的排量近似表达式为

$$V_p = 2\pi beD \tag{5-21}$$

泵的实际流量为

$$q_p = 2\pi beDn_p \eta_V \tag{5-22}$$

上式也表明,只要改变偏心距 e,即可改变流量。

单作用叶片泵的定子内缘和转子外缘都为圆柱面,由于偏心安置,其容积变化是不均匀的,故有流量脉动。理论分析表明,叶片数为奇数时脉动率较小。故一般叶片数为 13 或 15。

C　限压式变量叶片泵

单作用叶片泵的变量方法有手调和自调两种。自调变量泵又根据其工作特性的不同分为限压式、恒压式和恒流量式三类,其中以限压式应用较多。

限压式变量叶片泵是利用排油压力的反馈作用实现变量的,它有外反馈和内反馈两种形式,下面分别说明它们的工作原理和特性。

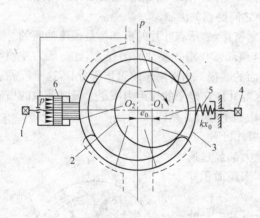

图 5-16　外反馈限压式变量叶片泵工作原理
1,4—调节螺钉;2—转子;3—定子;
5—限压弹簧;6—反馈液压缸

(1)外反馈式变量叶片泵的工作原理。如图 5-16 所示,转子 2 的中心 O_1 是固定的,定子 3 可以左右移动,在限压弹簧 5 的作用下,定子被推向左端,使定子中心 O_2 和转子中心 O_1 之间有一初始偏心量 e_0。它决定了泵的最大流量 q_{max}。定子左侧装有反馈液压缸 6,其油腔与泵出口相通。在泵工作过程中,液压缸活塞对定子向右的反馈力 pA(A 为柱塞有效作用面积)。若泵的工作压力达到 p_B 时,有 $p_B = kx_0$(k 为弹簧刚度,x_0 为弹簧预压缩量),则 $p < p_B$,$pA < kx_0$,定子不动,最大偏心距 e_0 保持不变,泵的流量也维持最大值 q_{max};当泵的工作压力 $p > p_B$ 时,$pA > kx_0$。限压弹簧被压缩,定子右移,偏心距减小,泵的流量也随之迅速减小。

(2)内反馈式变量叶片泵的工作原理。内反馈式变量叶片泵的工作原理与外反馈式相似,但泵的偏心距的改变不是依靠外反馈液压缸,而是依靠内反馈液压力的直接作用。内反馈式变量叶片泵配流盘的吸、压油窗口布置如图 5-17 所示,由于存在偏角 θ,压油区的压力油对定子的作用力 F 在平行于转子、定子中心连线 O_1O_2 的方向有一分力 F_x。随着泵工作压力 F 的升高,F_x 也增大。当 F_x 大于限压弹簧 5 的预紧力 kx_0 时,定子就向右移动,减小了定子与转子的偏心距,从而使流量相应变小。

（3）限压式变量叶片泵的流量压力特性。限压式变量叶片泵的流量压力特性曲线如图 5-18 所示。曲线表示泵工作时流量随压力变化的关系。当泵的工作压力小于 p_B 时，其流量变化用斜线 AB 表示，它和水平线的差值 Δq 为泄漏量。此阶段的变量泵相当于一个定量泵，AB 称定量段曲线。B 点为特性曲线的拐点，其对应的压力 p_B 就是限定压力，它表示泵在原始偏心距 e_0 时可达到的最大工作压力。当泵的工作压力超过 p_B 以后，限压弹簧被压缩，偏心距减小，流量随压力增加而剧减，其变化情况用变量段曲线 BC 表示。C 点所对应的压力 p_C 为极限压力（又称截止压力）。

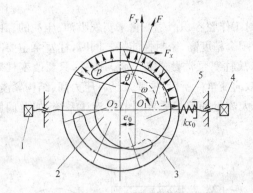

图 5-17　内反馈式变量泵的工作原理
1,4—调节螺钉；2—转子；3—定子；5—限压弹簧

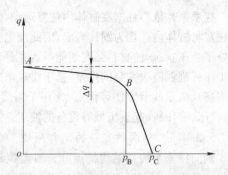

图 5-18　限压式变量叶片泵的特性曲线

泵的最大流量由螺钉 1（称最大流量调节螺钉）调节，它可改变特性曲线 A 点的位置，使 AB 线段上下平移。泵的限定压力由螺钉 A（称限定压力调节螺钉）调节，它可改变 B 点的位置，使 BC 线段左右平移。若改变弹簧刚度 k，则可改变 BC 线段的斜率。

限压式变量叶片泵常用于执行机构需要有快慢速的机床液压系统。

（4）YBN-40 变量叶片泵结构。图 5-19 是 YBN-40 变量叶片泵的结构图。其额定最大流量

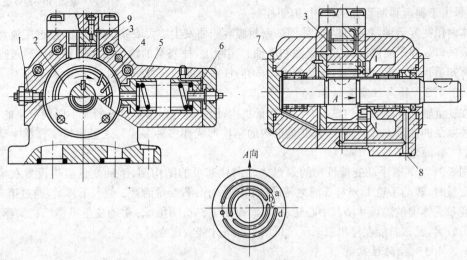

图 5-19　YBN-40 变量叶片泵
1—最大偏心量调节螺钉；2—转子；3—滑块；4—定子圈；5—弹簧；
6—压力调节螺钉；7—轴；8—泄油口；9—滚针

为 40L/min，额定压力为 6.3MPa，为使定子圈在水平方面上的移动灵敏，在滑块 3 和泵体之间设置了滚针 9。1 是最大偏心量调节螺钉，这种泵系板式连接，泄油口 8 应接回油箱。从 A 向图可以看到，配油盘上的配油窗口对于水平面是非对称布置的，a 为压油窗口，d 为吸油窗口，弧形 b 和 c 是向叶片底部通油的，b 与 a 沟通，c 与 d 沟通，所以叶片底部在压油区则与压油腔相通，在吸油区与吸油腔相通，叶片上下始终是平衡的，也就不存在定子内表面的磨损问题。叶片后倾放置，后倾角 24°。

5.3.4　柱塞泵

柱塞泵是依靠柱塞在缸体内往复运动，使密封工作腔容积产生变化来实现吸油、压油的。由于柱塞与缸体内孔均为圆柱表面，因此加工方便，配合精度高，密封性能好。同时，柱塞泵主要零件处于受压状态，使材料强度性能得到充分利用，故柱塞泵常做成高压泵。此外，只要改变柱塞的工作行程就能改变泵的排量，易于实现单向或双向变量。所以，柱塞泵具有压力高、结构紧凑、效率高及流量调节方便等优点，常用于需要高压大流量和流量需要调节的液压系统，如龙门刨床、拉床、液压机、起重机械等设备的液压系统。

5.3.4.1　轴向柱塞泵的工作原理

轴向柱塞泵按其结构特点分为斜盘式和斜轴式两类。下面以斜盘式为例说明轴向柱塞泵的工作原理。

在图 5-20 中，斜盘 1 和配流盘 10 固定不动，斜盘法线和缸体 7 的轴线交角为 γ。缸体由泵轴 9 带动旋转。在缸体上有若干个沿圆周均布的轴向柱塞孔，孔内装有柱塞 5。芯套 4 在弹簧 6 作用下，通过回程盘 3 而使柱塞头部的滑履 2 和斜盘靠牢；同时套筒 8 则使缸体和配流盘紧密接触，起密封作用。当缸体转动时，由于斜盘和回程盘的作用，迫使柱塞

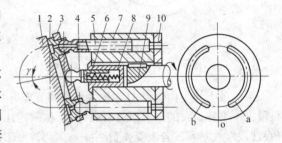

图 5-20　轴向柱塞泵的工作原理

1—斜盘；2—滑履；3—回程盘；4—芯套；5—柱塞；
6—弹簧；7—缸体；8—套筒；9—泵轴；10—配流盘

在缸体内作往复运动，各柱塞与缸体间的密封腔容积便发生增大或缩小的变化，通过配流盘上的弧形吸油口 a 和压油窗口 b 实现吸油和压油。实际上，柱塞泵的输油量是脉动的。通过理论分析计算知道，当柱塞为奇数时，脉动较小，故轴向柱塞泵的柱塞数一般为 7～9 个。

5.3.4.2　轴向柱塞泵结构

在变量轴向柱塞泵中均设有专门的变量机构，用来改变斜盘倾角 γ 的大小以调节泵的排量。轴向柱塞泵的变量方式有多种，其变量机构的结构形式亦多种多样。这里只简要介绍手动变量机构的工作原理。

图 5-21 为装有手动变量机构的斜盘式轴向柱塞泵的结构图，手动变量机构设置在泵的左侧。变量时，转动手轮 1，丝杆 2 随之转动，因导键的作用，变量活塞 3 便上下移动，通过销 5 使支承在变量壳体上的斜盘 4 绕其中心转动，从而改变了斜盘倾角 γ。手动变量机构结构简单，但手操纵力较大，通常只能在停机或泵压较低的情况下才能实现变量。

5.3.4.3　径向柱塞泵

图 5-22 为径向柱塞泵的工作原理图。在转子（缸体）2 上径向均匀分布着许多柱塞孔，孔中装有柱塞 3。转子 2 的中心与定子 1 的中心之间有一个偏心量 e。在固定不动的配流轴 4 上，相对于柱塞孔的部位有相互隔开的上、下两个缺口，这两个缺口又分别通过所在部位的两个轴向孔

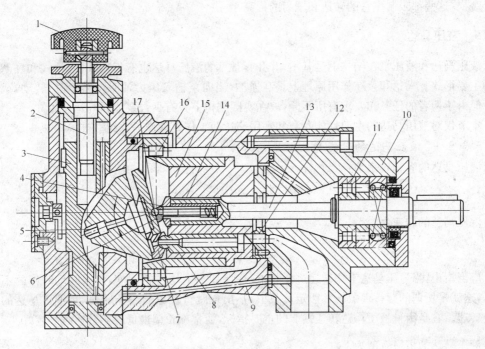

图 5-21 手动变量轴向柱塞泵

1—手轮；2—丝杆；3—变量活塞；4—斜盘；5—销；6—回程盘；7—滑履；8—柱塞；9—中间泵体；10—前泵体；
11—前轴承；12—配流盘；13—轴；14—定心弹簧；15—缸体；16—大轴承；17—钢球

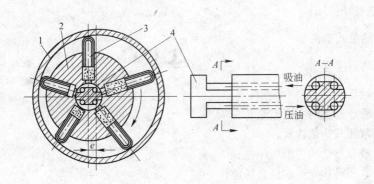

图 5-22 径向柱塞泵的工作原理图

1—定子；2—转子；3—柱塞；4—配流轴

与泵的吸、压油口接通。当转子旋转时，柱塞在离心力（或低压油）作用下，它的头部与定子的内表面紧紧接触，由于转子与定子偏心，所以柱塞在随转子转动的同时，又在柱塞孔内作径向往复滑动。当转子按图示箭头方向旋转时，上半周的柱塞皆往外滑动，柱塞底部的密封工作腔容积增大，于是通过轴向孔吸油；下半周的柱塞皆往里滑动，柱塞孔内的密封工作腔容积缩小，于是通过轴向孔压油。

当移动定子改变偏心距 e 的大小时，泵的排量就得到改变；当移动定子使偏心距 e 从正值变为负值时，泵的吸、压油腔就互换。因此径向柱塞泵可以做成单向或双向变量泵。

径向柱塞泵径向尺寸大，结构较复杂，自吸能力差，且配流轴受到径向不平衡液压力的作用，易于磨损,这些都限制了它的转速和压力的提高。

5.3.5　液压马达

液压马达和液压泵在结构上是基本相同的,常见的液压马达也有齿轮式、叶片式和柱塞式等几种主要形式。马达和泵在作用原理上是互逆的,当向泵输入压力油时,其轴理应转动,成为马达。但由于两者的任务和要求有所不同,故在实际结构上只有少数泵能作马达使用。

本节仅对液压马达的主要性能参数和常用马达的工作原理作一介绍。

5.3.5.1　液压马达的性能参数

液压马达的容积效率为:

$$\eta_V = \frac{q_{Vt}}{q_V} \tag{5-23}$$

液压马达的转速为:

$$n = \frac{q_V}{V}\eta_V \tag{5-24}$$

应当指出,当液压马达工作转速过低时,往往保持不了均匀的速度,进入时动时停的不稳定状态,这就是所谓的爬行现象。在额定负载下,不出现爬行现象的最低转速,是液压马达的最低稳定转速。它是衡量液压马达转速性能的重要指标,通常都希望最低稳定转速越小越好。

液压马达的机械效率为　　　　　　$$\eta_m = \frac{T}{T_t} \tag{5-25}$$

液压马达的理论转矩为　　　　　　$$T_{tM} = \frac{1}{2\pi}\Delta p V_m \tag{5-26}$$

液压马达的输出转矩为　　　　　　$$T_m = \frac{1}{2\pi}\Delta p V_m \eta_m \tag{5-27}$$

液压马达的总效率为　　　　　　　$$\eta = \eta_m \eta_V \tag{5-28}$$

液压马达的调速范围　　　　　　　$$i = \frac{n_{max}}{n_{min}} \tag{5-29}$$

式中　　q_{Vt}——液压马达的理论流量;

q_V——液压马达的实际流量;

V_m——液压马达的排量;

Δp——液压马达的进出口压差;

n_{max}——液压马达允许的最高转速;

n_{min}——液压马达的最低稳定转速。

5.3.5.2　轴向柱塞马达

一般认为,额定转速高于 500r/min 的马达属于高速马达,额定转速低于 500r/min 的马达属于低速马达。

高速液压马达的基本形式有齿轮式、叶片式和轴向柱塞式等,它们的主要特点是转速高,转动惯量小,便于启动、制动、调速和转向。通常高速马达的输出转矩不大(仅数十至数百 N·m),故又称高速小转矩液压马达。下面说明常用的轴向柱塞式液压马达的工作原理。

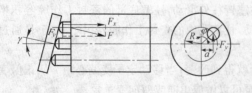

图 5-23　轴向柱塞式液压马达的工作原理

如图 5-23 所示,当压力油输入马达时,处于压力腔(进油腔)的柱塞被顶出,压在斜盘上。设斜盘作用在某一柱塞上的反力为 F,F 可分解为两个方向的分力 F_x 和 F_y。其中,轴向分力 F_x 和作用在柱塞后端的液压力相平衡,垂直于轴向的分力 F_y 则使处于高压腔中的每个柱塞都对转子中心产生一个转矩,使缸体和马达轴旋转。

当马达的进、回油口互换时,马达将反向转动。当改变斜盘倾角 γ 时,马达的排量便随之改变,从而可以调节输出转速或转矩。

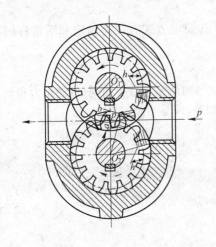

图 5-24 齿轮马达的工作原理

5.3.5.3 齿轮马达

一般情况下齿轮泵均可作马达使用,若将一定流量的压力油输入齿轮泵中,则齿轮轴可输出扭矩。扭矩是如何产生的呢?

图 5-24 中所示由两个齿轮的啮合点到齿根的距离分别为 a 与 b,由于 a 与 b 都比齿高 h 小,所以当油压作用到齿面时,在两个齿轮上就分别作用一个不平衡力 $p \cdot B(h-a)$ 和 $p \cdot B(h-b)$,其中 B 为齿宽。这两个作用力将使两个齿轮按图示方向旋转,扭矩由主轴输出,齿间的油液同时被带到低压腔排出。

齿轮马达的结构与齿轮泵差不多,但有以下特殊点:

(1) 进出油道对称,孔径相同,这使马达能正反转。

(2) 采用外泄油孔,因为马达回油腔的油压往往高于大气压力,采用内部泄油,可能会把轴端油封冲坏,特别是当马达反转时,原来的回油腔变成了高压腔,情况就更严重了。

(3) 多数应用滚动轴承,这不仅对减小摩擦有利,对于改善启动性能也大有好处。

5.3.5.4 叶片式马达

叶片式马达的工作原理如图 5-25 所示。当压力油经过配油窗口进入叶片 1、4 之间时,叶片 1、4 的一边受高压油作用,另一边受低压油作用,同时由于叶片 1 伸出的面积大于叶片 4 伸出的面积,因此使转子产生顺时针力矩,同样,叶片 2 与 3 也使转子产生顺时针力矩,两者之和即为马达的输出扭矩。

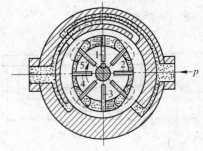

图 5-25 叶片式马达的工作原理
1~5—叶片

5.4 液压缸

液压缸和液压马达同属于液压系统的执行元件。液压缸是将油液的压力能转换为机械能,用来驱动工作机构作往复直线运动或往复摆动的一种能量转换装置。液压缸结构简单,工作可靠,与杠杆、连杆、齿轮齿条、棘轮棘爪、凸轮等机构配合还能实现多种机械运动。

5.4.1　液压缸的分类和特点

液压缸有多种形式。按结构特点可分为活塞式、柱塞式和摆动式三大类；按作用方式又可分为单作用式和双作用式两种。单作用式液压缸只能使活塞（或柱塞）作单方向运动，即压力油只通向缸的一腔，反方向运动必须依靠外力（如弹簧力或自重等）来实现；双作用式液压缸两个方向的运动都由压力油的控制来实现。

5.4.1.1　活塞式液压缸

活塞式液压缸可分为双杆式和单杆式两种结构。其固定方式有缸筒固定和活塞杆固定两种。

A　双杆活塞式液压缸

图 5-26 为双杆缸的原理图。活塞两侧都有杆伸出。当两活塞杆直径相同、供油压力和流量不变时，活塞（或缸体）两个方向的运动速度和推力也都相等，即

$$v_1 = v_2 = \frac{q}{A} = \frac{4q}{\pi(D^2 - d^2)} \quad (\mathrm{m/s}) \tag{5-30}$$

不考虑摩擦和回油阻力，则

$$F_1 = F_2 = pA = \frac{\pi}{4}(D^2 - d^2)p \quad (\mathrm{N}) \tag{5-31}$$

式中　v——活塞（或缸体）的运动速度，m/s；

　　　q——输入液压缸的流量，m³/s；

　　　F——活塞（或缸体）上的液压推力，N；

　　　p——进油压力，Pa；

　　　A——活塞有效作用面积，m²；

　　　D——活塞直径，m；

　　　d——活塞杆直径，m。

这种液压缸常用于要求往返运动速度相同的场合，如磨床等。

图 5-26 所示为双杆活塞式液压缸原理图，缸的左腔进油，推动活塞向右移动，右腔则回油；反之，活塞反向移动。其运动范围约等于活塞有效行程的三倍，一般用于中小型设备。

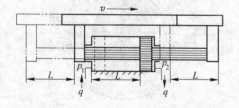

图 5-26　双杆活塞式液压缸原理图

B　单杆活塞式液压缸

图 5-27 所示为双作用式单杆活塞缸。其一端伸出活塞杆，两腔有效面积不相等，当向缸的两腔分别供油，且供油压力和流量不变时，活塞在两个方向的运动速度和推力都不相等。无杆腔进油时（见图 5-27a），活塞的运动速度 v_1 和推力 F_1 分别为

$$v_1 = \frac{q}{A_1} = \frac{4q}{\pi D^2} \quad (\mathrm{m/s}) \tag{5-32}$$

不考虑摩擦和回油阻力时，则

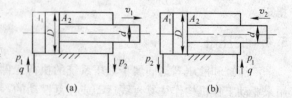

(a)　　　　　　　　　(b)

图 5-27　双作用式单杆活塞式液压缸
(a) 无杆腔进油；(b) 有杆腔进油

$$F_1 = A_1 p = \frac{\pi}{4} D^2 p \quad (N) \tag{5-33}$$

有杆腔进油时(见图 5-27b),活塞的运动速度 v_2 和推力 F_2 分别为

$$v_2 = \frac{q}{A_2} = \frac{4q}{\pi(D^2 - d^2)} \quad (m/s) \tag{5-34}$$

不考虑摩擦和回油阻力时,则

$$F_2 = A_2 p = \frac{\pi}{4}(D^2 - d^2) p \quad (N) \tag{5-35}$$

式中　q——输入液压缸的流量,m^3/s;

　　p——液压缸的工作压力,Pa;

　　D——活塞直径(即缸筒内径),m;

　　d——活塞杆直径,m;

A_1、A_2——分别为液压缸无杆腔和有杆腔的活塞有效作用面积,m^2。

比较以上各式,由于 $A_1 > A_2$,所以 $v_1 < v_2$,$F_1 > F_2$。

液压缸往复运动时的速度比为

$$\varphi = \frac{v_2}{v_1} = \frac{D^2}{D^2 - d^2} \tag{5-36}$$

上式表明:当活塞杆直径愈小时,速度比愈接近于 1,两个方向的速度差值愈小。

当单杆缸两腔同时通入压力油时,如图 5-28 所示,由于无杆腔受力面积大于有杆腔,活塞向右作用力大于向左作用力,则活塞杆作伸出运动,并将有杆腔的油液挤出,流进无杆腔,加快活塞杆的伸出速度,液压缸的这种油路连接称为差动连接。

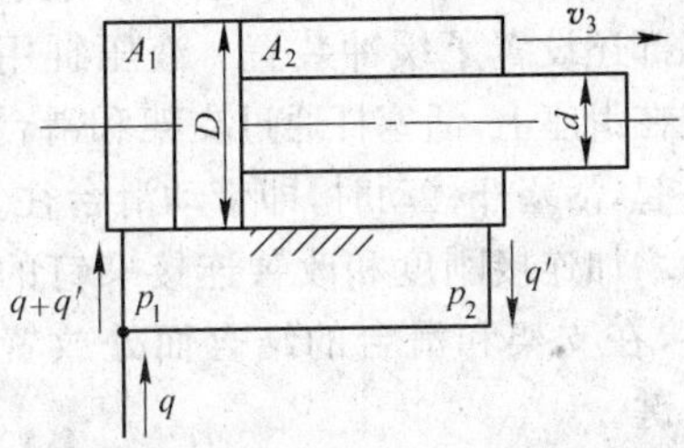

图 5-28　液压缸的差动连接

差动连接时,有杆腔排出流量 $q' = v_3 A_2$ 进入无杆腔,则有

$$v_3 A_1 = q + A_2 v_3 \tag{5-37}$$

故活塞杆的伸出速度 v_3 为

$$v_3 = \frac{q}{A_1 - A_2} = \frac{4q}{\pi d^2} \tag{5-38}$$

欲使差动连接液压缸的往复速度相等,即 $v_3 = v_2$,则

$$D = \sqrt{2} d (或 \ d = 0.71D) \tag{5-39}$$

差动连接时,在忽略两腔连通油路压力损失的情况下,$p_2 \approx p_1$,则此时的活塞推力 F_3 为

$$F_3 = p_1 A_1 - p_2 A_2 = \frac{\pi}{4} D^2 p_1 - \frac{\pi}{4}(D^2 - d^2) p_1 = \frac{\pi}{4} d^2 p_1 \tag{5-40}$$

由式 5-27 和式 5-28 可知,差动连接时实际起有效作用的面积是活塞杆的横截面积。与非差动连接无杆腔进油工况相比,在输入油液压力和流量相同的条件下,活塞杆伸出速度较大而推力较小。实际应用中,液压系统常通过控制阀来改变单杆缸的油路连接,采用不同的工作方式,从而获得快进(差动连接)—工进(无杆腔进油)—快退(有杆腔进油)的工作循环。差动连接是在不增加液压泵容量和功率的前提下,实现快速运动的有效办法。

单杆缸往复运动范围是有效行程的两倍,结构紧凑,应用广泛。

5.4.1.2　柱塞式液压缸

活塞缸的内孔精度要求很高,行程较长时加工困难,故此时应采用柱塞缸。如图 5-29a 所示,柱塞缸由缸筒、柱塞、导套、密封圈和压盖等零件组成,柱塞和筒内壁不接触,因此缸筒内孔不

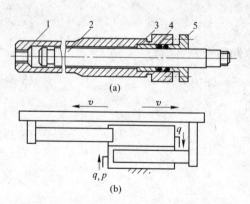

图 5-29　柱塞式液压缸
1—缸筒；2—柱塞；3—导套；4—密封圈；5—压盖

需精加工，工艺性好，成本低。

柱塞缸只能制成单作用缸。在大行程设备中，为了得到双向运动，柱塞缸常成对用（见图 5-29b）。柱塞端面是受压面，其面积大小决定了柱塞缸的输出速度和推力。为保证柱塞缸有足够的推力和稳定性，一般柱塞较粗，重量较大，水平安装时易产生单边磨损，故柱塞缸适宜于垂直安装使用。水平安装使用时，为减轻重量，有时制成空心柱塞。为防止柱塞自重下垂，通常要设置柱塞支承套和托架。

柱塞缸结构简单，制造方便，常用于长行程机床，如龙门刨、导轨磨、大型拉床等。

5.4.2　液压缸的结构

图 5-30 所示为新系列液压滑台的液压缸结构。它由后端盖、缸筒、活塞、活塞杆、前端盖等主要部分组成。为防止油液向外泄漏，或由高压腔向低压腔泄漏，在缸筒与端盖、活塞与活塞杆、活塞与缸筒、活塞杆与前端盖之间均设置有密封圈。在前端盖外侧还装有防尘圈。为防止活塞快速退回到行程终端时撞击后端盖，液压缸端部还设置了缓冲装置。液压缸用螺钉固定在滑座上，活塞杆通过支架和滑台固定在一起，活塞杆移动时，即带动滑台往复运动。为增加连接刚度和改善连接螺钉的工作条件，在支架和滑台的结合面处放置了一个平键。

归结起来，液压缸由缸体组件（缸筒、端盖等）、活塞组件（活塞、活塞杆等）、密封件和连接件等基本部分组成。此外，一般液压缸还设有缓冲装置和排气装置。在进行液压缸设计时应根据工作压力、运动速度、工作条件、加工工艺及装拆检修等方面的要求综合考虑缸的各部分结构。

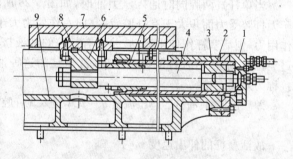

图 5-30　液压滑台液压缸
1—后端盖；2—缸筒；3—活塞；4—活塞杆；5—前端盖；
6—支架；7—滑台；8—平键；9—滑座

5.4.2.1　缸体组件

缸体组件包括缸筒、端盖及其连接件。

A　缸体组件的连接形式

常见的缸体组件的连接形式如图 5-31 所示。

法兰式结构简单，加工和装拆都很方便，连接可靠。缸筒端部一般用铸造、镦粗或焊接方式制成粗大的外径，用以穿装螺栓或旋入螺钉。其径向尺寸和重量都较大。大、中型液压缸大部分采用此种结构。

半环式连接分外半环连接和内半环连接两种。半环连接工艺性好，连接可靠，结构紧凑，装拆较方便，半环槽对缸筒强度有所削弱，需加厚筒壁，常用于无缝钢管缸筒与端盖的连接。

螺纹式连接有外螺纹连接和内螺纹连接两种。其特点是重量轻，外径小，结构紧凑，但缸筒

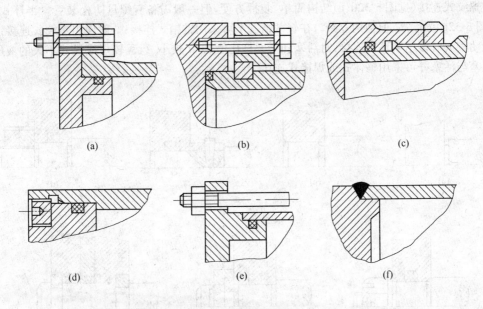

图 5-31 缸体组件的连接形式

(a) 法兰式；(b) 半环式；(c) 外螺纹式；(d) 内螺纹式；(e) 拉杆式；(f) 焊接式

端部结构复杂,外径加工时要求保证内外径同轴,装卸需专用工具,旋转端盖时易损坏密封圈,一般用于小型液压缸。

拉杆式连接结构通用性好,缸筒加工方便,装拆方便,但端盖的体积较大,重量也较大,拉杆受力后会拉伸变形,影响端部密封效果,只适用于长度不大的中低压缸。

焊接式连接外形尺寸较小,结构简单,但焊接时易引起缸筒变形,主要用于柱塞式液压缸。

B 缸筒、端盖和导向套

缸筒是液压缸的主体,它与端盖、活塞等零件构成密闭的容腔,承受油压,因此要有足够的强度和刚度,以便抵抗液压力和其他外力的作用。缸筒内孔一般采用镗削、铰孔、滚压或研磨等精密加工工艺制造,要求表面粗糙度 R_a 值为 $0.1\sim0.4\mu m$,以使活塞及其密封件、支承件能顺利滑动和保证密封效果,减少磨损。为了防止腐蚀,缸筒内表面有时需镀铬。

端盖装在缸筒两端,与缸筒形成密闭容腔,同样承受很大的液压力,因此它们及其连接部件都应有足够的强度。设计时既要考虑强度,又要选择工艺性较好的结构形式。

导向套对活塞杆或柱塞起导向和支承作用。有些液压缸不设导向套,直接用端盖孔导向,这种结构简单,但磨损后必须更换端盖。

缸筒、端盖和导向套的材料选择和技术要求可参考有关手册。

5.4.2.2 活塞组件

活塞组件由活塞、活塞杆和连接件等组成。随工作压力、安装方式和工作条件的不同,活塞组件有多种结构形式。

A 活塞组件的连接形式

活塞与活塞杆的连接形式如图 5-32 所示。

整体式连接(见图 5-32a)和焊接式连接(见图 5-32b)结构简单,轴向尺寸紧凑,但损坏后需整体更换。锥销式连接(见图 5-32c)加工容易,装配简单,但承载能力小,且需要必要的防止脱落措施。螺纹式连接(见图5-32d、e)结构简单,装拆方便,但一般需备有螺母防松装置。半环式连接(见图5-32g)强度高,但结构复杂。在轻载情况下可采用锥销式连接;一般使用螺纹式连接;高压和振动较大时多用半环式连接;对活塞和活塞杆比值 D/d 较小、行程较短或尺寸不大的液压缸,其活塞与活塞杆可采用整体式或焊接式连接。

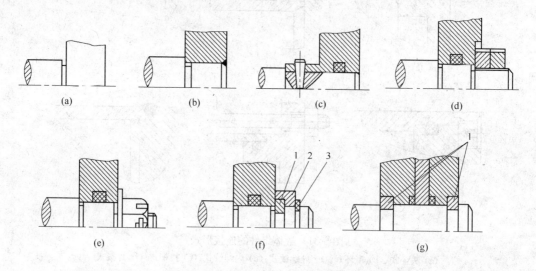

图 5-32　活塞与活塞杆的连接形式
(a) 整体式;(b) 焊接式;(c) 锥销式;(d)、(e) 螺纹式;(f)、(g) 半环式
1—半环;2—轴套;3—弹簧圈

B　活塞和活塞杆

活塞受油压的作用在缸筒内作往复运动,因此,活塞必须具备一定的强度和良好的耐磨性。活塞一般用铸铁制造。活塞的结构通常分为整体式和组合式两类(见图5-32)。

活塞杆是连接活塞和工作部件的传力零件,它必须具有足够的强度和刚度。活塞杆无论是实心的还是空心的,通常都用钢料制造。活塞杆在导向套内往复运动,其外圆表面应当耐磨并有防锈能力,故活塞杆外圆表面有时需镀铬。

活塞和活塞杆的技术要求可参考有关手册。

5.4.2.3　密封装置

密封装置主要用来防止液压油的泄漏。液压缸因为是依靠密闭油液容积的变化来传递动力和速度的,故密封装置的优劣,将直接影响液压缸的工作性能。根据两个需要密封的耦合面间有无相对运动,可把密封分为动密封和静密封两大类。设计或选用密封装置的基本要求是:具有良好的密封性能,并随着压力的增加能自动提高其密封性能,摩擦阻力小,密封件耐油性、抗腐蚀性好,耐磨性好,使用寿命长,使用的温度范围广,制造简单,装拆方便。常见的密封方法有以下几种。

A　间隙密封

间隙密封是一种简单的密封方法。它依靠相对运动零件配合面间的微小间隙来防止泄漏。由环形缝隙流量公式可知泄漏量与间隙的三次方成正比,因此可用减小间隙的办法来减少泄漏。一般间隙为 0.01~0.05mm,这就要求配合面加工的精度很高。一般间隙密封活塞的外圆表面上开有几道宽 0.3~0.5mm、深 0.5~1mm、间距 2~5mm 的环形沟槽(称平衡槽),其作用是:

（1）由于活塞的几何形状与同轴度误差,工作中压力油在密封间隙中的不对称分布将形成一个径向不平衡力,称液压卡紧力,以致摩擦力增大。开平衡槽后,间隙的差别减小,各向油压趋于平衡,使活塞能自动对中,减少了摩擦力。

（2）增大了油液泄漏的阻力,减小了偏心量,提高了密封性能。

（3）储存油液,使活塞能自动润滑。

间隙密封的特点是结构简单,摩擦力小,经久耐用,但对零件的加工精度要求较高,且难以完全消除泄漏,故只适用于低压、小直径的快速液压缸中。

B 活塞环密封

活塞环密封依靠装在活塞环形槽内的弹性金属环紧贴缸筒内壁实现密封,如图 5-33 所示。其密封效果较间隙密封好,适应的压力和温度范围很宽,能自动补偿磨损和温度变化的影响,能在高速条件下工作,摩擦力小,工作可靠,寿命长,但因活塞环与其相对应的滑动面

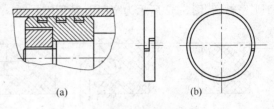

图 5-33 活塞环密封
(a) 活塞环的安装;(b) 活塞环

之间为金属接触,故不能完全密封,且活塞环的加工复杂,缸筒内表面加工精度要求高,一般用于高压、高速和高温的场合。

C 密封圈密封

密封圈密封是液压系统中应用最广泛的一种密封形式,密封圈有 O 形、Y 形、V 形及组合式等数种,其材料为耐油橡胶、尼龙等。

（1）O 形密封圈。O 形密封圈的截面为圆形,主要用于静密封和滑动密封(转动密封用得较少)。其结构简单紧凑,摩擦力较其他密封圈小,装拆方便,密封可靠,成本低,可在 $-40\sim120℃$ 温度范围内工作。但与唇形密封圈(如 Y 形)相比,其寿命较短,密封装置机械部分的精度要求高,启动摩擦阻力较大。O 形圈的使用速度范围为 $0.005\sim0.3\mathrm{m/s}$。

O 形圈密封原理如图 5-34 所示。O 形圈密封属于挤压密封。当 O 形圈装入密封槽后,其截面受到一定的压缩变形。在无液压力时,靠 O 形圈的弹性对接触面产生预接触压力 p_0,实现初始密封(见图 5-34a);当密封腔充入压力油后,在液压力的作用下,O 形圈被挤到槽的一侧,O 形圈变形后如图 5-34b 所示,O 形圈以更大的弹性变形力密封,密封面上的接触压力上升为 p_m,提高了密封效果。

O 形圈在安装时必须保证适当的预压缩量,压缩量的大小直接影响 O 形圈的使用性能和寿命,过小不能密封,过大则摩擦力增大,且易损坏。因此安装密封圈的沟槽尺寸和表面精度必须按有关手册给出的数据严格保证。

在静密封中,当压力大于 32MPa 时,或在动密封中,当压力大于 10MPa 时,O 形圈就会被挤入间隙中而损坏,以致密封效果降低或失去密封作用,为此需在 O 形圈低压侧设置由聚四氟乙烯或尼龙制成的挡圈(见图 5-35),其厚度为 $1.25\sim2.5\mathrm{mm}$。双向受高压时,两侧都要加挡圈。

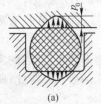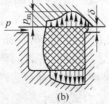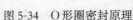

图 5-34 O 形圈密封原理

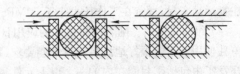

图 5-35 挡圈的设置

（2）Y 形密封圈。Y 形密封圈的截面呈 Y 形，属唇形密封圈。它是一种密封性、稳定性和耐压性都较好、摩擦阻力小、寿命较长的密封圈，是目前比较广泛使用的密封结构之一。Y 形圈主要用于往复运动的密封。

Y 形圈的密封作用是依赖于它的唇边对耦合面的紧密接触，在液压力的作用下产生较大的接触压力，达到密封的目的。液压力越高贴得越紧，接触压力越大，密封性能越好。因此，Y 形圈从低压到高压的压力范围内都表现了良好的密封性，还能自动补偿唇边的磨损。

根据截面长宽比例的不同，Y 形圈可分为宽断面和窄断面两种形式。图 5-36 所示为宽断面 Y 形密封圈，图 5-37 所示为窄断面 Y 形密封圈。

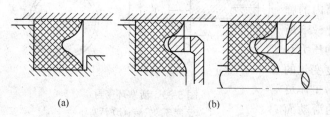

（a）   （b）

图 5-36　宽断面 Y 形密封圈
（a）Y 形圈一般安装；（b）Y 形圈带支承环安装

Y 形圈安装时，唇口端应对着液压力高的一侧。当压力变化较大、滑动速度较高时，为避免翻转，要使用支承环，以固定密封圈。如图 5-36b 所示。

宽断面 Y 形圈一般适用于工作压力小于 20MPa、工作温度为 - 30 ～ + 100℃、使用速度小于 0.5m/s 的场合。

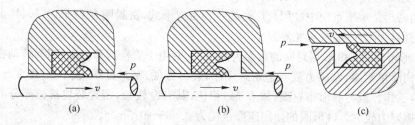

（a）   （b）   （c）

图 5-37　窄断面 Y 形密封圈
（a）等高唇通用型；（b）轴用型；（c）孔用型

窄断面 Y 形圈是宽断面 Y 形圈的改型产品，其截面的长宽比在 2 以上，因而不易翻转。它有等高唇 Y 形圈和不等高唇 Y 形圈两种，后者又有孔用和轴用之分。其低唇与密封面接触，滑动摩擦阻力小，耐磨性好，寿命长；高唇与非运动表面有较大的预压缩量，摩擦阻力大，工作时不易窜动。

窄断面 Y 形圈一般适用于工作压力小于 32MPa、使用温度为 - 30 ～ + 100℃的场合。

（3）V 形密封圈。V 形圈的截面为 V 形，如图 5-38 所示。V 形密封装置是由压环、V 形圈和支承环组成。所采用的 V 形圈的数量可根据工作压力来选定。安装时，V 形圈的开口应面向压力高的一侧。

V 形圈密封性能良好，耐高压，寿命长，通过选择适当的 V 形圈个数和调节压紧力，可获得最佳的密封效果，但 V 形密封装置的摩擦阻力及轴向结构尺寸较大，它主要用于活塞及活塞杆的往复运动密封，适宜在工作压力小于 50MPa、温度在 - 40 ～ + 80℃条件下工作。

（4）组合式密封。随着液压技术的应用日益广泛，系统对密封的要求越来越高，普通的密封圈单独使用已不能很好地满足密封性能要求，特别是使用寿命和可靠性方面的要求。因此，研究和开发了由包括密封圈在内的两个以上元件组成的组合式密封装置。

图 5-39a 所示为 O 形密封圈与截面为矩形的聚四氟乙烯塑料滑环组成的组合密封装置。其

中滑环 2 紧贴密封面,O 形圈 1 为滑环提供弹性预压力,在介质压力为零时即构成密封。由于是靠滑环组成密封接触面,而不是 O 形圈,因此摩擦阻力小且稳定,可以用于 40MPa 的高压。往复运动密封时,速度可达 15m/s;往复摆动与螺旋运动密封时,速度可达 5m/s。矩形滑环组合密封的缺点是抗侧倾能力稍差,安装不够方便。

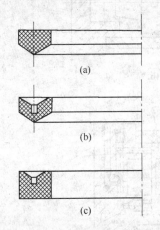

图 5-38 V 形密封圈

(a) 压环;(b) V 形圈;(c) 支承环

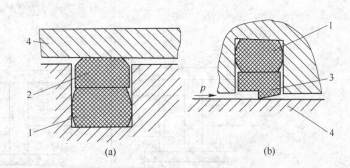

图 5-39 组合式密封装置

(a) 孔用密封;(b) 轴用密封

1—O 形圈;2—滑环;3—支持环;4—被密封件

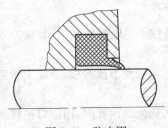

图 5-40 防尘圈

图 5-39b 所示为由支持环 3 和 O 形圈 1 组成的轴用组合密封。支持环与被密封件 4 之间形成狭窄的环带密封面,其工作原理类似唇边密封。

(5)防尘圈。防尘圈设置在活塞杆或柱塞密封圈的外部,防止外界灰尘、砂粒等异物进入液压缸内,以避免影响液压系统的工作和液压系统元件的使用寿命。目前常用的防尘圈一般为唇形,按其有无骨架分为骨架式和无骨架式两种。其中以无骨架式防尘圈应用最普遍,其工作状态如图 5-40 所示。防尘圈的唇部对活塞杆应有一定的过盈量,以便当活塞杆往复运动时,唇口刃部能将粘附在杆上的灰尘、砂粒等清除掉。

5.4.2.4 缓冲装置

当液压缸拖动质量较大的部件作快速往复运动时,运动部件具有很大的动能,这样,当活塞运动到液压缸的终端时,会与端盖发生机械碰撞,产生很大的冲击和噪声,会引起液压缸的损坏。故一般应在液压缸内设置缓冲装置,或在液压系统中设置缓冲回路。

缓冲的一般原理是:当活塞快速运动到接近缸盖时,通过节流的方法增大了回油阻力,使液压缸的排油腔产生足够的缓冲压力,活塞因运动受阻而减速,从而避免与缸盖快速相撞。常见的缓冲装置如图 5-41 所示。

(1)圆柱形环隙式缓冲装置(见图 5-41a)。当缓冲柱塞 1 进入缸盖上的内孔时,缸盖和活塞间形成环形缓冲油腔 2,被封闭的油液只能经环形间隙 δ 排出,产生缓冲压力,从而实现减速缓冲。这种装置在缓冲过程中,由于回油通道的节流面积不变,故缓冲开始时,产生的缓冲制动力很大,其缓冲效果较差,液压冲击较大,且实现减速所需行程较长,但这种装置结构简单,便于设计和降低成本,所以在一般系列化的成品液压缸中多采用这种缓冲装置。

(2)圆锥形环隙式缓冲装置(见图 5-41b)。由于缓冲柱塞 1 为圆锥形,所以缓冲环形间隙 δ

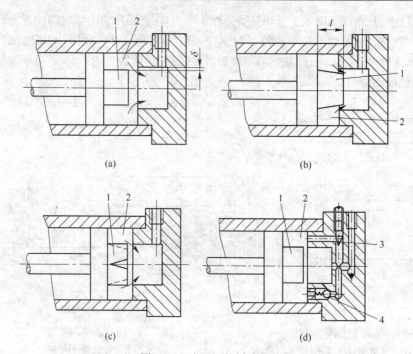

图 5-41　液压缸的缓冲装置

（a）圆柱形环隙式；（b）圆锥形环隙式；（c）可变节流槽式；（d）可调节流孔式

1—缓冲柱塞；2—缓冲油腔；3—节流阀；4—单向阀

随位移量不同而改变，即节流面积随缓冲行程的增大而缩小，使机械能的吸收较均匀，其缓冲效果较好，但仍有液压冲击。

（3）可变节流槽式缓冲装置（见图 5-41c）。在缓冲柱塞 1 上开有三角节流沟槽，节流面积随着缓冲行程的增大而逐渐减小，其缓冲压力变化较平缓。

（4）可调节流孔式缓冲装置（见图 5-41d）。当缓冲柱塞 1 进入到缸盖内孔时，回油口被柱塞堵住，只能通过节流阀 3 回油，调节节流阀的开度，可以控制回油量，从而控制活塞的缓冲速度。当活塞反向运动时，压力油通过单向阀 4 很快进入到液压缸内，并作用在活塞的整个有效面积上，故活塞不会因推力不足而产生启动缓慢现象。这种缓冲装置可以根据负载情况调整节流阀开度的大小，改变缓冲压力的大小，因此适用范围较广。

5.4.2.5　排气装置

液压系统往往会混入空气，使系统工作不稳定，产生振动、噪声及工作部件爬行和前冲等现象，严重时会使系统不能正常工作。因此设计液压缸时必须考虑排除空气。

在液压系统安装时或停止工作后又重新启动时，必须把液压系统中的空气排出去。对于要求不高的液压缸往往不设专门的排气装置，而是将油口布置在缸筒两端的最高处，这样也能使空气随油液排往油箱，再从油面逸出；对于速度稳定性要求较高的液压缸或大型液压缸，常在液压缸两侧的最高位置处（该处往往是空气聚积的地方）设置专门的排气装置，如排气塞、排气阀等。图 5-42 所示为排气塞。当松开排气塞螺钉后，让液压缸全行程

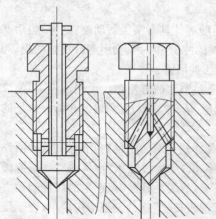

图 5-42　排气塞结构

空载往复运动若干次,带有气泡的油液就会排出。然后再拧紧排气塞螺钉,液压缸便可正常工作。

5.5 液压控制阀

5.5.1 概述

液压控制阀是液压系统中控制油液方向、压力和流量的元件。借助于这些阀,便能对执行元件的启动、停止、方向、速度、动作顺序和克服负载的能力进行控制与调节,使各类液压机械都能按要求协调地进行工作。

所有液压阀都是由液体、阀芯和驱动阀芯动作的元件所组成。阀体上除有与阀芯配合的阀体孔和阀座孔外,还有外接油管的进出油口;阀芯的主要形式有滑阀、锥阀和球阀;驱动装置可以是手调机构,也可以是弹簧、电磁或液压力。液压阀正是利用阀芯在阀体内的相对运动来控制阀口的通断及开口大小,来实现压力、流量和方向控制的。液压阀的开口大小、进出口间的压力差以及通过阀的流量之间的关系都符合孔口流量公式,只是各种阀控制的参数各不相同。

液压阀的分类如下:

(1)按用途分。液压阀可分为方向控制阀(如单向阀和换向阀)、压力控制阀(如溢流、减压阀和顺序阀等)和流量控制阀(如节流阀和调速阀等)。这三类阀还可根据需要相互成为组合阀,如单向顺序阀、单向节流阀、电磁溢流阀等,使得其结构紧凑,连接简单,并提高了效率。

(2)按工作原理分。液压阀可分为开关阀(或通断)阀、伺服阀、比例阀和逻辑阀。开关阀调定后只能在调定状态下工作,本章将重点介绍这一使用最为普遍的阀类。伺服阀和比例阀能根据输入信号连续地或按比例地控制系统的数据。逻辑阀则按预先编制的逻辑程序控制执行元件的动作。

(3)按安装连接形式分为:

1)螺纹式(管式)安装连接。阀的油口用螺纹管接头和管道及其他元件连接,并由此固定在管路上。这种方式适用于简单液压系统。

2)螺旋式安装连接。阀的各油口均布置在同一安装面上,并用螺丝固定在与阀有对应油口的连接板上,再用管接头和管道与其他元件连接;或者把这几个阀用螺丝固定在一个集成块的不同侧面上,在集成块上打孔,沟通各阀组成回路。由于拆卸阀时无需拆卸与之相连的其他元件,故这种安装连接方式应用较广。

3)叠加式安装连接。阀的上下面为连接结合面,各油口分别在这两个面上,且同规格阀的油口连接尺寸相同。每个阀除其自身的功能外,还起油路通道的作用,阀相互叠装便成回路,无需管道连接,故结构紧凑,损失很小。

4)法兰式安装连接。和螺纹式连接相似,只是法兰式代替螺纹管接头。用于通径 32mm 以上的大流量系统。它的强度高,连接可靠。

5)插装式安装连接。这类阀无单独的阀体,由阀芯、阀套等组成的单元体插装在插装块的预制孔中,用连接螺丝或盖板固定,并通过块内通道把各插装式阀连接组成回路,插装块起到阀体和管路的作用。这是适应液压系统集成化而发展起来的一种新型安装连接方式。

5.5.2 方向控制阀

方向控制阀用以控制液压系统中的油液流动方向或液流的通与断,它分为单向阀和换向阀两类。

5.5.2.1　单向阀

A　普通单向阀

普通单向阀通常称为单向阀,它是一种只允许油液正向流动,不允许逆向倒流的阀。按进出油液流向的不同可分为直通式和直角式两种结构,如图 5-43a、b 所示,前者仅有螺纹连接型。当液流从进油口 P_1 流入时,油液压力克服弹簧阻力和阀体 1 与阀芯 2 之间的摩擦力,顶开带有锥端的阀芯(小规格直通式阀有用钢球作阀芯的),从出油口 P_2 流出;当液流反向从 P_2 流入时,油液压力使阀芯紧密地压在阀座上,故不能逆流。单向阀中的弹簧仅用于使阀芯在阀座上就位,刚度较小,故开启压力很小(0.04~0.1MPa)。更换硬弹簧,使其开启压力达到 0.2~0.6MPa,便可当背压阀使用。

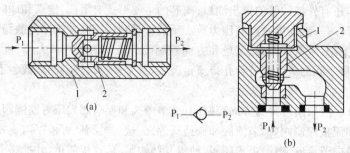

图 5-43　单向阀
(a)直通式;(b)直角式
1—阀体;2—阀芯

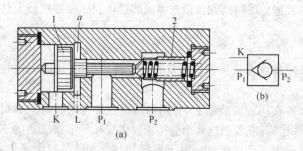

图 5-44　液控单向阀
(a)结构图;(b)阀的符号
1—控制活塞;2—锥阀芯

B　液控单向阀

图 5-44a 所示为液控单向阀。它与普通单向阀相比,在结构上增加了控制油腔 a、控制活塞 1 及控制油口 K。当控制油口通以一定压力的压力油时,推动活塞 1 使锥阀芯 2 右移,阀即保持开启状态,使单向阀也可以反方向通过油流。为了减小控制活塞移动的阻力,控制活塞制成台阶状并设一外泄油口 L。控制油的压力不应低于油路压力的 30%~50%。

液控单向阀具有良好的单向密封性,常用于执行元件需要长时间保压、锁紧的情况下,也用于防止立式液压缸停止运动时因自重而下滑以及速度换接回路中。这种阀也称液压锁。

5.5.2.2　换向阀

A　换向阀的工作原理

换向阀变换阀芯在阀体内的相对工作位置,使阀体诸油口连通或断开,从而控制执行元件的启、停或换向。如图 5-45 所示位置,液压缸两腔不通压力油,处

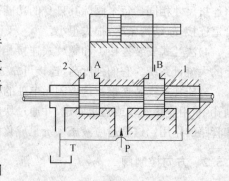

图 5-45　换向阀的工作原理
1—阀芯;2—阀体

于停机状态。若使换向阀的阀芯 1 左移,阀体 2 上的油口 P 和 A 连通,B 和 T 连通。压力油经 P、A 进入液压缸左腔,活塞右移;右腔油液经 B、T 回油箱。反之,若使阀芯右移,则 P 和 B 连通, A 和 T 连通,活塞便左移。

B 换向阀的分类

按阀芯在阀体内的工作位置数和换向阀所控制的油口通路数分,换向阀有二位二通、二位三通、二位四通、二位五通、三位四通、三位五通等类型(见表 5-4)。不同的位数和通数是由阀体上的沉割槽和阀芯上台肩的不同组合形成的。将五通阀的两个回油口 T_1 和 T_2 沟通成一个油口 T,即成四通阀。

按阀芯换位的控制方式分,换向阀有手动、机动、电磁动、液动和电液动等类型。

C 换向阀的符号表示

换向阀的符号表示(见表 5-4)如下所述:

(1)"位"数用方格数表示,三格即三位。

表 5-4 换向阀的结构原理和图形符号

名　称	结构原理图	符　号
二位二通阀	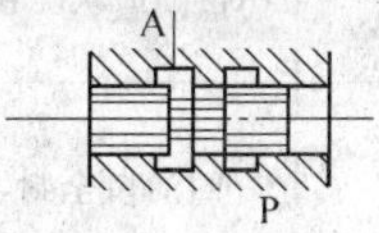	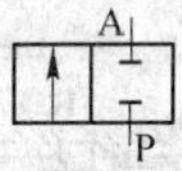
二位三通阀	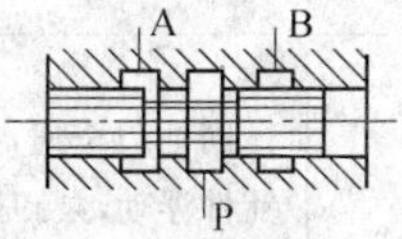	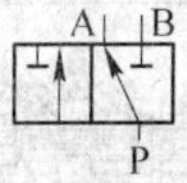
二位四通阀	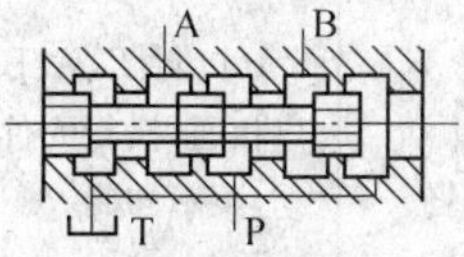	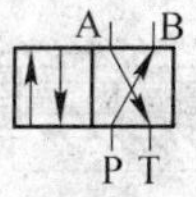
二位五通阀	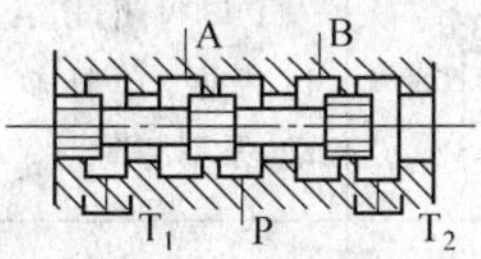	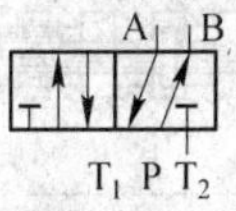
三位四通阀	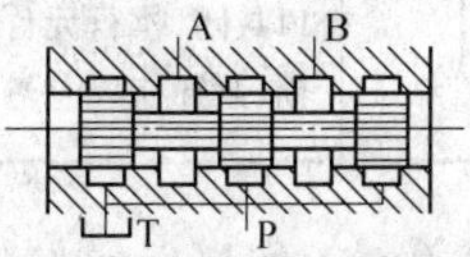	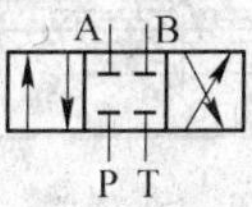
三位五通阀	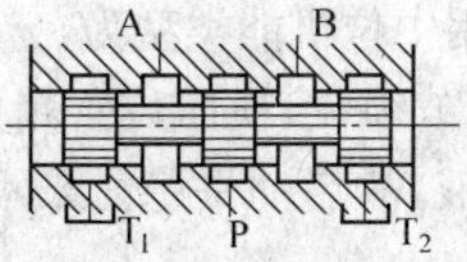	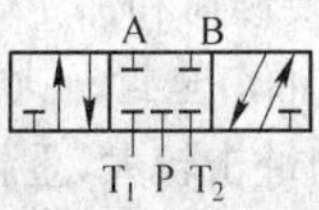

（2）在一个方格内，箭头或堵塞符号"⊥"与方格的相交点数为油口通路数，即"通"数。箭头表示两油口连通，但不表示流向；"⊥"表示该油口不通流。

（3）控制方式和复位弹簧的符号画在方格的两侧（见图5-47）。

（4）P表示进油口，T表示通油箱的回油口，A和B表示连接其他两个工作油路的油口。

（5）三位阀的中格、二位阀画有弹簧的那一格为常态位。二位二通阀有常开型和常闭型两种，前者常态位连通，后者则不通。在液压原理图中，换向阀的符号与油路的连接一般应画在常态位上。

D　三位换向阀的中位机能

三位阀常态位各油口的连通方式称为中位机能。中位机能不同，中位时阀对系统的控制性能也不相同。不同机能的阀，阀体通用，仅阀芯台肩结构、尺寸及内部通孔情况有区别。

表5-5列出五种常用的中位机能类型、结构原理和符号。将结构图中沟通的油口T分接为两个油口T_1和T_2，四通即成为五通。另外，还有J、C、K等多种类型中位机能；阀的非中位有时也兼有某种机能，如OP、MP等类型，它们的符号示例见表5-5右栏。

表5-5　三位阀的中位机能

类型	结构原理图	中位机能符号		中位油口状况和特点	其他机能符号示例
		四通	五通		
O		AB / PT	AB / T_1 P T_2	回油口全封，执行元件闭锁，泵不卸荷	J / C
H		AB / PT	AB / T_1 P T_2	回油口全通，执行元件浮动，泵卸荷	X / U
Y		AB / PT	AB / T_1 P T_2	P口封闭，A、B、T口相通，执行元件浮动，泵不卸荷	N / K
P		AB / PT	AB / T_1 P T_2	T口封闭，P、A、B口相通，单杆缸差动，泵不卸荷	OP
M		AB / PT	AB / T_1 P T_2	P、T口相通，A、B口封闭，执行元件闭锁，泵卸荷	MP

对中位机能的选用应执行元件的换向平稳性要求、换向位置精度要求、重新启动时能否允许有冲击、是否需要卸荷和保压等多方面加以考虑。常用中位机能类型为：

（1）O型且油口全封。执行元件可在任意位置上被锁住，换向位置精度高。但因运动部件惯性引起的换向冲击较大，重新启动时因两腔充满油液，故启动平稳。泵不能卸荷，但系统能保持压力（因有泄漏，保压是暂时的）。

（2）H型且油口全通。换向平稳，但冲击量大，换向位置精度低，执行元件浮动，重新启动时有冲击,泵卸荷,系统不能保压。

其余类型的性能可以类推,不再赘述。

E 几种常用的换向阀

(1)机动换向阀。机动换向阀又称行程阀。它利用安装在运动部件上的挡块或凸轮,压阀芯端部的滚轮使阀芯移动,从而使油路换向。这种阀通常为二位阀,并且用弹簧复位。图 5-46 所示为二位二通机动换向阀。在图示位置,阀芯 2 在弹簧作用下处于左位,P 与 A 不连通;当运动部件上的挡块压住滚轮 1 使阀芯移至右位时,油口 P 与 A 连通。

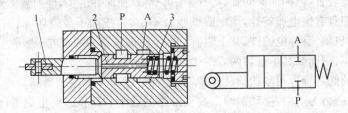

图 5-46 机动换向阀
1—滚轮;2—阀芯;3—弹簧

机动换向阀结构简单,换向时阀口逐渐关闭或打开,故换向平稳、可靠,位置精度高。常用于控制运动部件的行程,或快、慢速度的转换。其缺点是它必须安装在运动部件附近,一般油管较长。

(2)电磁换向阀。电磁换向阀是利用电磁吸引力操纵阀芯换位的方向控制阀。图 5-47 所示为三位四通电磁换向阀的结构原理和符号。阀的两端各有一个电磁铁和一个对中弹簧,阀芯在常态时处于中位。当右端电磁铁通电吸合时,衔铁通过推杆将阀芯推至左端,换向阀就在右位工作;反之,左端电磁铁通电吸合时,换向阀就在左位工作。

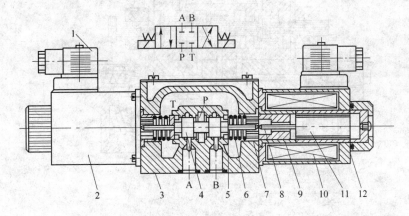

图 5-47 电磁换向阀
1—插头组件;2—电磁铁;3—阀体;4—阀芯;5—定位套;6—弹簧;7—挡圈;
8—推杆;9—隔磁环;10—线圈;11—衔铁;12—导套

图 5-48 所示为二位四通电磁阀的符号,图 5-48a 为单电磁铁弹簧复位式,图 5-48b 为电磁铁钢球定位式。二位电磁阀一般都是单电磁铁控制的,但无复位弹簧的双电磁铁二位阀由于电磁铁断电后仍能保留通电时的状态,从而减少了电磁铁的通电时间,延长了电磁铁的寿命,节约了能源;此外,当电源因故中断时,电磁阀的工作状态仍能保留下来,可以避免系统失灵或出现事

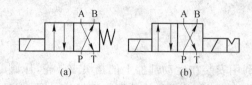

图 5-48 二位四通电磁阀图形符号
(a) 单电磁铁弹簧复位式;(b) 电磁铁钢球定位式

故,这种"记忆"功能,对于一些连续作业的自动化机械和自动线来说,往往是十分需要的。

电磁铁按所接电源的不同,分交流和直流两种基本类型。交流电磁铁使用方便,启动力大,但换向时间短(约 0.01~0.07s),换向冲击大,噪声大,换向频率低(约 30 次/min),而且当阀芯被卡住或由于电压低等原因吸合不上时,线圈易烧坏。直流电磁铁需直流电源或整流装置,但换向时间长(约 0.1~0.15s),换向冲击小,换向频率允许较高(最高可达 240 次/min),而且有恒电流特性,当电磁铁吸合不上时,线圈不会烧坏,故工作可靠性高。还有一种本整型(本机整流型)电磁铁,其上附有二极管整流线路和冲击电压吸收装置,能把接入的交流电整流后自用,因而兼具了前述两者的优点。

上述电磁阀的阀芯皆为滑动式圆柱阀芯,故这种电磁阀又称电磁滑阀。近年来出现了一种电磁球阀,它以电磁力为动力,推动钢球来实现油路的通断和切换。与电磁滑阀相比较,电磁阀具有密封性好,反应速度快,使用压力高和适应能力强等优点,是一种颇具特色的换向阀。电磁球阀的主要缺点是不像滑阀那样具备多种位通组合形式和多种中位机能,故目前在使用范围方面还受到限制。

(3)电液换向阀。电液换向阀是由电磁换向阀和液动换向阀组成的复合阀。电磁换向阀为先导阀,它用以改变控制油路的方向;液动换向阀为主阀,它用以改变主油路的方向。这种阀的优点是可用反应灵敏的小规格电磁阀方便地控制大流量的液动阀换向。

图 5-49a、b、c 为三位四通电液换向阀的结构简图、图形符号和简化符号。当电磁换向阀的两电磁铁均不通电时(图示位置),电磁阀芯在两端弹簧力作用下处于中位。这时电液换向阀两端

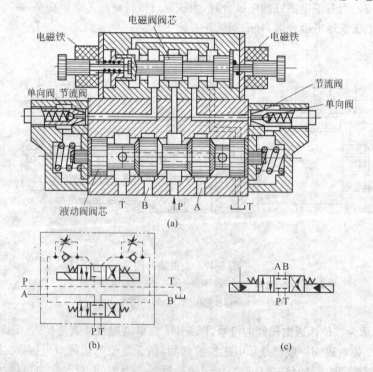

图 5-49 电液换向阀

的油经两个小节流孔及电磁换向阀的通路与油箱(T)连通,因而它也在两弹簧的作用下处于中位,主油路中,A、B、P、T 油口均不相通。当左端电磁铁通电时,电磁阀芯移至右端,由 P 口进入的压力油经电磁阀油路及左端单向阀进入液动换向阀的左油腔,而液动换向阀右端的油则可经右节流阀及电磁阀上的通道与油箱连通,液动换向阀即在左端液压推力的作用下移至右端,即液动换向阀左位工作。其主油路的通油状态为 P 通 A,B 通 T;反之,当右端电磁铁通电时,电磁阀芯移至左端时,液动换向阀右端进压力油,左端经左节流阀通油箱,阀芯移至左端,即液动换向阀右位工作。其通油状态为 P 通 B,A 通 T。液动换向阀的换向时间可由两端节流阀调整,因而可使换向平稳,无冲击。

若在液动换向阀的两端盖处加调节螺钉,则可调节液动换向阀芯移动的行程和各主阀口的开度,从而改变通过主阀的流量,对执行元件起粗略的速度调节作用。

(4) 手动换向阀。手动换向阀是用手推杠杆操纵阀芯换位的方向控制阀。按换向定位方式的不同,手动换向阀有钢球定位式和弹簧复位式两种(见图 5-50)。当操纵手柄的外力取消后,前者因钢球卡在定位沟槽中,可保持阀芯在换向位置;后者则在弹簧力作用下使阀芯自动回到初始位置。

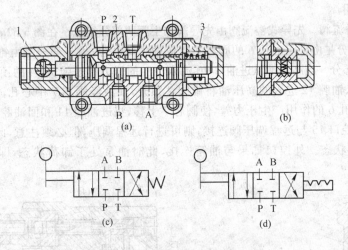

图 5-50　手动换向阀
(a)、(c) 弹簧复位式;(b)、(d) 钢球定位式
1—手柄;2—阀芯;3—弹簧

手动换向阀结构简单,动作可靠,有的还可人为地控制阀口的大小,从而控制执行元件的速度。但由于需要人力操纵,故只适用于间歇动作且要求人工控制的场合。使用中需注意的是:定位装置或弹簧腔的泄漏油需单独用油管接入油箱,否则漏油积聚会产生阻力,以致不能换向,甚至会造成事故。

5.5.3　压力控制阀

在液压系统中,控制液体压力的阀(溢流阀、减压阀等)和控制执行元件及电气元件等在某一调定压力下动作的阀(顺序阀、压力继电器等),这些阀统称为压力控制阀。这类阀的共同特点是,利用作用在阀芯上的液体压力和弹簧力相平衡的原理来进行工作。

5.5.3.1　溢流阀
溢流阀有多种用途,主要是在溢去系统多余油液的同时使泵的供油压力得到调整并保持基本恒定。溢流阀按其结构原理分为直动式和先导式两种。

A　溢流阀的结构及工作原理

(1) 直动式溢流阀。直动式溢流阀是依靠系统中的压力油直接作用在阀芯上与弹簧力相平衡,以控制阀芯的启闭动作的溢流阀。图 5-51a 为一低压直动式溢流阀。进油口 P 的压力油经阀芯 3 上的阻尼孔 a 通入阀芯底部,当进油压力较小时,阀芯在弹簧 2 的作用下处于下端位置,将进油口 P 和与油箱连通的出油口 T 隔开,即不溢流。当进油压力升高,阀芯所受的油压推力超过弹簧的压紧力 F_s 时,阀芯抬起,将油口 P 和 T 连通,使多余的油液排回油箱,即溢流。阻尼孔 a 的作用是提高阀工作的平稳性,减小油压的脉动,弹簧的压紧力可通过调整螺母 1 调整。

当通过溢流阀的流量变化时,阀口的开度也随之改变,但在弹簧压紧力 F_s 调好以后作用于阀芯上的液压力 $p = F_s/A$(A 为阀芯的有效作用面积)。因而,当不考虑阀芯自重、摩擦力和液动力的影响时,可以认为溢流阀进口处的压力 p 基本保持为定值。故调整弹簧的压紧力 F_s,也就调整了溢流阀的工作压力 p。

若用直动式溢流阀控制较高压力或较大流量时,需用刚度较大的硬弹簧,结构尺寸也将较大,调节困难,油的压力和流量的波动也较大。因此,直动式溢流阀一般只用于低压小流量系统,或作为先导阀使用。

(2) 先导式溢流阀。先导式溢流阀由先导阀和主阀两部分组成。在图 5-52a 中,此溢流阀由两部分组成,一部分是由带阻尼孔 6 的阀芯 7 组成的主阀部分;另一部分是由锥阀 2 及弹簧 14 组成的压力调节部分。当高压油从进油口 10 流入油腔的压力超过弹簧 14 的预调压力时,由油腔 11 经阻尼孔 6、油腔 12 进入的高压油将锥阀 2 顶开,油液经阀芯 7 中心孔流出,油腔 11 和 12 之间由于阻尼孔 6 的作用产生压力差,使阀芯 7 上移,将进油腔 11 和回油腔 9 沟通,主阀开始溢流。若将外控口 15 与远程调压阀连接,则可进行远程调压,但必须注意,此时应把调压弹簧 14 调到最满紧状态。外控口如果与油箱连接,此时油泵处于卸荷状态,即油泵处于空载运转。

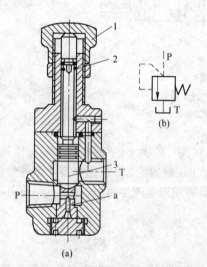

图 5-51　直动式溢流阀
1—调整螺母;2—弹簧;3—阀芯

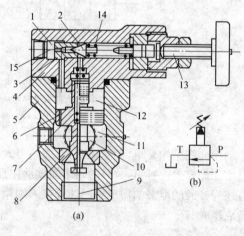

图 5-52　先导式溢流阀
1,11,12—油腔;2—锥阀;3,8—阀座;4—先导阀体;5—主阀体;
6—阻尼孔;7—阀芯;9—回油腔;10—进油口;
13—螺杆;14—弹簧;15—外控口

B 溢流阀在液压系统中的应用

(1) 调压溢流。系统采用定量泵供油时,常在其进油路或回油路上设置节流阀或调速阀,使泵油的一部分进入液压缸工作,而多余的油需经溢流阀流回油箱,溢流阀处于其调压力下的常开状态。调节弹簧的压紧力,也就调节了系统的工作压力。因此,在这种情况下溢流阀的作用即为调压溢流,如图 5-53a 所示。

(2) 安全保护。系统采用变量泵供油时,系统内没有多余的油需溢流,其工作压力由负载决定。这时与泵并联的溢流阀只有在过载时才需打开,以保障系统的安全。因此,这种系统中的溢流阀又称作安全阀,它是常闭的,如图 5-53b 所示。

(3) 使泵卸荷。采用先导式溢流阀调压的定量泵系统,当阀的外控口 K 与油箱连通时,其主阀芯在进口压力很低时即可迅速抬起,使泵卸荷,以减少能量损耗。图 5-53c 中,当电磁铁通电时,溢流阀外控口通油箱,因而能使泵卸荷。

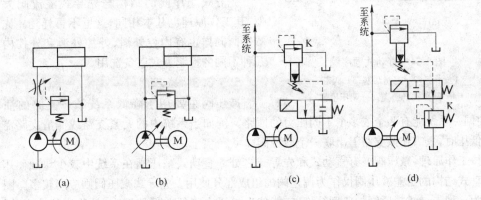

图 5-53 溢流阀的应用
(a) 调节溢流;(b) 安全保护;(c) 使泵卸荷;(d) 远程调压

(4) 远程调压。当先导式溢流阀的外控口(远程控制口)与调压较低的溢流阀(或远程调压阀)连通时,其主阀芯上腔的油压只要达到低压阀的调整压力,主阀芯即可抬起溢流(其先导阀不再起调压作用),即实现远程调压。图 5-53d 中,当电磁阀不通电右位工作时,将先导式溢流阀的外控口与低压调压阀连通,实现远程调压。

5.5.3.2 顺序阀

顺序阀在液压系统中犹如自动开关。它以进口压力油(内控式)或外来压力油(外控式)的压力为信号,当信号压力达到调定值时,阀口开启,使所在油路自动接通,故结构和溢流阀类同,且也有直动式和先导式之分。它和溢流阀的主要区别在于:溢流阀出口通油箱,压力为零;而顺序阀出口通向压力的油路(卸荷阀除外),其压力数值由出口负载决定。

图 5-54a 所示为螺纹连接型直动式顺序阀。外控口 K 用螺塞堵住,外泄油口 Y 通油箱。压力油自进油口 P_1 通入,经阀体上的孔道和下盖上的阻尼孔流到控制活塞的底部,当其推力能克服阀芯上的调压弹簧阻力时,阀芯上升,使进、出油口 P_1 和 P_2 连通,压力油便从阀口流过。经阀芯与阀体间的缝隙进入弹簧腔的泄油从外泄口 Y 泄入油箱。这样一种油口连通情况的顺序阀,称为内控外泄顺序阀,其符号见图 5-54b。

将图 5-54a 中的下盖旋转 90°或 180°安装,切断进油流往控制活塞下腔的通路,并去除外控口的螺塞,接入引自他处的压力油(称控制油),便成为外控外泄顺序阀,符号见图 5-54c。此情况

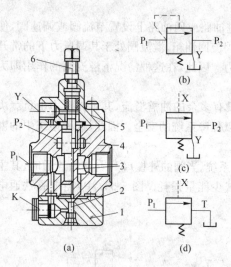

图 5-54　直动式顺序阀

1—下盖；2—控制活塞；3—阀芯；

4—阀体；5—上盖；6—调压螺钉

下,调压弹簧预压缩量可调得很小,使控制油压较低时便可开启阀口,且与进口压力无关。

若再将上端盖旋转 90°安装,还可使弹簧腔与出油口(阀体上的沟通孔道,图中未剖出)相连,并将外泄口 Y 堵塞,便成为外控内泄顺序阀,符号见图 5-54d。外控内泄顺序阀只用于出口接油箱的场合,常用以使泵卸荷,故又称卸荷阀。

直动式顺序阀设置控制活塞的目的是缩小进口压力油的作用面积,以便采用较软的弹簧来提高阀的压力和流量性能。对性能要求较高的高压大流量系统,需采用先导式顺序阀。

先导式顺序阀的结构与先导式溢流阀大体相似,其工作原理也基本相同,这里不再详述。先导式顺序阀同样也有内控外泄、外控外泄和外控内泄等几种不同的控制方式以备选用。

5.5.3.3　减压阀

减压阀主要用于降低系统某一支路的油液压力,使同一系统能有两个或多个不同压力的回路。例如当系统中的夹紧支路或润滑支路需要稳定的低压时,只需在该支路上串联一个减压阀即可。

按工作原理,减压阀亦有直动式和先导式之分。直动式减压阀在系统中较少单独使用。采用直动式结构的定差减压阀仅作为调速阀的组成部分使用。先导式减压阀则应用较多。图 5-55 所示为一种先导式减压阀的典型结构,它能使出口压力降低并保持恒定,故称定值输出减压阀,通常简称减压阀。

图 5-55 中,压力油由阀的进油口 P_1 流入,经减压口 f 减压后由出油口 P_2 流出。出口压力油经阀体与端盖上的通道及主阀芯内的阻尼孔 e 引入到主阀芯的下腔和上腔,并以出口压力作用在先导阀上。当出口压力低于先导阀的调定压力时,先导阀关闭,主阀芯上、下两腔压力相等,主阀芯被弹簧压在最下端,减压口开度 x 为最大值。压降最小,阀处于非工作状态。当出口压力达到先导阀的调定压力时,先导阀被打开,主阀弹簧腔的泄油便由泄油口 Y 流往油箱,在主阀芯阻尼孔内形成流动,使主阀芯两端产生压力差,主阀芯便在此压力差作用下克服弹簧阻力抬起,减压口开度 x 值减小,压降增加,引起出口压力降低,直到等于先导阀调定的数值为止。出口压力若由于外界干扰而变动时,减压阀将会自动调整减压口开度 x 来保持调定的出口压力数值基本不变。

在减压阀出口油路的油液不再流动的情况下(如所连的夹紧支路的油缸运动到底

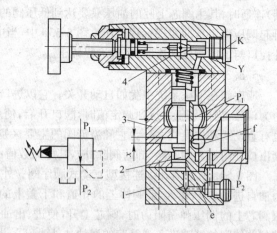

图 5-55　先导式减压阀结构

1—端盖；2—主阀芯；3—阀体；4—先导阀芯；P_1—进油口；

P_2—出油口；K—外控口；Y—泄油口

后),由于先导阀泄油仍未停止,减压口仍有油液流动,阀就仍然处于工作状态,出口压力也就保持调定数值不变。

可以看出,与溢流阀、顺序阀相比较,减压阀的主要特点是:阀口常开,从出口引压力油去控制阀口开度,使出口压力恒定。泄油单独接入油箱;这些特点在图 5-55 的元件符号上都有所反映。

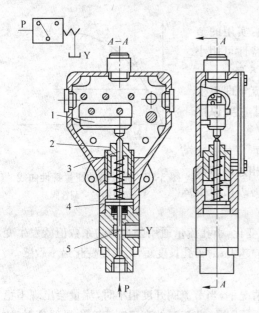

图 5-56 压力继电器
1—微动开关;2—调节螺丝;3—顶杆;
4—限位挡块;5—柱塞

5.5.3.4 压力继电器

压力继电器是一种液-电信号转换元件。当控制油压达到调定值时,便触动电气开关发出电信号控制电气元件(如电动机、电磁铁、电磁离合器等)动作,实现泵的加载或卸载;执行元件顺序动作、系统安全保护和元件动作联锁等。任何压力继电器都由压力-位移转换装置和微动开关两部分组成。按前者的结构分,有柱塞式、弹簧管式、膜片式和波纹管式四类,其中以柱塞式最常用。

图 5-56 所示为压力继电器的结构和工作原理。压力油从油口 P 通入作用在柱塞底部,若其压力已达到弹簧的调定值时,便克服弹簧阻力和柱塞摩擦力推动柱塞上升,通过顶杆触动微动开关发出电信号。限位挡块可在压力超载时保护微动开关。

压力继电器的性能主要有两项:

(1)调压范围。即发出电信号的最低和最高工作压力的范围。打开面盖,拧动调节螺丝,即可调整工作压力。

(2)通断返回区间。压力继电器发出电信号时的压力称为开启压力,切断电信号时的压力称为闭合压力。开启时,柱塞、顶杆移动所受的摩擦力方向与压力方向相反,闭合时则相同,故开启压力比闭合压力大。两者之差称为通断返回区间。

通断返回区间要有足够的数值,否则,系统压力脉动时,压力继电器发出的电讯号会时断时续。为此,有的产品在结构上可人为地调整摩擦力的大小,使通断返回区间的数值可调。

5.5.4 流量控制阀

流量控制阀通过改变阀口过流面积来调节输出流量,从而控制执行元件的运动速度。

5.5.4.1 节流阀

A 节流阀的结构

如图 5-57 所示,压力油从进油口 P_1 流入,经节流口从出

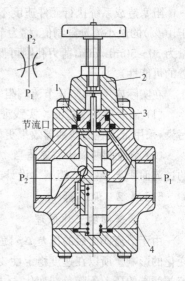

图 5-57 节流阀
1—阀芯;2—顶盖;3—导套;4—阀体

油口 P_2 流出。节流口所在阀芯锥部通常开有二或四个三角槽(节流口还有其他若干的结构形式)。调节手轮,进、出油口之间通流面积变化,即可调节流量。弹簧用于顶紧阀芯保持阀口开度不变。这种阀口的调节范围大,流量与阀口前后的压力差成线性关系,有较低的稳定流量,但流道有一定长度,流量易受温度影响。进口油液通过弹簧腔径向小孔和阀体上斜孔同时作用在阀芯的上下两端,使阀芯两端液压力平衡。所以,即使在高压下工作,也能轻便地用于调节阀口开度。

B　节流阀的流量特性和影响稳定的因素

节流阀的输出流量与节流口的结构形式有关,实用的节流口都介于理想薄刃孔和细长孔之间,故其流量特性可用小孔流量通用公式 $q=KA\Delta p^m$ 来描述,特性曲线见图 5-58。

人们希望节流阀阀口的面积一经调定,通过流量即不变化,以使执行元件速度稳定,但实际上做不到,其主要原因有二:

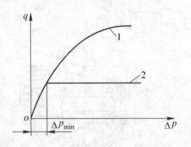

图 5-58　流量阀的流量特性曲线
1—节流阀;2—调速阀

(1) 负载变化的影响。液压系统负载常非定值,负载变化后,执行元件工作压力随之发生变化,与执行元件相连的节流阀前后压差 Δp 即发生变化,流量也就随之变化。薄刃孔 m 值最小,故负载变化对薄刃孔流量的影响最小。

(2) 温度变化的影响。油温变化引起油的黏度变化,小孔流量通用公式中的系数值就发生变化,从而使流量发生变化。显然,节流孔越长,则影响越大;薄刃孔长度短,对温度变化最不敏感。

C　节流阀的阻塞和最小稳定流量

实验表明,在压差、油温和黏度等因素不变的情况下,当节流阀开度很小时,流量会出现不稳定,甚至断流,这种现象称为阻塞。产生阻塞的主要原因是:节流口处高速液流产生局部高温,致使油液氧化生成胶质沉淀。甚至引起油中碳的燃烧产生灰烬,这些生成物和油中原有杂质结合,在节流口表面逐步形成附着层,它不断堆积又不断被高速液流冲掉,流量就不断发生波动,附着层堵死节流口时则断流。

阻塞造成系统执行元件速度不均,因此节流阀有一个正常工作(指无断流且流量变化率不大于 10%)的最小流量限制值,称为节流阀的最小稳定流量。轴向三角槽式节流口的最小稳定流量为 30~50mL/min,薄刃孔则可低达 10~15mL/min(因流道短和水力直径大,减少了污染物附着的可能性)。

在实际应用中,防止节流阀阻塞的措施是:

(1) 油液要精密过滤。实践证明,5~10μm 的过滤精度能显著改变阻塞现象。为除去铁质污染,采用带磁性的滤油器效果更好。

(2) 节流阀两端压差要适当。压差大,节流口能量损失大,温度高;对相同流量,压差大对应的过流面积小,易引起阻塞。设计时一般取压差 $\Delta p=0.2~0.3$ MPa。

5.5.4.2　调速阀

A　调速阀的工作原理

由于节流阀前后的压差 Δp 随负载而变化,根据流量公式 $q=KA\Delta p^m$,则其输油量将受 Δp 变化的影响。所以在速度稳定性要求高的场合,一般节流阀是不能满足工作要求的。只有使节流阀两端的压差不随负载变化,才能使通过节流阀的流量保持常数。调速阀采用减压阀(定差减压阀)和节流阀串联组合的形式,用减压阀来保证节流阀的流量为定值。其工作原理和图形符号如图 5-59 所示。

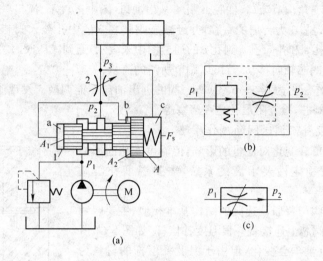

图 5-59　调速阀的工作原理

(a)工作原理图；(b)、(c)图形符号

1—减压阀；2—节流阀

在工作原理图中，压力为 p_1 的油液流经减压阀后(节流阀前)的压力为 p_2，压力为 p_2 的油液同时通入减压阀阀芯大端和小端的左腔。通过节流阀后的油液压力则为 p_3，压力为 p_3 的油液同时通入减压阀芯的右腔(有弹簧的一腔)。阀芯左端总有效作用面积 A 和右端有效作用面积 A 相等。若不考虑阀杆上的摩擦力和阀芯本身的自重，阀芯上受力的平衡方程式为：

$$p_2A = p_3A + F_s \tag{5-41}$$

即

$$p_2 - p_3 = \frac{F_s}{A} \tag{5-42}$$

式中　F_s——弹簧力 N；

　　　A——阀芯的有效作用面积，mm^2。

B　调速阀的结构

图 5-60 所示为 Q 型调速阀的结构图。高压油从进油口进入环槽 f，经减压阀后到环槽 e，再

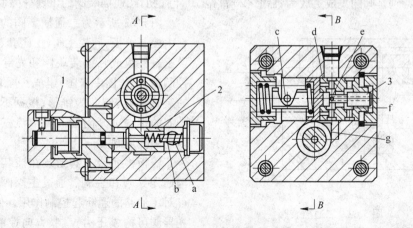

图 5-60　Q 型调速阀结构图

1—手柄；2—节流阀；3—减压阀阀芯

经孔 g，节流阀 2 的三角沟节流口、油腔 b、孔 a 从出油口（图中未表示）流出。节流阀前的压力油经孔 d 进入减压阀阀芯 3 大台肩的右腔，并经减压阀阀芯 3 的中孔流入阀芯小端的右腔。节流阀后的压力油则经孔 a 和孔 c（孔 a 到孔 c 的通道图中未表示）通到减压阀阀芯 3 大端的左腔。转动手柄 1，使节流阀阀芯轴向移动，就可以调节所需的流量。

Q 型调速阀工作压力为 0.5～6.3MPa。阀的进出油口不能调换。发现流量不稳定，应取出减压阀，清洗阀孔、阀芯，检查阻尼孔是否堵塞等。

5.5.4.3　温度补偿调速阀的工作原理

调速阀消除了负载变化对流量的影响，但温度变化的影响依然存在。对速度稳定性要求高的系统，需要温度补偿调速阀。

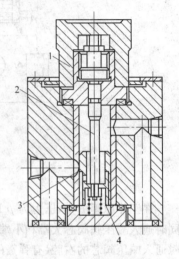

温度补偿调速阀与普通调速阀的结构基本相似，主要区别在于前者的节流阀阀芯上连接着一根温度补偿杆，如图 5-61 所示。温度变化时，流量本会变化，但由于温度补偿杆的材料为温度膨胀系数大的聚氯乙烯塑料，温度高时长度增加，使阀口减小，反之则开大，故能维持流量基本不变（在 20～60℃ 范围内流量变化不超过 10%）。图示阀芯的节流口采用薄刃孔形式，它能减小温度变化对流量稳定性的影响。

调速阀的流量稳定性曲线示于图 5-58 中。由图可见，调速阀当其前后两端的压力差超过最小值 Δp_{min} 以后，流量是稳定的。而在 Δp_{min} 以后，流量随压差的变化而变化，其变化规律与节流阀相一致，当节流阀的压差过低时，将导致其内的定差减压阀阀口全部打开，即减压阀处于非工作状态，只剩下节流阀在起作用，故此段曲线和节流阀曲线一致。调速阀的最小压差

图 5-61　温度补偿调速阀
1—调节手轮；2—温度补偿杆；
3—节流口；4—节流阀芯

$\Delta p_{min} \approx 1$MPa（中低压阀约 0.5MPa）。系统设计时，分配给调速阀的压差应略大于此值。

5.5.5　二通插装阀

普通液压阀在流量小于 200～300L/min 的系统中性能良好，但用于大流量系统并不具有良好的性能，特别是阀的集成更成为难题。20 世纪 70 年代初，二通插装阀的出现解决了此难题。

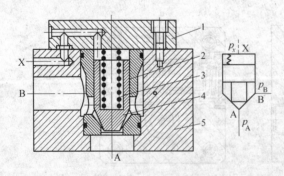

图 5-62　二通插装阀
1—控制盖板；2—阀套；3—弹簧；4—阀芯；5—插装块体

图 5-62 所示为二通插装阀的结构原理，它由控制盖板、插装主阀（由阀套、弹簧、阀芯及密封件组成）、插装块体和先导元件（置于控制盖板上，图中未画）组成。插装主阀采用插装式连接，阀芯为锥形；根据不同的需要，阀芯的锥端可开阻尼孔或节流三角槽，也可以是圆柱形阀芯。

盖板将插装主阀封装在插装块体内，并沟通先导阀和主阀。通过主阀阀芯的启闭，可对主油路的通断起控制作用。使用不同的先导阀可构成压力控制、方向控制或流量控制，并可组成复合控制。若干个不同控制功

能的二通插装阀组装在一个或多个插装块体内便组成液压回路。

就工作原理而言,二通插装阀相当于一个液控单向阀。A 和 B 为主油路的两个仅有的工作油口(所以称为二通阀),X 为控制油口。通过控制油口的启闭和对压力大小的控制,即可控制主阀阀芯的启闭和油口 A、B 的流向与压力。

5.5.5.1 二通插装方向控制阀

图 5-63 示出几个二通插装方向控制阀的实例。图 5-63a 表示用作单向阀。设 A、B 两腔的压力分别为 p_A 和 p_B,当 $p_A > p_B$ 时,锥阀关闭,A 和 B 不通;当 $p_A < p_B$,且 p_B 达到一定数值(开启压力)时,便打开锥阀使油液从 B 流向 A(若将图 5-63a 改为 B 和 X 腔沟通,便构成油液可从 A 流向 B 的单向阀)。图 5-63b 用作二位二通换向阀,在图示状态下,锥阀开启,A 和 B 腔连通;当二位三通电磁阀通电且 $p_A > p_B$ 时,锥阀关闭,A、B 油路切断。图 5-63c 用作二位三通换向阀,在图示状态下,A 和 T 连通,A 和 P 断开;当二位四通阀通电时,A 和 P 连通,A 和 T 断开。图 5-63d 用作二位四通阀,在图示状态下,A 和 T、P 和 B 连通;当二位四通阀通电时,A 和 P、B 和 T 连通。用多个先导阀(如上述各电磁阀)和多个主阀相配,可构成复杂位通组合的二通插装换向阀,这是普通换向阀做不到的。

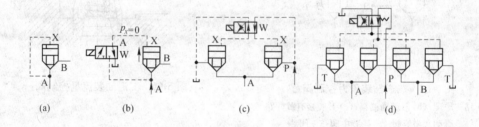

图 5-63 二通插装方向控制阀

5.5.5.2 二通插装压力控制阀

对 X 腔采用压力控制可构成各种压力控制阀,其结构原理如图 5-64a 所示。用直动式溢流阀作为先导阀来控制插装主阀,在不同的油路连接下便构成不同的压力阀。图 5-64b 表示 B 腔通油箱,可用作溢流阀。当 A 腔油压升高到先导阀调定的压力时,先导阀打开,油液流过主阀芯阻尼孔时造成两端压差,使主阀芯克服弹簧阻力开启,A 腔压力油便通过打开的阀口经 B 溢回油路,实现溢流稳压。当二位二通阀通电时便可作为卸荷阀使用。图 5-64c 表示 B 腔接一有载回路,则构成顺序阀。此外,若主阀采用油口常开的圆锥阀芯,则可构成二通插装减压阀;若以比例溢流阀作先导阀,代替图中直动式溢流阀,则可构成二通插装电液比例溢流阀。

5.5.5.3 二通插装流量控制阀

在二通插装方向控制阀的盖板上增加阀芯行程调节器以调节阀芯的开度(见图 5-65),这个方向阀就兼具了可调节流阀的功能。阀芯上开有三角槽,以便于调节开口大小。若用比例电磁铁取代节流阀的手调装置,则可组成二通插装电液比例节流阀。若在二通插装节流阀前串联一个定差减压阀,就可组成二通插装调速阀。

5.5.5.4 二通插装阀及其集成系统的特点

(1)插装主阀结构简单,通流能力大,故用通径很小的先导阀与之配合便可构成通径很大的各种二通插装阀,最大流量可达 10000L/min。

(2)不同的阀有相同的插装主阀,一阀多能,便于实现标准化。

（3）泄漏小，便于无管连接，先导阀功率又小，具有明显的节能效果。

二通插装阀目前广泛用于冶金、船舶、塑料机械等大流量系统中。

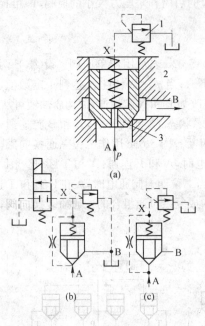

图 5-64　二通插装压力控制阀

（a）结构原理；（b）B 腔通油箱；（c）B 腔接有载回路
1—直动式溢流阀；2—插装主阀；3—阀芯

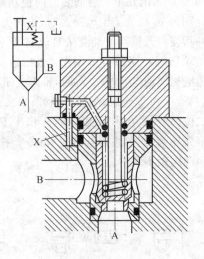

图 5-65　二通插装流量控制阀

5.6　液压辅助元件

　　液压系统的辅助元件包括滤油器、油箱、管件、密封件、热交换器和蓄能器等。除油箱通常需要自行设计外，其余皆为标准件。轻视"辅"件是错误的，事实上，它们对系统的性能、效率、温升、噪声和寿命的影响极大。

5.6.1　蓄能器

　　蓄能器是液压系统的储能元件，它储存多余的压力油，并在需要时释放出来供给系统。目前常用的是利用气体膨胀和压缩进行工作的充气式蓄能器，主要有活塞式和气囊式两种。

　　（1）活塞式蓄能器。活塞式蓄能器的结构如图 5-66 所示。活塞 1 的上部为压缩空气，气体由气门 3 充入，其下部经油孔 a 通液压系统。活塞随下部压力油的储存和释放而在缸筒 2 内滑动。活塞上装有 O 形密封圈。这种蓄能器结构简单，寿命长，但因活塞有一定的惯性和摩擦力，反应不够灵敏，故不宜用于缓和冲击和脉动以及低压系统。此外，密封件磨损后，会使气液混合，影响系统的工作稳定性。

　　（2）气囊式蓄能器。气囊式蓄能器结构如图 5-67 所示。气囊 3 用耐油橡胶制成，固定在耐高压的壳体 2 的上部。囊内充惰性气体（一般为氮气）。壳体下端的提升阀 4 是一个用弹簧加载的菌形阀。压力油从此通入，并能在油液全部排出时，防止气囊膨胀挤出油口。该结构气液密封可靠，气囊惯性小，反应灵敏，克服了活塞式的缺点，但工艺性较差。

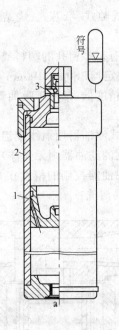

图 5-66 活塞式蓄能器

1—活塞；2—缸筒；3—气门

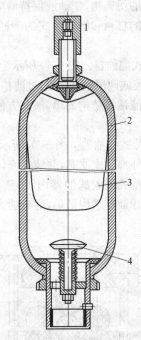

图 5-67 气囊式蓄能器

1—充气阀；2—壳体；3—气囊；4—提升阀

蓄能器的功用如下：

（1）作辅助动力源。工作时间较短的间歇工作系统或一个循环内速度差别很大的系统，使用蓄能器作辅助动力源可降低泵的规格，增大执行元件的速度，提高效率，减少发热。如图 5-68 所示，当液压缸带动模具接触工件慢进和保压时，泵的部分流量进入蓄能器 4 被储存起来，达到设定压力后，卸荷阀 3 打开，泵卸荷。当液压缸快速进退时，蓄能器与泵一起向缸供油。故系统设计时可按平均流量选用较小流量规格的泵。

（2）保压补漏。若液压缸需要在相当长一段时间内保压而无动作（例如机床夹具夹紧工件或液压机进行压制工件），这时可令泵卸荷，用蓄能器保压并补充系统泄漏。

（3）作应急动力源。有的系统（如静压支承供油系统），当泵损坏或停电不能正常供油时可能发生事故，应在系统中增设蓄能器作应急动力源。

（4）吸收系统脉动，缓和液压冲击。齿轮泵、柱塞泵和溢流阀等均会产生流量和压力脉动，系统在启、停或换向时也易引起液压冲击。必要时应在脉动和冲击源处设置蓄能器，以起缓冲作用。这方面应用的蓄能器要求惯性小，灵敏度高。

5.6.2 滤油器

统计资料表明，液压系统的故障约有 75% 以上是由于油液污染造成的。油液中的污染物会划伤液压元件运动副的结合面，严重磨损或卡死运动件，堵塞阻尼孔，腐蚀元件，使系统工作可靠性大为降低。在适当的部位上安装滤油器可以截留油

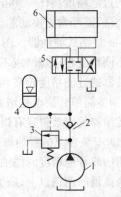

图 5-68 蓄能器作辅助动力源的液压系统

1—泵；2—单向阀；3—卸荷阀；4—蓄能器；5—换向阀；6—液压缸

液中不可溶的污染物,使油液保持清洁,保证液压系统正常工作。

按滤芯的材料和结构形式的不同,滤油器可分为网式、线隙式、纸芯式、烧结式及磁性滤油器等。

(1) 网式滤油器。图 5-69 所示为网式滤油器,在周围开有很多窗孔的塑料或金属筒形骨架 1 上包着一层或两层铜线网 2;过滤精度由网孔大小和层数决定,有 $80\mu m$、$100\mu m$ 和 $180\mu m$ 三个等级。网式滤油器结构简单,清洗方便,通油能力大,但过滤精度低,常用于吸油管路,对油液进行粗滤。

(2) 线隙式滤油器。图 5-70 所示为线隙式滤油器,线隙式滤油器用铜线或铝线 2 密绕在筒形芯架 1 的外部组成滤芯,并装在壳体 3 内(用于吸油管路上的滤油器则无壳体)。油液经线间缝隙和芯架槽孔流入滤油器内,再从上部孔道流出。这种滤油器控制的精度在 $30\sim100\mu m$ 之间。线隙式滤油器结构简单,通油能力大,过滤效果好,但不易清洗。

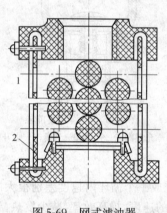

图 5-69 网式滤油器
1—筒形骨架;2—铜线网

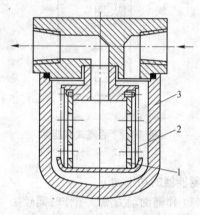

图 5-70 线隙式滤油器
1—芯架;2—线圈;3—壳体

(3) 纸芯式滤油器。纸芯式滤油器又称纸质滤油器,其结构类同于线隙式,只是滤芯为纸质。图 5-71 所示为纸质滤油器的结构,滤芯由三层组成:外层 2 为粗眼钢板网,中层 3 为折叠成星状的滤纸,里层 4 由金属丝网与滤纸折叠组成。这样就提高了滤芯强度,延长了寿命。纸质滤油器的过滤精度高($5\sim30\mu m$),可在高压($38MPa$)下工作,结构紧凑,通油能力较大。其缺点是无法清洗,需经常更换滤芯。

(4) 烧结式滤油器。图 5-72 所示为金属粉末烧结式滤油器,滤芯可按需要制成不同的形状。选择不同粒度粉末烧结成不同厚度的滤芯,可以获得不同的过滤精度($10\sim100\mu m$ 之间)。烧结式滤油器的过滤精度较高,滤芯的强度高,抗冲击性能好,能在较高温度下工作,有良好的抗腐蚀性,且制造简单。缺点是堵塞,难清洗,烧结颗粒在使用中可能会脱落。

滤油器的安装位置有以下几种:

(1) 安装在泵的吸油口。这种安装主要用来保护泵不致吸入较大的机械杂质。视泵的要求可用粗的或普通精度的滤油器。为不影响泵的吸油性能,防止发生气穴现象,滤油器的过滤能力应为泵流量的两倍以上,压力损失不得超过 $0.01\sim0.35MPa$,必要时,泵的吸入口应置于油箱液面以下。

(2) 安装在泵的出口油路上。这种安装主要用来滤除可能侵入阀类元件的污染物。一般采用 $10\sim15\mu m$ 过滤精度的精滤油器。它应能承受油路上的工作压力和冲击压力,其压力降应小于 $0.035MPa$,并应有安全阀和堵塞状态发讯装置,以防泵过载和滤芯损坏。

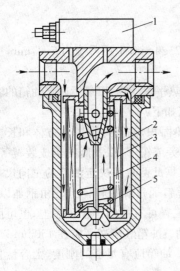 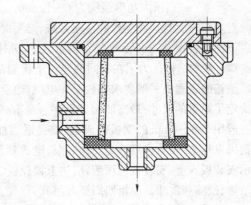

图 5-71　纸质滤油器　　　　　图 5-72　金属粉末烧结式滤油器

1—堵塞状态发讯装置；2—滤芯外层；3—滤芯中层；

4—滤芯里层；5—支承弹簧

（3）安装在系统的回油管路上。这种安装可滤去油液流入油箱以前的污染物，为泵提供清洁的油液。因回油路压力极低，可采用滤芯强度不高的精滤油器，并允许滤油器有较大的压力降，故滤油器也可简单地并联一单向阀作为安全阀，以防堵塞或低温启动时高黏度油液流过所引起的系统压力的升高。

（4）安装在系统的分支油路上。当泵流量较大时，若仍采用上述各种油路过滤，滤油器可能过大。为此可在只有泵流量 20%～30% 左右的支路上安装一小规格滤油器，对油液起滤清作用。

（5）安装在系统外的过滤回路上。大型液压系统可专设一液压泵和滤油器来滤除油液中的杂质以保护主系统。所谓滤油车即可供此用。研究表明，在压力和流量波动下，滤油器的功能会大幅度降低。显然，前述安装都有此影响，而系统外的过滤回路却没有，故过滤效果较好。

安装滤油器时应当注意，一般滤油器都只能单向使用，即进出油口不可反用，以利于滤芯清洗和安全。因此，滤油器不要安装在液流方向可能变换的油路上。必要时可增设单向阀和滤油器，以保证双向过滤，作为滤油器的新进展，目前双向滤油器也已问世。

5.6.3　油箱

5.6.3.1　油箱的功用与分类

油箱的主要功用是：储放系统工作用油；散发系统工作中产生的热量；沉淀污物并逸出油中气体。

按油箱液面是否与大气相连，可分为开式油箱与闭式油箱。开式油箱广泛用于一般的液压系统；闭式油箱则用于水下和高空无稳定气压或对工作稳定性与噪声有严格要求处（空气混入油液是工作不稳定和产生噪声的重要原因）。本书仅介绍开式油箱。

5.6.3.2　油箱的设计要点

初步设计时，油箱的有效容量可按下述经验公式确定：

$$V = mq_p \tag{5-43}$$

式中　V——油箱的有效容量,L;

　　　　q_p——液压泵的流量,L/min;

　　　　m——系数,单位为 min,m 值的选取:低压系统为 2~4min,中压系统为 5~7min,中高压
　　　　　　或高压大功率系统为 6~12min。

　　对功率较大且连续工作的液压系统,必要时还应注意热平衡计算,以最后确定油箱的容量。

　　下面结合图 5-73 所示油箱结构示意图,分述设计要点如下:

　　(1) 基本结构。为了在相同的容量下得到最大的散热面积,油箱外形以立方体和长方体为
宜。油箱的顶盖上一般要求安放泵和电机(也有的置于箱旁或箱下)以及阀的集成装置等,这基
本决定了箱盖的尺寸;最高油面只允许达到箱高的 80%。据此两点可决定油箱的三向尺寸。油
箱一般用 2.5~4mm 的钢板焊成,顶盖要适当加厚并用螺钉通过焊在箱体上的角钢加以固定。
顶盖可以是整体的,也可分为几块。泵、电机和阀的集成装置可直接固定在顶盖上,也可固定在
图示安装板 6 上,安装板与顶盖,应垫上橡胶板以缓和振动。油箱底脚高度应在 150mm 以上,以
便散热、搬移和放油。油箱四周要有吊耳,以便直吊装运。油箱应有足够的刚度,大容量且较高
的油箱要采用骨架式结构。

　　(2) 吸、回、泄油管的设置。泵的吸油管 4 与系统回油管 2 之间的距离应尽可能远些,管口都
应插入最低油面之下,但离箱底要大于管径的 2~3 倍,以免吸空和飞溅起泡。回油管口应截成
45°斜角以增大通流截面,并面向箱壁以利散热和沉淀杂质。吸油管端部装有滤油器 9,离箱壁要
有 3 倍管径的距离,以便四面进油。阀的泄油管口 3 应在液面之上,以免产生背压;液压马达和
泵的泄油管则应引入液面之下,以免吸入空气。为防止油箱表面泄油落地,必要时要在油箱下面
或顶盖四周设盛油盘。

　　(3) 隔板的设置。设置隔板 7 的目的是将吸、回油区隔开,迫使油液循环流动,利于散热和
沉淀。一般设置一个隔板,高度可接近最大液面高。但现在有一种看法,认为隔板如图 5-73b 设
置可以获得最长的流程,且与四壁都接触,效果更佳。图中三块隔板垂直焊在箱底。

　　(4) 空气滤清器与液位计的设置。空气滤清器 5 的作用是:使油箱与大气相通,保证泵的自
吸能力,滤除空气中的灰尘杂物;兼作加油口用。它一般布置在顶盖上靠近箱边处。液位计 1 用
于监测油面高度,故其窗口尺寸应能满足对最高与最低液位的观察。两者皆为标准件,可按需
选用。

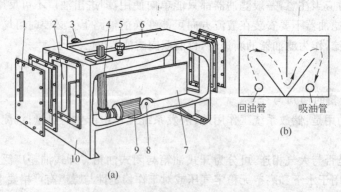

图 5-73　油箱结构示意图

(a) 结构示意图;(b) 三隔板原理图

1—液位计;2—回油管;3—泄油管;4—吸油管;5—空气滤清器;
6—安装板;7—隔板;8—放油口;9—滤油器;10—清洗窗

(5)放油口与清洗窗的设置。图中油箱底面做成双斜面,也可做成向回油侧倾斜的单斜面,在最低处设放油口 8,平时用螺塞或放油阀堵住,换油时将其打开放走污油。换油时为便于清洗油箱,大容量的油箱一般均在侧壁设清洗窗 10,其位置安排应便于吸油滤油器 9 的装拆。

(6)防污密封。油箱盖板和窗口连接处均需加密封垫,各进、出油管通过的孔均需装密封圈。

(7)油温控制。油箱正常工作温度应在 15～65℃ 之间,必要时应设温度计与热交换器。

(8)油箱内壁加工。新油箱经喷丸或酸洗表面清洁后,四壁可涂一层与工作液相容的塑料薄膜或耐油清漆。

5.6.4 管件

管件包括管道和管接头。管件的选用原则是要保证管中油液做层流流动,管路尽量短以减小损失;要根据工作压力,安装位置确定管材与连接结构;与泵、阀等连接的管件应由其接口尺寸决定管径。管接头有扩口式管接头、卡套式管接头和焊接式管接头等。

5.6.4.1 管道

(1)管道的种类特点和适用场合见表 5-6。

表 5-6 管道的种类特点和适用场合

种 类		特点和适用场合
硬 管	钢 管	价廉、耐油、抗腐、刚性好,但装配时不便弯曲。常在拆装方便处作压力管道。中压以上用无缝钢管
	紫铜管	价高、抗振能力差,易使油液氧化,但易弯曲成形,只用于仪表和装配不便之处
软 管	尼龙管	乳白色半透明,可观察流动情况。加热后可任意弯曲成形和扩口,冷却后即定形。承压能力因材料而异(2.5～8MPa),有发展前途
	塑料管	耐油,价低,装配方便,长期使用会老化,只用作压力低于 0.5MPa 的回油管与泄油管
	橡胶管	用于相对运动间的连接,分高压和低压两种。高压胶管由耐油橡胶夹钢丝编织或缠绕网(层数越多耐压越高)制成,价高,用于压力管路。低压胶管由耐油橡胶夹帆布制成,用于回油管路

(2)尺寸的计算。根据液压系统的流量和压力,计算管道的内径 d 和壁厚 δ。一般用下列两式计算:

$$d = 2\sqrt{\frac{q_V}{\pi v}} \tag{5-44}$$

式中 q_V——管内的最大流量;

v——允许流速。推荐值为:吸油管取 0.5～1.5m/s,回油管取 1.5～2m/s,压力油管取 2.5～5m/s(压力高、流量大、管道短时取大值),控制油管取 2～3m/s,橡胶软管取值应小于 4m/s。

$$\delta = \frac{pd}{2[\sigma]} \tag{5-45}$$

式中 p——管内的工作压力;

$[\sigma]$——管材的许用应力,对钢管:$[\sigma] = \dfrac{\sigma_b}{n}$,$\sigma_b$ 为管材的抗拉强度,可由材料手册查出;n 为安全系数,当 $p \leqslant 7\text{MPa}$ 时取 $n = 8$,当 $7\text{MPa} < p \leqslant 17.5\text{MPa}$ 时取 $n = 6$,当 $p > 17.5\text{MPa}$ 时取 $n = 4$;对铜管:$[\sigma] \leqslant 25\text{MPa}$。

计算出的管道内径 d 和壁厚 δ,应圆整成标准系列值(可查液压手册)。

(3)安装要求。通常应注意以下几个方面:

1)管道应尽量短,横平竖直,转弯少。为避免管道皱折,以减少压力损失,硬管装配时的弯曲半径要足够大(见表5-7)。管道悬伸较长时要适当设置管夹(标准件)。

2)管道尽量避免交叉,平行或交叉的油管间应有适当的间隔,以防干扰、振动并便于安装管接头。

3)软管直线安装时要有3‰~4‰的余量,以适应油温变化、受拉和振动的需要。弯曲半径要大于9倍软管外径,弯曲处到管接头的距离至少是外径的6倍。软管不能靠近热源。

表 5-7　硬管装配时允许的弯曲半径

管子外径 D/mm	10	14	18	22	28	34	42	50	63
弯曲半径 R/mm	50	70	75	80	90	100	130	150	190

5.6.4.2　管接头

管接头的形式和质量,直接影响系统的安装质量、油路阻力和连接强度,其密封性能是影响系统外泄漏的重要原因。所以管接头的重要性不能忽视。管接头与其他元件之间可采用普通细牙螺纹连接(与O形橡胶密封圈等合用可用于高压系统)或锥螺纹连接(多用于中低压),如图5-74所示。

A　硬管接头

按管接头和管道的连接形式分,有扩口式管接头、卡套式管接头和焊接式管接头三种。

图5-74a所示为扩口式管接头。装配时先将管6扩成喇叭口,角度为74°,再用螺母2将管套3连同接管6一起压紧在接头体1的锥面上形成密封。管套的作用是拧紧螺母时使管子不跟着

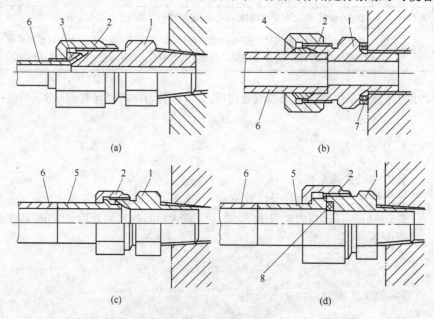

(a)　　　　　　　　　　　　　　(b)

(c)　　　　　　　　　　　　　　(d)

图 5-74　硬管接头

(a)扩口式管接头;(b)卡套式管接头;(c),(d)焊接式管接头

1—接头体;2—接头螺母;3—管套;4—卡套;5—接管;6—管子;7—组合密封垫圈;8—O形密封圈

转动。这种接头结构简单,连接强度可靠,装配维护方便,适用于铜管、薄钢管、尼龙管和塑料管等低压薄壁管道的连接。

图 5-74b 所示为卡套式管接头。卡套 4 是带有尖锐内刃的金属环,拧紧螺母 2 时,卡套与接头体 1 内锥面接触形成密封,刃口嵌入管 6 的表面形成密封。这种接头结构性能良好,装拆方便,广泛用于高压系统。但管道径向尺寸和卡套尺寸精度要求高,需采用冷拔无缝钢管。

图 5-74 中 c、d 所示为焊接式管接头。管接头的接管 5 与管 6 焊接在一起,用螺母 2 将接管 5 和接头体 1 连接在一起。接管与接头体之间的密封方式有球面与锥面接触密封或平面加 O 形圈端面密封两种。前者有自位性,安装时不很严格,但密封可靠性较差,适用于工作压力在 8MPa 以下的系统;而后者工作压力可达 32MPa。这种接头结构简单,易于制造,对管道尺寸精度要求不高,但要求焊接质量高。

图 5-74 所示皆为直通管接头。此外尚有二通、三通、四通、铰接等形式,供不同情况下选用,具体可查阅有关手册。

B 胶管接头

胶管接头有可拆式和扣压式两种,各有 A、B、C 三种形式。随管径不同可用于工作压力在 6～40MPa 的系统中。图 5-75 为扣压式管接头,由接头外套 1 和接头芯 2 组成。装配时需剥离胶管 3 的外胶层,然后在专门设备上扣压而成。这种接头结构紧凑,外径尺寸小,密封可靠。

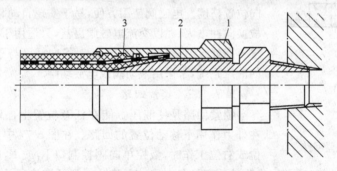

图 5-75 扣压式胶管接头
1—接头外套;2—接头芯;3—胶管

C 快换接头

快换接头的装拆无需工具,适用于需经常装拆处。图 5-76 所示为两个接头体连接时的工作位置,两单向阀芯 3、10 的前端顶杆相互挤顶,迫使阀芯后退并压缩弹簧,使油路接通。需要断开油路时,可用力将外套 7 向左推,钢球 6(有 6～12 颗)即从接头体 9 的槽中退出,再拉出接头体 9,两单向阀芯分别在弹簧 2 和 11 的作用下将两个阀口关闭,油路即断开。同时外套 7 在弹簧 5 作用下复位。

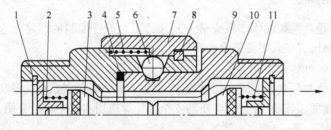

图 5-76 快换接头
1,8—卡环;2,5,11—弹簧;3,10—单向阀芯;4—密封圈;6—钢球;7—外套;9—接头体

5.7　液压回路

　　液压系统不论如何复杂,都可以分解成为一个个的液压回路。掌握典型液压回路的组成、工作原理和性能,可为设计新的液压系统和分析已有的液压系统奠定基础。

　　液压回路是实现某种规定功能的液压元件的组合。按功用可分为方向控制、压力控制、速度控制和多缸工作控制四类回路。下面介绍液压系统中的一些常见的液压回路。

5.7.1　方向控制回路

　　在液压系统中,工作机构的启动、停止和变换运动方向等都是利用控制进入元件液流的通、断及改变流动方向来实现的。实现这些功能的回路称为方向控制回路。

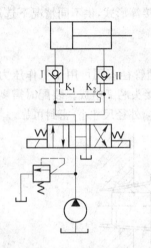

图 5-77　锁紧回路

5.7.1.1　换向回路

　　各种操纵方式的换向阀都可组成换向回路,只是性能和适用场合不同。手动换向精度和平稳性不高,常用于换向不频繁且无需自动化的场合,如一般机床夹具、工程机械等。对速度和惯性较大的液压系统,采用机动阀较为合理,只需使运动部件上的挡块有合适的迎角和轮廓曲线,即可减小液压冲击,并有较高的换向位置精度。电磁阀使用方便,易于实现自动化,但换向时间短,故换向冲击大,尤以交流电磁阀更甚,只适用于小流量、平稳性要求不高处。流量超过 63L/min、对换向精度与平稳性有一定要求的液压系统,常采用液动阀或电液动阀。

5.7.1.2　锁紧回路

　　锁紧回路是使液压缸能在任意位置上停留,且停留后不会在外力作用下移动位置的回路。在图 5-77 中,当换向阀处于左位或右位工作时,液控单向阀控制口 K_1 或 K_2 通入压力油,缸的回油便可反向流过单向阀口,故此时活塞可向右或向左移动。到了该停留的位置时,只要令换向阀处于中位,因阀的中位机能为 H 型,控制油直通油箱,故控制压力立即消失(Y 型中位机能亦可),液控单向阀不再双向导通,液压缸因两腔油被封死便被锁紧。由于液控单向阀中的单向阀采用座阀式结构,密封性好,极少泄漏,故有液压锁之称。锁紧精度只受缸本身的泄漏影响。

　　当换向阀的中位机能为 O 或 M 等型时,似乎无需液控单向阀也能使液压缸锁紧。其实由于换向阀存在较大的泄漏,锁紧功能差,只能用于锁紧时间短且要求不高处。

5.7.2　压力控制回路

　　压力控制回路是对系统整体或系统某一部分的压力进行控制的回路。这类回路包括调压、卸荷、卸压、保压、增压、减压、平衡等多种回路。

5.7.2.1　调压回路

　　为使系统的压力与负载相适应并保持稳定,或为了安全而限定系统的最高压力,都用到调压回路,这已在溢流阀的溢流稳压、远程调压与安全保护等应用实例中作过介绍。下面再介绍两种调压回路。

　　执行元件正反行程需不同的供油压力时,可采用双向调压回路,如图 5-78 所示。图 5-78a中,当换向阀在左位工作时,活塞为工作行程,泵出口由溢流阀 1 调定了较高压力,缸下腔油液通过换向阀回油箱,溢流阀 2 此时不起作用。当换向阀如图所示在右位工作时,缸做空行程返回,泵出口由溢流阀 2 调定为较低压力,阀 1 不起作用。缸退抵终点后,泵在低压下回油,功率损耗小。图 5-78b 所示回路在图示位置时,阀 2 的出口为高压油封闭,即阀 1 的远控口被堵塞,故泵压由阀 1 调定为较高压力。当换向阀在右位工作时,液压缸左腔通油箱,压力为零,阀 2 相当于是阀 1 的远程调压阀,泵压被调定为较低压力,图 5-78b 回路的优点是:阀 2 工作中仅通过少量泄油,故可选用小规格的远程调压阀。

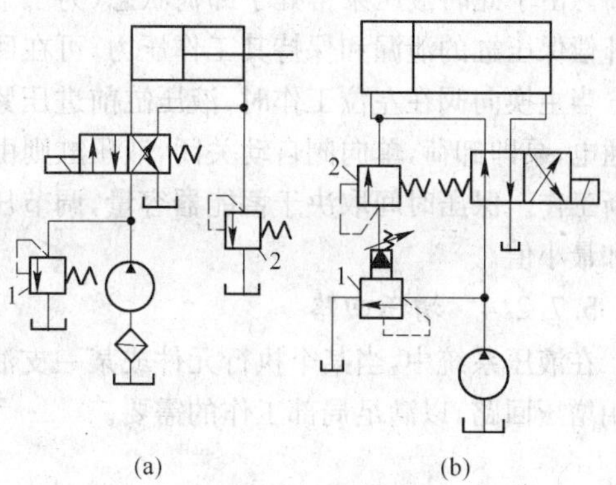

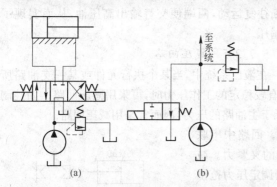

(a)　　　　　　　　(b)

图 5-78　双向调压回路

(a) 溢流阀调整回路;(b) 远控调整回路

1,2—溢流阀

5.7.2.2　卸荷回路

在液压设备短时间停止工作期间,一般不宜关闭电动机,因频繁启闭电机和泵,对泵的寿命有严重影响,而让泵在溢流阀调定压力下回油,又造成很大的能量浪费,使油温升高,系统性能下降。为此应设置卸荷回路解决上述矛盾。

卸荷时,泵的功率损耗应接近于零。功率为流量与压力之积,两者任一近似为零,功率损耗即近似为零,故卸荷有流量卸荷和压力卸荷两种方法。流量卸荷法用于变量泵,使泵仅为补偿泄漏而以最小流量运转,此法简单,但泵处于高压状态,磨损比较严重;压力卸荷法是使泵在接近零压下回油。常见的压力卸荷回路有下述几种。

M、H 和 K 型中位机能的三位换向阀处于中位时,泵即卸荷,如图 5-79a 所

(a)　　　　　　　　(b)

图 5-79　换向阀卸荷回路

(a) 三位换向阀卸荷;(b) 二位二通阀卸荷

示。图 5-79b 所示为利用二位二通阀旁路卸荷。两种方法均较简单,但换向阀切换时会产生液压冲击,仅适用于低压、流量小于 40L/min,且配管应尽量短。若将图 5-79a 中的换向阀改成装有换向时间调节器的电液换向阀,则可用于流量较大的系统,卸荷效果将是很好的(注意:此时泵的出口或换向阀回油口应设置背压阀,以便系统能重新启动)。

5.7.2.3　保压回路

液压缸在工作循环的某一阶段,若需要保持一定的工作压力,就应采用保压回路,见图 5-80。在保压阶段,液压缸没有运动,最简单的办法是用一个密封性能好的单向阀来保压。但是这种办法保压时间短,压力稳定性

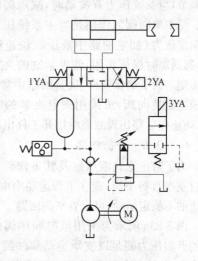

图 5-80　泵卸荷的保压回路

不高。由于此时液压泵常处于卸荷状态(为了节能)或给其他液压缸供应一定压力的工作油液,为补偿保压缸的泄漏和保持其工作压力,可在回路中设置蓄能器。

当主换向阀在左位工作时,液压缸前进压紧工件,进油路压力升高,压力继电器发讯使二通阀通电,泵即卸荷,单向阀自动关闭,液压缸则由蓄能器保压。压力不足时,压力继电器复位使泵重新工作。保压时间取决于蓄能器容量,调节压力继电器的通断返回区间即可调节缸压的最大值和最小值。

5.7.2.4　增压回路

在液压系统中,当某个执行元件或某一支油路所需要的工作压力高于系统的工作压力时,可采用增压回路,以满足局部工作的需要。

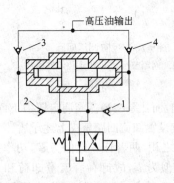

图 5-81　双作用增压缸的增压回路
1～4—单向阀

单作用增压缸只能断续供油,若需获得连续输出的高压油,可采用图 5-81 所示的双作用增压缸连续供油的增压回路。在图示状态下,液压泵压力油进入增压缸左端大、小活塞油腔,右端大油腔的回油通油箱,右端小油腔增压后的高压油经单向阀 4 输出,此时单向阀 1、3 被封闭。当活塞移到右端时,二位四通换向阀的电磁铁通电,油路换向后,活塞反向左移。同理,左端小油腔输出的高压油通过单向阀 3 输出。这样,增压缸的活塞不断往复运动,两端便交替输出高压油,从而实现了连续增压。

5.7.2.5　减压回路

在液压系统中,当某个执行元件或某一支油路所需要的工作压力低于系统的工作压力,或要求有较稳定的工作压力时,可采用减压回路。如控制油路、夹紧油路、润滑油路中的工作压力常需低于主油路的压力,因而常采用减压回路。

图 5-82 为夹紧机构中常用的减压回路。回路中串联一个减压阀,使夹紧缸能获得较低而又稳定的夹紧力。减压阀的出口压力可以从 0.5MPa 至溢流阀的调定压力范围内调节,当系统压力有波动时,减压阀出口压力可稳定不变。图中单向阀的作用是当主系统压力下降到低于减压阀调定压力(如主油路中液压缸快速运动)时,防止油倒流,起到短时保压作用,使夹紧缸的夹紧力在短时间内保持不变。为了确保安全,夹紧回路中常采用带定位的二位四通电磁换向阀,或采用失电夹紧的二位四通换向阀换向,防止在电路出现故障时松开工件出事故。

5.7.2.6　平衡回路

为了防止立式液压缸及其工作部件在悬空停止期间因自重而自行下滑,或在下行运动中由于自重而造成失控超速的不稳定运动,可设置平衡回路。

图 5-83a 所示为采用单向顺序阀的平衡回路。顺序阀的开启压力要足以支承运动部件的自重。当换向阀处于中位时,液压缸即可悬停。但活塞下行时有较大的功率损失。为此可采用外控单向顺序阀,

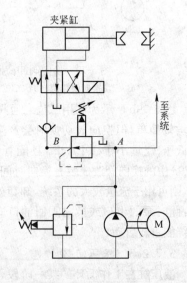

图 5-82　减压回路

如图 5-83b 所示,下行时控制压力油打
开顺序阀,背压较小,提高了回路效率。
但由于顺序阀的泄漏,悬停时运动部件
总要缓缓下降。对要求停止位置准确或
停留时间较长的液压系统,应采用图 5-
83c 所示的液控单向阀平衡回路。在图
5-83c 中,节流阀的设置是必要的。若无
此阀,运动部件下行时会因自重而超速
运动,缸上腔出现真空致使液控单向阀
关闭,待压力重建后才能再打开,这会造
成下行运动时断时续和强烈振动的
现象。

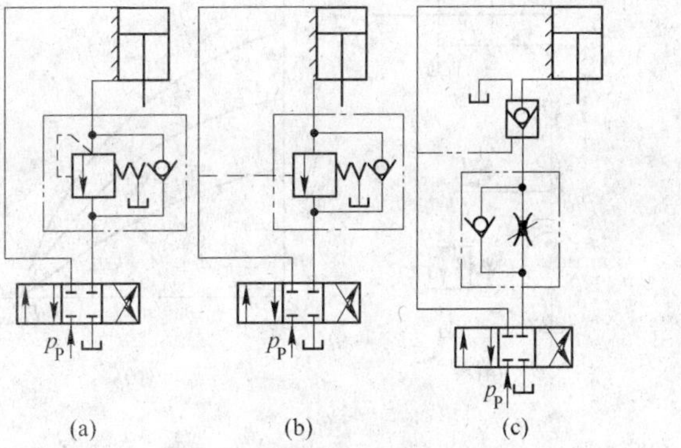

图 5-83 平衡回路
(a) 采用单向顺序阀;(b) 采用下行外控单向顺序阀;
(c) 采用液控单向阀

5.7.3 速度控制回路

液压系统执行元件的速度应能在一
定范围内加以调节(调速回路);出空载进入加工状态时速度要能由快速运动稳定地转换为工进
速度(速度换接回路);为提高效率,空载快进速度应能超越泵的流量有所增加(增速回路)。机械
设备,特别是机床,对调速性能有较高的要求。

5.7.3.1 调速回路

对公式 $v = q/A$ 和 $n = q/V$ 进行分析,工作中面积 A 改变较难,故合理的调速途径是改变
流量 q(用流量阀或用变量泵)和使用排量 V 可变的变量马达。据此调速回路有节流调速、
容积调速和容积节流调速三种。对调速的要求是调速范围大、调好后的速度稳定性好和效
率高。

节流调速回路。用定量泵供油,用节流阀或调速阀改变进入执行元件的流量使之变速。
根据流量阀在回路中的位置不同,分为进油节流调速、回油节流调速和旁路节流调速三种
回路。

(1) 进油节流调速回路。在执行元件的进油路上串接一个流量阀即构成进油节流调速回
路,如图 5-84a 所示。采用节流阀的液压缸进油节流调速回路。泵的供油压力由溢流阀调定,调
节节流阀的开口,改变进油缸的流量,即可调节缸的速度。泵多余的流量经溢流阀回油箱,故无
溢流阀则不能调速。

(2) 回油节流调速回路。在执行元件的回油路上串接一个流量阀,即构成回油节流调速回
路。图 5-85 所示为采用节流阀的液压缸回油节流调速回路。用节流阀调节缸的回油流量,也就
控制了进入液压缸的流量,实现了调速。

回油节流调速回路与进油节流调速回路的不同点是:

1) 回油节流调速回路的节流阀使液压缸回油腔形成一定的背压,因而能承受一定的负值负
载,并提高了缸的速度平稳性。

2) 进油节流调速回路较易实现压力控制,利用这个压力变化,可使并接于此处的压力继电
器发讯,对系统的下步动作实现控制。而在回油节流调速时,进油腔压力没有变化,不易实现压
力控制。虽然在工作部件碰死挡块后,缸的回油压力下降为零,可以利用这个变化值使压力继电
器失压发讯,但电路比较复杂,且可靠性也不高。

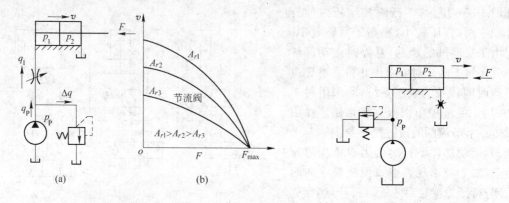

图 5-84　进油节流调速回路　　　　　图 5-85　回油节流调速回路
（a）进油节流调速回路；（b）速度负载特性曲线

3）若回油使用单杆缸，无杆腔进油流量大于有杆腔回油流量。故在缸径、缸速相同的情况下，进油节流调速回路的节流阀开口较大，低速时不易阻塞。因此，进油节流调速回路能获得更低的稳定速度。

为了回路的综合性能，实践中采用进油节流调速回路，并在回油路加背压阀，因而兼具了两回路的优点。

（3）旁路节流调速回路。将流量阀安放在和执行元件并联的旁油路上，即构成旁路节流调速回路。图 5-86a 所示为采用节流阀的旁路节流调速回路。节流阀调节了泵溢回油箱的流量，从而控制了进入缸的流量。调节节流阀开口，即实现了调速。由于溢流已由节流阀承担，故溢流阀实是安全阀，常态时关闭，过载时打开，其调定压力为最大工作压力的 1.1～1.2 倍。故泵压不再恒定，它与缸的工作压力相等，直接随负载变化，而且就等于节流阀两端压力差。即

$$p_P - p_1 = \Delta p = \frac{F}{A} \tag{5-46}$$

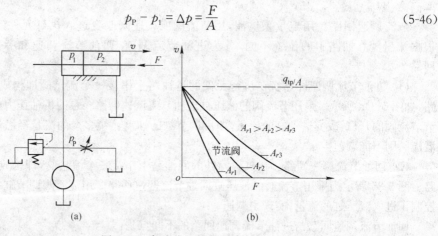

图 5-86　旁路节流调速回路

本回路的速度负载特性很软，低速承载能力又差，故其应用比前两种回路少，只用于高速、重载、对速度平稳性要求很低的较大功率的系统，如牛头刨床运动系统、输送机械液压系统等。

5.7.3.2　增速回路

增速回路又称快速回路，其功用在于使执行元件获得必要的高速，以提高系统的工作效率和

充分利用功率。增速回路因实现增速方法的不同而有多种结构方案,下面介绍几种常用的增速回路。

A 双泵供油增速回路

在图 5-87 所示的回路中,泵 1 为大流量泵,泵 2 为小流量泵,两泵并联。当主换向阀 4 在左位或右位工作时,使阀 6 通电,双泵便同时向缸供油,缸获得大流量,做快进或快退运动。当快进完成后,阀 6 断电,缸的回油经过节流阀 5,因流动阻力增大,引起系统压力升高。当卸荷阀 3 的外控油路压力达到或超过某一调定值时,大泵 1 即通过打开的卸荷阀 3 卸荷。这时,单向阀 8 被高压封闭,液压缸只由小泵 2 供油,缸做慢速工进运动。回路中溢流阀 7 应根据最大负载调定压力,卸荷阀 3 的调定压力应比溢流阀 7 低,但快进时又不应打开。

双泵回路简单合理,在快慢速度相差很大的机床进给系统中应用很广。

B 液压缸差动连接的快速运动回路

采用单杆活塞缸差动连接实现快速运动的回路,如图 5-88 所示。只有电磁铁 1YA 通电时,换向阀 3 左位工作,压力油可进入液压缸的左腔,亦经阀 4 的左位与液压缸右腔连通,因活塞左端受力面积大,故活塞差动快速右移。这时如果 3YA 电磁铁也通电,阀 4 换为右位,则压力油只能进入缸左腔,缸右腔则经调速阀 5 回油实现活塞慢速运动。当 2YA、3YA 同时通电时,压力油经阀 3、阀 6、阀 4 进入缸右腔,缸左腔回油,活塞快速退回。

这种快速回路简单、经济,但快、慢速的转换不够平衡。

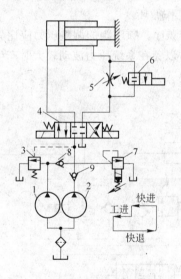

图 5-87 双泵供油增速回路
1—大泵;2—小泵;3—卸荷阀;4—主换向阀;5—节流阀;6—二通阀;7—溢流阀;8,9—单向阀

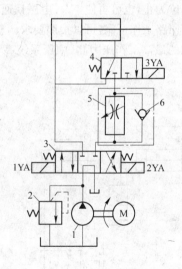

图 5-88 液压缸差动连接的快速运动回路
1—泵;2—溢流阀;3,4—电磁换向阀;5—调速阀;6—单向阀

5.7.3.3 多缸工作控制回路

液压系统中,一个油源往往要能驱动多个液压缸。按照系统的要求,这些缸或顺序动作,或同步动作,多缸之间要求能避免在压力和流量上的相互干扰。

A 顺序动作回路

顺序动作回路的功用是使多缸液压系统中的各液压缸按规定的顺序动作。它可分为行程控制和压力控制两大类。行程控制的顺序动作回路:图 5-89 所示为用行程阀 2 及电磁阀 1 控制 A、

B 两液压缸①②③④工作顺序的回路。在图示状态下,A、B 两液压缸活塞均处于右端位置。当电磁阀 1 通电时,压力油进入 B 缸右腔,B 缸左腔回油,其活塞左移实现动作①;当 B 腔工作部件上的挡块压下行程阀 2 后,压力油进入 A 缸右腔,A 缸左腔回油,其活塞左移,实现动作②。当电磁阀 1 断电时,压力油先进入 B 缸左腔,B 缸右腔回油,其活塞右移,实现动作③;当 B 缸运动部件上的挡块离开行程阀使其恢复下位工作时,压力油经行程阀进入缸 A 的左腔,A 缸右腔回油,其活塞右移实现动作④。

这种回路工作可靠,动作顺序的换接平稳,但改变工作顺序困难,且管路长,压力损失大,不易安装。主要用于专用机械的液压系统。

压力控制的顺序动作回路如图 5-90 所示,用普通单向顺序阀 2 和 3 与电磁换向阀 1 配合动作,使 A、B 两液压缸实现①②③④顺序动作的回路。如图所示,换向阀 1 处于中位停止状态,A、B 两液压缸的活塞均处于左端位置。当 1YA 电磁铁通电阀 1 左位工作时,压力油先进入 A 缸左腔,其右腔经阀 2 中单向阀回油,其活塞右移实现动作①;当活塞行至终点停止时,系统压力升高。当压力升高到阀 3 中的顺序阀的调定压力时,顺序阀开启,压力油进入 B 缸左腔,B 缸右腔回油,活塞右移实现动作②。当 2YA 电磁铁通电,换向阀 1 右位工作时,压力油进入 B 缸右腔,B 缸左腔经阀 3 中的单向阀回油,其活塞左移实现动作③;当 B 缸活塞左移至终点停止时,系统压力升高。当压力升高到阀 2 中顺序阀的调定压力时,顺序阀开始,压力油进入 A 缸右腔,A 缸左腔回油,活塞左移实现动作④。当 A 缸活塞左移至终点时,可用行程开关控制电磁铁换向阀 1 断电换为中位为止,也可再使 1YA 电磁铁通电开始下一个工作循环。

这种回路工作可靠,可以按照要求调整液压缸的动作顺序。顺序阀的调整压力应比先动作的液压缸的最高工作压力高(中压系统高 0.8MPa 左右),以免在系统压力波动较大时产生错误动作。

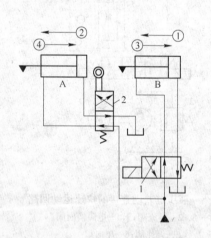

图 5-89　行程控制顺序动作回路
1—电磁阀;2—行程阀

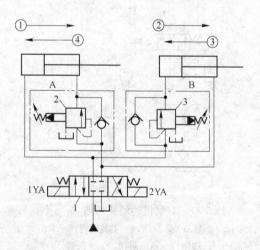

图 5-90　压力控制的顺序动作回路
1—电磁换向阀;2,3—单向顺序阀

B　同步回路

使两个或多个液压缸保持同步动作的回路称为同步回路,例如龙门机床的横梁、海洋钻井平台、轧机的压力系统、高炉炉顶料钟升降系统均需多缸同步实现升降,并要求有很高的精度。从理论上讲,对两个工作面积相同的液压缸输入等量的油液即可同步,但泄漏、摩擦阻力、制造精度、外负载、结构弹性变形和油液中含气量等差异都会使同步难以达到。为此,要采取补偿措施,消除累积误差。

对于采用分流阀的同步回路,标准阀中有一种分流阀,它能自动补偿负载的变化,单独或同时对进入或流出的油液进行等量的或成比例的流量分配(结构原理从略)。图 5-91 中的阀 5 为等量出口分流阀。该阀使进入两缸的流量相等而同步。换向阀 3 换向后两腔即快退回原位。

分流阀同步回路的同步精度不高,单行程中约为 2%～5%(同步精度即多缸间最大位置误差与行程的百分比),这种同步方法的优点是简单方便,能承受变载与偏载。

炼铁高炉炉顶大料钟的液压系统中就采用分流集流阀使其达到同步。

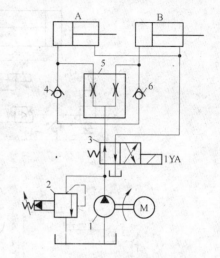

图 5-91 用等量分流的同步回路
1—泵;2—溢流阀;3—换向阀;4,6—单向阀;
5—等量出口分流阀

5.8 液压传动系统实例

液压系统是根据液压设备的工作要求,选用适当的基本回路构成的,它一般用液压系统图来表示。在液压系统图中,各个液压元件及它们之间的连接与控制方式,均按标准图形符号(或半结构式符号)画出。

分析液压系统,主要是读液压系统图,其方法和步骤是:

(1) 了解液压系统的任务、工作循环、应具备的性能和需要满足的要求;

(2) 查阅系统中所有的液压元件及其连接关系,分析它们的作用及其组成的回路功能;

(3) 分析油路,了解系统的工作原理及特点。

本节选择了七个典型液压系统实例,通过学习和分析,加深理解液压元件的功用和基本回路的合理组合,熟悉阅读液压系统图的基本方法,为分析和掌握液压传动系统奠定必要的基础。

5.8.1 组合机床动力滑台液压系统

动力滑台是组合机床用来实现进给运动的通用部件,根据加工工艺需要可在滑台台面上装置动力箱、多轴箱或各种专用的切削头等工作部件,以完成钻、扩、铰、铣、镗、刮端面、倒角、攻丝等加工工序,并可实现多种进给工作循环。动力滑台有机械滑台和液压滑台之分。对液压动力滑台液压系统性能的主要要求是速度换接平稳,进给速度稳定,功率利用合理,系统效率高,发热少。

现以 YT4543 型动力滑台为例分析其液压系统的工作原理和特点。YT4543 型动力滑台进给速度范围为 6.6～600mm/min,最大进给力为 45kN。图 5-92 所示为 YT4543 型动力滑台液压系统,该系统采用限压式变量叶片泵及单杆活塞液压缸。通常实现的工作循环是:快进→第一次工作进给→第二次工作进给→止位钉停留→快退→原位停止。

5.8.1.1 动力滑台液压系统的工作原理

A 快进

快进时压力低,液控顺序阀 6 关闭,变量泵 1 输出最大流量。

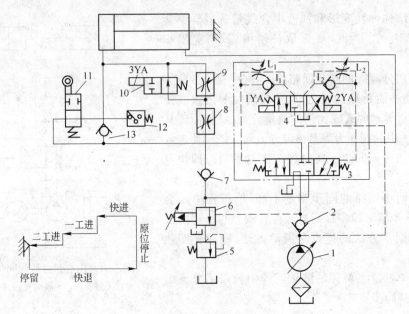

图 5-92　YT4543 型动力滑台液压系统图

1—泵；2,7,13—单向阀；3—液动换向阀；4,10—电磁换向阀；5—背压阀；6—液控顺序阀；
8,9—调速阀；11—行程阀；12—压力继电器

按下启动按钮,电磁铁 1YA 通电,电磁换向阀 4 左位接入系统,液动换向阀 3 在控制压力油作用下也将左位接入系统工作,其油路为:

控制油路

　　进油路:泵 1→阀 4(左)→I_1→阀 3 左端　⎫

　　回油路:阀 3 右端→L_2→阀 4(左)→油箱　⎬使阀 3 换为左位(换向时间由 L_2 调节)

　　　　　　　　　　　　　　　　　　　　　⎭

主油路

　　进油路:泵 1→阀 2→阀 3(左)→阀 11→缸左腔　⎫

　　回油路:缸右腔→阀 3(左)→阀 7————↑　⎬差动快进

这时液压缸两腔连通,滑台差动快进。节流阀 L_2 可用以调节液动换向阀芯移动的速度,即调节主换向阀的换向时间,以减小换向冲击。

　　B　第一次工作进给

当滑台快进终了时,滑台上的挡块压下行程阀 11,切断了快速运动的进油路。其控制油路未变,而主油路中,压力油只能通过调速阀 8 和二位二通电磁换向阀 10(右位)进入液压缸左腔。由于油液流经调速阀而使系统压力升高,液控顺序阀 6 开启,单向阀 7 关闭,液压缸右腔的油液经阀 6 和背压阀 5 流回油箱。同时,泵的流量也自动减小。滑台实现由调速阀 8 调速的第一次工作进给,其主油路为:

　　进油路:泵 1→阀 2→阀 3(左)→阀 8→阀 10(右)→缸左腔

　　回油路:缸左腔→阀 3(左)→阀 6→阀 5→油箱

　　C　第二次工作进给

第二次工作进给与第一次工作进给时的控制油路和主油路的回油路相同,所不同之处是当第一次工作进给终了,挡块压下行程开关,使电磁铁 3YA 通电,阀 10 左位接入系统使其油路关闭时,压力油需通过调速阀 8 和 9 进入液压缸左腔。这时由于调速阀 9 的通流面积比调速阀 8

的通流截面积小,因而滑台实现由阀9调速的第二次工作进给,其主油路的进油路为:

进油路:泵 1→ 阀 2→ 阀 3(左)→ 阀 8→ 阀 9→ 缸左腔

回油路:缸右腔→ 阀 3(左)→ 阀 6→ 阀 5→ 油箱

D 止位钉停留

滑台实现第二次工作进给后,液压缸碰到滑台座前端的止位钉(可调节滑台行程的螺钉)后停止运动。这时液压缸左腔压力升高,当压力升高到压力继电器 12 的开启压力时,压力继电器动作,向时间继电器发出电信号,由时间继电器延时控制滑台停留时间;这时的油路同第二次工作进给的油路,但实际上,系统内油液已停止流动,液压泵的流量已减至很小,仅用于补充泄漏油。

设置止位钉可提高滑台工作进给终点的位置精度及实现压力控制。

E 快退

滑台停留时间结束时,时间继电器发出信号,使电磁铁 2YA 通电,1YA、3YA 断电。这时电磁换向阀 4 右位接入系统,液动换向阀 3 也换为右位工作,主油路换向。因滑台返回时为空载,系统压力低,变量泵的流量又自动恢复到最大值,故滑台快速退回,其油路为:

控制油路

进油路:泵 1→ 阀 4(右)→ I_2→ 阀 3 左端   ⎫
回油路:阀 3 左端→ L_1→ 阀 4(右)→ 油箱   ⎬ 使阀 3 换为右位(换向时间由 L_1 调节)

主油路

进油路:泵 1→ 阀 2 → 阀 3(右)→ 缸右腔   ⎫
回油路:缸左腔→ 阀 13→ 阀 3(右)→ 油箱   ⎬ 快退

当滑台退至第一次工作起点位置时,行程阀 11 复位。由于液压缸无杆腔有效面积为有杆腔有效面积的 2 倍,故快退速度与快进速度基本相等。

F 原位停止

当滑台快速退回到其原始位置时,挡块压下原位行程开关,使电磁铁 2YA 断电,电磁换向阀 4 恢复中位,液动换向阀 3 也恢复中位,液压缸两腔油路被封闭,滑台被锁紧在起始位置上。这时液压泵则经单向阀 2 及阀 3 的中位卸荷,其油路为:

控制油路

回油路:阀 3(左)→ L_1 ⎫
     阀 3(右)→ L_2 ⎬→阀 4(中)→油箱

主油路

进油路:泵 1→ 阀 2→ 阀 3(中)→ 油箱

回油路:液压缸左腔→ 阀 13→   ⎫
     液压缸右腔————   ⎬→阀 3 中堵塞(液压缸停止并被锁住)

单向阀 2 的作用是使滑台在原位停止时,控制油路仍保持一定的控制压力(低压),以便能迅速启动。

5.8.1.2 动力滑台液压系统的特点

动力滑台的液压系统是能完成较复杂工作循环的典型的单缸中压系统,其特点是:

(1) 采用容积节流调速回路。该系统采用了"限压式变量叶片泵 + 调速阀 + 背压阀"式容积节流调速回路。用变量泵供油可使空载时获得快速(泵的流量最大),工进时,负载增加,泵的流量会自动减小,且无溢流损失,因而功率的利用合理。用调速阀调速可保证工作进给时获得稳定的低速,有较好的速度刚性。调速阀设在进油路上,便于利用压力继电器发信号实现动作顺序的自动控制。回油路上加背压阀能防止负载突然减小时产生前冲现象,并能使工进速度平稳。

（2）采用电液动换向阀的换向回路。采用反应灵敏的小规格电磁换向阀作为先导阀控制能通过大流量的液动换向阀实现主油路的换向,发挥了电液联合控制的优点。而且由于液动换向阀阀芯移动的速度可由节流阀 L_1、L_2 调节,因此能使流量较大,速度较快的主油路换向平稳且无冲击。

（3）采用液压缸差动连接的快速回路。主换向阀采用了三位五通阀,因此换向阀左位工作时使缸右腔的回油又返回缸的左腔,从而使液压缸两腔同时通压力油,实现差动快进。这种回路简便可靠。

（4）采用行程控制的速度转换回路。系统采用行程阀和液控顺序阀配合动作实现快进与工作进给速度的转换,使速度转换平稳、可靠,且位置准确。采用两个串联的调速阀及用行程开关控制的电磁换向阀实现两种工作速度的转换。由于进给速度较低,故亦能保证换接精度和平稳性的要求。

（5）采用压力继电器控制动作顺序。滑台工进结束时液压缸碰到止位钉时,缸内工作压力升高,因而采用压力继电器发信号,使滑台反向退回方便可靠。止位钉的采用还能提高滑台工进结束时的位置精度及进行刮端面、锪孔、镗台阶孔等工序的加工。

5.8.2　高炉炉顶加料装置液压系统

高炉是生产生铁的大型冶炼设备。精选后的矿石和焦炭等物料在高炉内加热熔炼后生产出铁水,同时产生出可燃煤气。现代高炉容积高达数千立方米,每昼夜生铁产量可达万吨。高炉在一个钢铁联合企业中不仅要为炼铁以后的各道工序(如炼钢、轧钢等)提供原料,而且要提供煤气作为能源。因此,在高炉点火投产后各种设备都应长期保持连续、正常运行。高炉在冶炼过程中,需要定期从炉顶加入矿石和焦炭等物料。由于高炉顶部贮存有一定压力(0.07～0.25 MPa)的可燃煤气,在加料过程中不允许炉顶气体与大气相通。通常是在高炉炉顶加有两道钟状加料门(称为大钟和小钟),以及相应的各种阀门。大钟、小钟和阀门采用液压传动后可以大大减轻设备重量,使其动作平稳,减少冲击,适宜频繁操作。

图 5-93 所示为一种双钟四阀(闸阀、密封阀各 4 个)型高炉炉顶加料装置的原理图。高炉在生产过程中大钟 1 及小钟 2 通常是关闭的,在大、小钟之间形成一个与高炉顶部 3 和大气不相通的隔离空间 4。加料斗 5 中的矿石、焦炭等物料经闸阀 6 和密封阀 7 由布料器 8 散布在小钟上。加料时小钟下落开启,物料落到

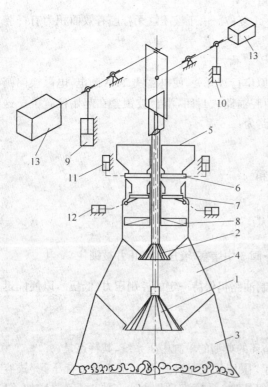

图 5-93　高炉炉顶加料装置原理图

大钟上,小钟向大钟落料数次后关闭,然后大钟下降开启将物料加入高炉内。小钟下降开启前应使隔离空间与大气相通以便小钟上、下压力平衡便于开启;而在大钟下降开启前应使隔离空间与高炉顶部相通以使大钟上、下压力平衡便于开启。用压力平衡阀可以完成上述压力平衡功能。图 5-93 中的 9、10、11 和 12 分别为驱动大钟、小钟、闸阀和密封阀的液压缸。13 为平衡重,压力平衡阀有时也可用液压传动。

图 5-94 为高炉炉顶加料装置液压系统图。该系统的主要特点如下:

(1) 大、小钟的自重都很大,大钟连同其拉杆等运动部件,质量可达百余吨。为了简化传动系统及减少液压缸尺寸,采用了单缸加平衡重的传动方式,1 为驱动大钟的液压缸;2 为驱动小钟的液压缸。

(2) 由于高炉炉顶加料装置液压系统应该高度可靠,大、小钟共有四套油路结构完全相同的阀控单元。3、4 是大钟常用的二套阀控单元;5 是小钟常用的一套阀控单元,6 是大、小钟共同备用的一套阀控单元。上述各阀控单元中任一套发生故障或处于检修时,都可用相应的手动截止阀,将备用的阀控单元投入回路工作。大、小钟还分别装有油路结构相同的手动阀控单元,如图中 7、8 所示,作为停电时应急操作使用。9 是驱动密封阀的液压缸,它有三套油路结构完全相同的阀控单元 11、12 和 13,其中两套同时工作一套备用。10 是驱动闸阀的液压缸,它也有三套油路结构完全相同的阀控单元 14、15 和 16,其中两套同时工作一套备用。17、18、19、20 和 21 是五套相同的液压动力单元,其中一套备用。蓄能器单元 22、23 分别作为大、小钟和密封阀、闸阀的停电应急能源。

(3) 在每一个液压动力单元中,有一台低压大流量液压泵 17.1 和一台高压小流量液压泵 17.2,以保证液压缸重载时慢速运行,轻载时快速运行。

(4) 在液压油路结构完全相同的大、小钟阀控单元中,主换向阀 3.1 是液控型的,为使换向平稳,其换向速度用单向节流阀组 3.2 调定。为了保持大、小钟处于停止位置时不因载荷变化而移动,装有一组液控单向阀 3.3。在大、小钟阀控单元的油路中采用了停电保护措施。系统在正常工作时,大、小钟的开、闭均首先由液压动力源和蓄能器同时供油,这时换向阀 3.4 得电,而换向阀 3.6 与主换向阀 3.1 处于相同的换向位置,即阀 3.6 和阀 3.1 均往同一管道中供油。液压缸运动到一定位置后,行程开关动作使先导换向阀 3.5 失电,动力源来油被阀 3.1 切断,改由蓄能器单元 22 经阀 3.4、阀 3.6 供油,液压缸慢速运动到位。以上为正常工作状态,当大、小钟在运动过程中突然停电时 3.1 虽然处于断路但由于换向阀 3.6 的双稳态功能,尚可使蓄能器继续供油,以保证大、小钟仍可慢速运动到原设定的位置。

(5) 停电后,可利用蓄能器单元 22 的备用能量,分别通过手动阀控单元 7、8 对大、小钟进行应急操作。

(6) 密封阀液压缸 9 的工作压力低于主油路的压力,因此在相应的油路上装有减压阀 24、11.2 和蓄能器单元 23。密封阀的阀控单元 11、12 和 13 的油路结构也具有与大、小钟阀控单元相同的停电保护措施。液控单向阀 11.3 用以防止密封阀因自重而开启。减压阀 11.4 用以防止密封阀关闭时受力过大。

(7) 闸阀的阀控单元 14、15 和 16 的油路结构相同,其停电保护措施能保证停电时使闸阀的关闭动作继续完成。

(8) 驱动大、小钟,密封阀和闸阀的液压缸油路上都设有两组单向节流阀,用以调节开、闭的速度。

(9) 大、小钟液压缸的两侧油路上都装有安全阀 25、26。特别是当大、小钟之间隔离空间中的可燃气体发生偶然性爆炸而使大钟上表面出现超载情况时,安全阀的保护作用就更为重要。

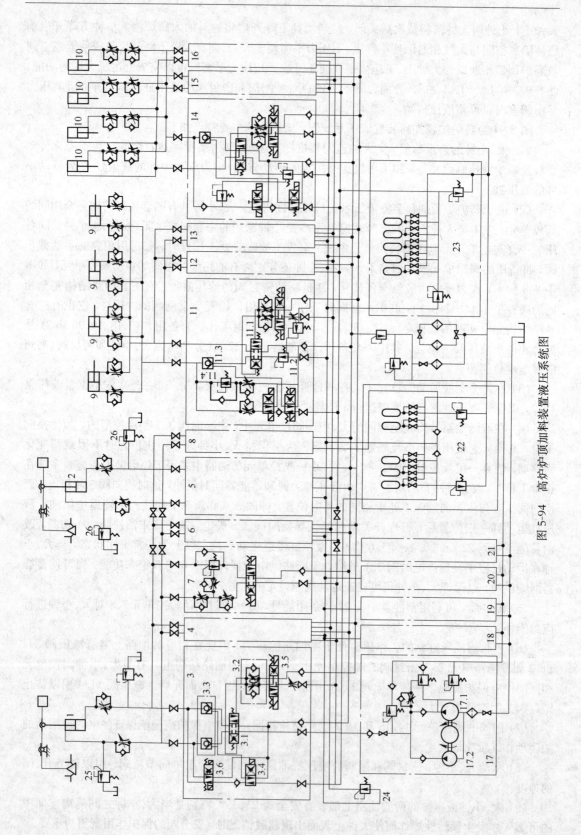

图 5-94　高炉炉顶加料装置液压系统图

5.8.3 高炉泥炮液压系统

泥炮是用来堵塞高炉出铁口的专用设备。液压泥炮的结构原理如图5-95所示。打泥油缸4直接推动泥缸，将泥料经吐泥口注入出铁口。压炮缸3推动移动吊挂小车，可使打泥油缸进入或离开工作位置。打泥口处在工作位置时，锚钩缸1使打泥口稳定在工作位置。摆动液压马达2可使整个泥炮转离工作位置。泥炮的动作都由液压动力来完成。图5-96为泥炮的液压系统

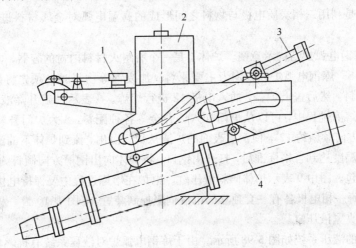

图 5-95　液压泥炮的结构原理图

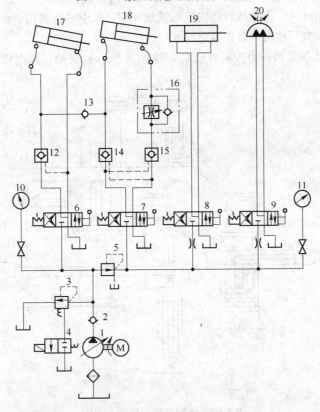

图 5-96　泥炮的液压系统图

图。图中打泥液压缸 17 由系统直接供一次高压油,压炮缸 18、锚钩缸 19 摆动液压马达 20 由减压后的二次压力供给。当进入打泥程序时一部分高压油进入压炮缸,用以使压炮缸提高平衡力。各执行机构分别由手动换向阀独立操作。为了使压炮缸负载下滑作用减小,在下滑侧油路上加单向节流回路。

5.8.4　炼钢电弧炉液压系统

炼钢电弧炉是利用三相炭质电极与物料之间形成的高温电弧对金属材料进行熔化、冶炼的设备。

图 5-97 为炼钢电弧炉结构示意图。炉体 1 是一个有耐火材料内衬的容器,炉体前有炉门 4,炉体后有出钢槽 5。炼钢电弧炉以废钢为主要原料。加废钢等物料时必须先将炉盖 2 移开,从炉体上方加入物料,然后盖上炉盖,插入电极 12 进行熔炼。6 表示炉盖升降液压缸,7 为炉盖旋转液压缸。在熔炼过程中,可以从炉门加入铁合金等各种配料,8 为炉门升降液压缸。出渣时,炉体向炉门方向倾斜约 12°,使钢水表面的炉渣从炉门溢出,流到炉体下的渣罐中。炉内熔炼的钢水成分和温度达到合格标准后,打开出钢口,将炉体向出钢槽方向倾斜约 45°,使钢水从出钢槽流入钢水包。图中 9 表示炉体倾斜液压缸。电炉在熔炼过程中要保持电极与物料之间的电弧长度稳定,每一相电极各有一套独立的电液伺服控制装置 3,图中 10 为一相电极的伺服液压缸,11 为电极夹紧液压缸。

炼钢电弧炉的液压系统如图 5-98 所示。由于炼钢电弧炉对液压系统有抗燃性的要求,采用乳化液作为液压系统的介质。系统中的液压主回路采用插装阀,其先导控制级采用球型换向阀。在液压动力单元 1 中,选用两台径向柱塞式液压泵,其中一台备用,蓄能器为乳化液与空气直接接触式,用空气压缩机向蓄能器定期充气。

系统工作压力由插装阀压力控制单元 1.1 调定,3 为分别带动三相电机升降的三个柱塞式

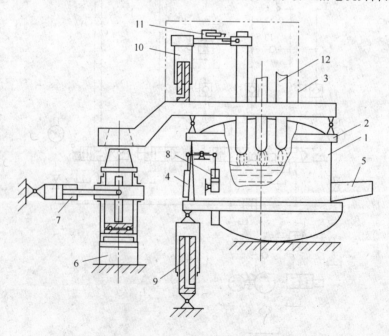

图 5-97　炼钢电弧炉结构示意图

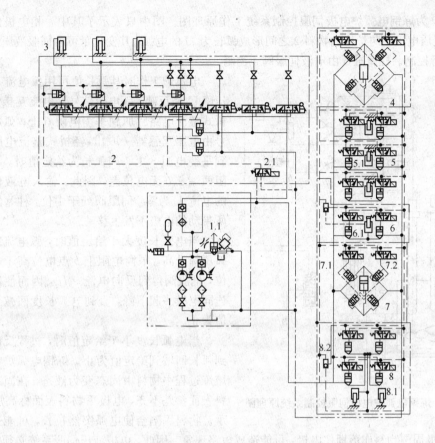

图 5-98　炼钢电弧炉的液压系统图

伺服液压缸。它们由电极伺服控制回路单元 2 控制。在单元 2 中有三台电液伺服阀分别控制三个伺服液压缸，另有一台电液伺服阀作为备用。

操作相应的截止阀可使备用伺服阀投入任一相工作。在每一相回路中分别并联手动换向阀，以便出现故障时应急操作。单元 2 中的六个插装阀用一个先导球型阀 2.1 控制，以便完成回路的开、关。

炉盖旋转回路单元 7 是用四个具有开关功能插装阀组成的全桥回路。用回路 7 对炉盖旋转液压缸进行往复操作。用两个先导球阀 7.1 和 7.2 分别对桥路对应边的两个插装阀进行开、关控制，以便完成液压缸的往复动作。

炉门升降回路单元 4 的液压缸也是双作用的，其工作情况与回路单元 7 相同。

在炉体倾斜回路单元 8 中，炉体倾斜是由两个机械同步的柱塞液压缸 8.1 完成的，靠液压顶开，自重回程。用四个开、关插装阀（从流量通过能力和提高安全性考虑，采用每两个插装阀相并联）控制炉体倾倒及回位。为使炉体停位可靠，即要求插装阀能可靠地关闭，先导球阀前装有梭阀 8.2。一旦发生压力源中断时，炉体自重在柱塞缸中所产生的压力，通过梭阀也能使插装阀及时关闭。

炉盖升降回路单元 6 的工作情况与单元 8 相同，液压缸 6.1 也是柱塞液压缸。

电极夹紧回路单元 5 中有三个电极夹紧柱塞液压缸 5.1，靠弹簧力夹紧，液压力开。每一相夹紧液压缸分别用两个具有开、关功能的插装阀进行控制。

　　图 5-99 为炼钢电弧炉电极伺服控制系统工作原理图。图中只表示了其中一相电极的工作情况。在炭质电极 1 与炉体内物料 2 之间形成弧长为 H 的电弧，其变化量可由伺服液压缸 3 的位移 x_p 进行控制。柱塞缸 3 由电液伺服阀 4 控制。

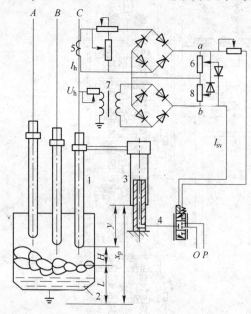

图 5-99　炼钢电弧炉电极伺服控制系统原理图

　　电弧炉工作时其弧长值可用弧电流 I_h 和弧压降 U_h 来反映，弧电流信号经电流互感器 5 及桥式整流电路后加到平衡电阻 6 上；弧电压信号由电压互感器 7 取出，经桥式整流电路后加到平衡电阻 8 上。当弧长为给定值时，平衡电阻两端 a、b 无电位差，因此，输入电液伺服阀的电流 I_{sv} 为零，伺服阀处于中位，柱塞缸及其所带动的电极不发生移动。

　　当电弧长度大于给定值时，弧电流减小而弧压降升高，平衡电阻上 b 点电位高于 a 点电位，伺服阀得到反向电流 $-I_{sv}$，因而使液压缸连同电极一起下降，直到电弧长度回减到给定值为止。

　　当电弧长度小于给定值时，过程反向进行到弧长回增到给定值为止。炼钢电弧炉在整个熔炼过程中物料由固态变为液态，在固态时物料表面参差不齐，电极下物料表面标高用 L 表示。物料塌陷会使电弧突然拉长，可能造成断弧现象；电极周围物料崩落埋住电极，可能造成短路现象。因此，电极液压伺服系统必须能快速反应以避免上述两种现象发生。

　　电弧炉在精炼期物料已变成液态，有时对钢水进行搅拌也会使液面波动。此外，电极在燃烧过程中也要不断烧蚀，其烧蚀量用 y 表示。可见，当电弧炉工作时，弧长 H 给定后，由于标高 L 的变化和烧蚀量 y 的变化都会使实际的弧长发生变化，如果液压缸行程 x_p 对这些变化的补偿有足够的响应速度和精度，那么电弧的实际长度就能保持不变，从而满足炼钢工艺的要求。

　　图 5-100 为炼钢电弧炉电极液压伺服控制系统方框图。当电控器中弧电流和弧压降信号的放大倍数调定后，给定的弧长值 H_0 也就确定了。当实际弧长 H 与给定弧长 H_0 出现偏差 ΔH 后，电控器平衡电阻的两端 a、b 就有电流 I_{sv} 输入电液伺服阀，电液伺服阀控制流到液压缸的流量使之产生位移 x_p，标高 L 和烧蚀量 y 是作为实际弧长的干扰量而加入系统的。在图中所示的闭环控制系统中，合理地选择系统的有关参数，就能满足系统动、静态特性的要求。

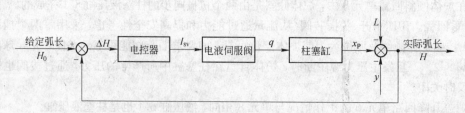

图 5-100　炼钢电弧炉电极液压伺服控制系统方框图

5.8.5 炼钢炉前操作机械手液压系统

在炼钢车间中，将炼好的钢水由钢水包浇注入钢锭模之前有一系列的炉前操作工作，如在放置钢锭模的底盘上要吹扫除尘、喷涂涂层，在底盘凹坑内充填废钢屑、放置铁垫板，还需在钢锭模内放置金属防溅筒，并将它们与垫板及底盘点焊在一起，这些操作由机械手完成。

图 5-101 为炼钢炉前操作机械手工作原理图。

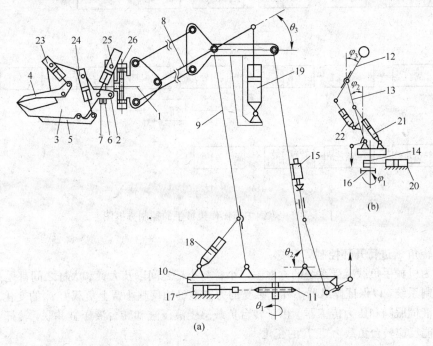

图 5-101　炼钢炉前操作机械手工作原理图

图中 a 为机械手工作原理图。机械手的腕部可以分别绕转腕轴 1 旋转，由液压缸 26 驱动，并可绕转腕轴 2 摆动，由液压缸 25 驱动，机械手掌 3 做成铲斗状，它不仅可以铲取钢屑，而且利用上爪 4（由液压缸 23 驱动）和下爪 5（由液压缸 24 驱动）可抓取铁垫和防溅筒等物体。

在机械手的掌上装有喷吹空气的喷嘴 6 和喷吹涂料的喷嘴 7。机械手的小臂 8 和大臂 9 分别由小臂液压缸 19 和大臂液压缸 18 驱动。大臂液压缸 18 由机液伺服阀 15 通过回馈杠杆进行闭环控制，小臂液压缸 19 由另一机液伺服阀（图中未表明）进行闭环控制。小臂和大臂的连杆机构可以保证在机械手处于任何姿态时，转腕轴都保持在水平位置，这将使操作简化。机械手转台 10 由转台液压缸 17 通过链轮 11 驱动。转台液压缸 17 由机液伺服阀通过操纵器上的凸轮 16 进行开环控制。

图 b 为操纵器工作原理图。它由小杆 12，大杆 13 和转杆 14 组成，它们分别控制机械手的小臂、大臂和转台。22 为小臂负载感受液压缸，它可将小臂负载的变化准确地反映到小杆上，使操作者感受。21 和 20 分别为大臂负载感受液压缸和转台负载感受液压缸。

图 5-102 为炼钢炉前操作机械手的控制方框图。

因大小臂控制系统的结构完全相同，故图中只表示了小臂控制系统的方框图。图 a 为操纵器对机械手的控制方框图。小臂和大臂都采用了机液伺服阀，构成了杆杠式位移负反馈的机液位置伺服控制系统，这样就保证了小臂的摆角 θ_3 能按比例地跟踪小杆摆角 φ_3。转台的转角 θ_1 则

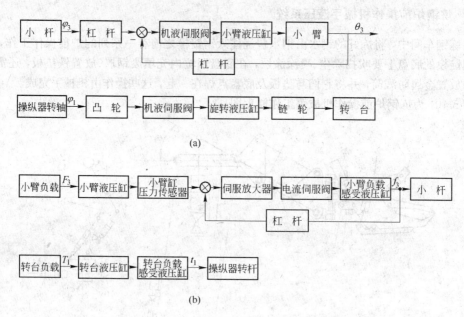

图 5-102　炼钢炉前操作机械手的控制方框图

由转杆的转角 φ_1 进行开环控制。

图 b 为机械手负载感受系统的方框图。小臂与小杆之间以及大臂和大杆之间都是采用了压力伺服控制系统，以保证操纵器小杆上感受的力能准确地反映小臂上负载力 F_3 的变化。系统中采用了电液伺服阀和压力传感器。由于转台负载感受液压缸和转台液压缸并联，转杆上感受的力矩 t_1 也能反应转台负载力矩 T_1 的变化。

图 5-103 为炼钢炉前操作机械手的液压系统图。机械手上爪液压缸 23、下爪液压缸 24、摆腕液压缸 25 和转腕液压缸 26 分别由电磁换向阀 1、2、3 和 4 控制。液压缸 23、24、25 和 26 的油路中都装有单向节流阀 5、6、7、8 用以控制爪的开、闭和腕的旋转和摆动速度。油路中除有单向节流阀 7 外，还有腕负载超载保护的两个安全阀 9、10 和腕的摆动姿态自锁的两个液控单向阀 11、12。小臂液压缸 19 和大臂液压缸 18 分别由机液伺服阀 14 和 13 进行闭环控制，换向阀 15 用来控制液压缸 19 和 18 油路的通断，换向阀 16 是由压力继电器 32 进行控制的，只有油源压力高于某特定值后大、小臂才能工作，换向阀 16 和液控单向阀 33、34 组成闭锁油路，当系统发生故障使阀 16 失电后，大臂和小臂不致因载荷而下降以确保安全。压力传感器 27 和 28 分别感受小臂和大臂的负载作为负载感受系统的给定值。

转台双液压缸 17 由机液伺服阀 29 进行开环控制，油路具有双向过载保护功能，在换向阀 30、31 失电时油路具有双向节流功能以限制转台的运动速度。在操纵器的负载感受系统中，小杆负载感受液压缸 21 和大杆负载感受液压缸 22 分别由电液伺服阀 35 和 36 控制。37 和 38 为压力传感器，它是负载感受系统的检测反馈元件。转台负载感受液压缸 20 则与转台液压缸 17 的油路相并联，使负载力矩直接感受。

油源油路中有恒压变量泵 39、蓄能器 40 和压力继电器 32，并具有安全溢流和卸压功能。由于操作机械手是在高温、易燃环境中工作，采用抗燃磷酸酯作为液压工作介质。在循环泵 41 后的 42 为吸附过滤器，内装吸附剂用以降低磷酸酯在使用过程中的酸度，过滤器 43 用以阻留通过 42 的颗粒。

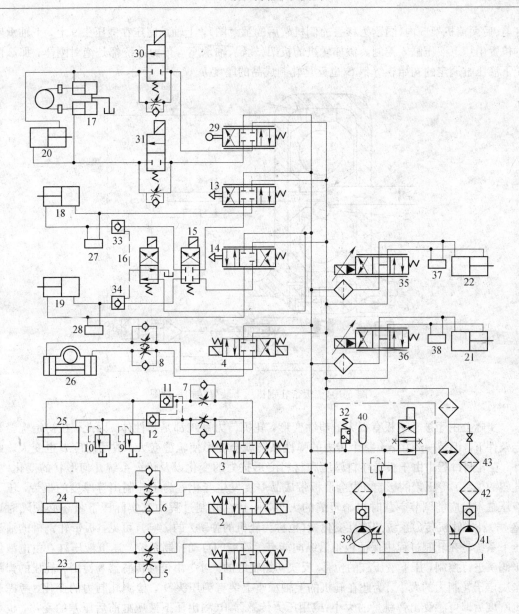

图 5-103 炼钢炉前操作机械手的液压系统图

5.8.6 板带轧钢机压下装置液压系统

板带轧钢机是连续生产带状薄钢板的设备,其压下装置如图 5-104 所示。

板坯料从旋转着的上、下工作辊 2 所形成的辊缝中连续穿过,在轧制力的作用下板带被轧薄,经多道次轧制后可达到所需成品的厚度。为了轧制薄板带,工作辊 2(与板带直接接触的轧辊)的直径必须减小,但轧制力将使工作辊弯曲变形,为此,在工作辊上下两侧装有大直径的支承辊 3 以阻止工作辊变形。

在轧制过程中对轧辊施以轧制力的机构称为压下装置。被轧板带 1 从上、下工作辊 2 所形成的初始辊缝中穿过。上、下两组工作辊和支承辊 3 支承在上、下轴承座 4 上。上、下轴承座装在前、后两侧机架 5 内(图示为移去前侧机架后的示意图),上轴承座压在测压头 9 上,下轴承座的位置由压下液压缸 6 控制。假如轧机的机架、轧辊、轴承座等传力系统都是绝对刚体,那么由压下液压缸调定的初始辊缝值 S_0 也就是轧制成品的厚度 h。

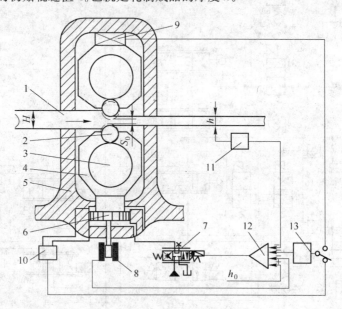

图 5-104　板带轧钢机压下装置结构示意图

　　实际上由于被轧钢板有很大的塑性变形,轧机传力系统都是弹性体,因此,在初始辊缝给定条件下,板带一经穿入,整个传力的弹性系统就会变形使辊缝变大,成品厚度 h 也变大。此外,在轧制过程中由于板带坯料厚度和材料变形抗力的变化以及传力系统几何形状的变化(如轧辊的偏心)等因素的影响,也会使板带成品厚度发生变化。为了轧制出等厚度的板带,压下液压缸不仅应能调节空载时初始辊缝的大小,而且在轧制过程中其实际压下量还必须随时调整,以补偿轧机传力系统的弹性变化量(也称为轧机的弹跳)的影响。可见,板带轧钢机的液压压下系统是在轧制过程中保证板带沿纵向能有等厚度的自动控制系统。压下液压缸 6 由电液伺服阀 7 进行控制,压下液压缸的位移(反映初始辊缝的大小)由位移传感器 8 检测。轧机的弹跳量决定于轧制力的大小,为此在轧机的上轴承座上装有测压头 9,检测轧制力的变化,考虑轧机刚度后即可感受出弹跳量的大小;或用压力传感器 10 测出压下液压缸前后压差的变化,也可感受出弹跳量的大小。

　　板带出口的实际厚度 h 用测厚仪 11 检测。将位移传感器、测厚仪、测压头(或压力传感器)经过刚度调节器 13 处理后的信号输入伺服放大器 12,其输出送至电液伺服阀以完成板带的等厚度控制。其控制方框图如图 5-105 所示。

　　测厚仪测得的出口板厚 h 与板厚给定值 h_0 进行比较,产生厚度偏差调节量,考虑了在弹性传力系统中板厚和辊缝之间的关系(用板厚-辊缝系数表示)后得到初始辊缝的给定调节量 S_{01}。由伺服放大器、电液伺服阀、压下液压缸和位移传感器所形成的位置控制闭环 I 使初始辊缝 S_0 的大小能跟踪给定调节量 S_{01};由伺服放大器、电液伺服阀、压下液压缸和压力传感器、刚度调节器所形成的轧制力反馈闭环 II 则使初始辊缝 S_0 的给定值补偿了对轧机的弹跳。轧机的初始辊缝 S_0 的大小也就决定了带载轧机的出口板厚 h。实际上影响出口板厚和初始辊缝之间关系的因素较多,如板带进入轧机的厚度及变形抗力变化等因素,用干扰量 ΔH 加以考虑;轧辊的几

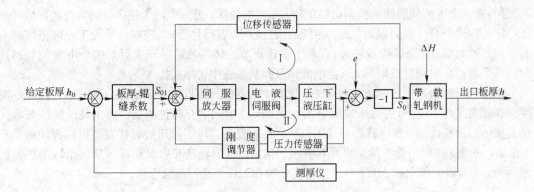

图 5-105　板带轧机液压压下控制方框图

何偏心量用 e 加以考虑。在整个控制系统中只要设计合理就能满足高速轧机等厚度控制的要求。

图 5-106 为板带轧钢机压下装置的液压系统图。图中 1、2 分别为轧机前后两侧的压下液压缸。液压缸无杠腔靠伺服单元 3 控制。每个压下液压缸由两个并联电液伺服阀采用下述方式进

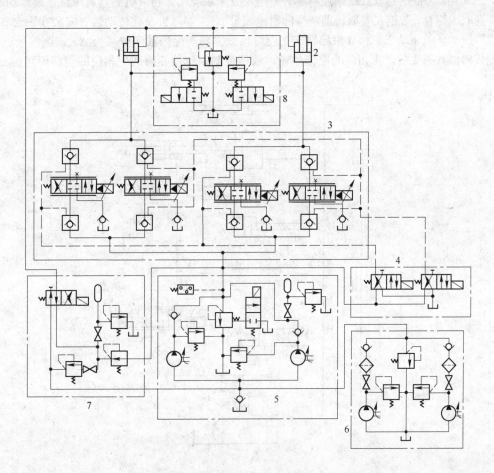

图 5-106　板带轧钢机压下装置的液压系统图

行控制:在一个电液伺服阀的控制电路中加入 $\Delta\%$ 的死区;另一个则无死区,这样,当控制信号小于死区范围时只有一台伺服阀工作,系统的增益较小,容易稳定;当控制信号大于死区范围时两台伺服阀同时工作,系统增益较大,有利于快速调节。转换油路单元4可对四个电液伺服阀前后的八个液控单向阀进行操纵,可使电液伺服阀从系统中切除或投入。

电液伺服阀由高压油源单元5供油,单元中的蓄能器用以减少供油压力的波动。高压油源单元在正常工作情况下,由低压油源单元6供油,在单元中有精过滤器。由于高压液压泵吸入的是加压后的精滤油,这样就提高了工作可靠性和寿命。压下液压缸有杆腔是由回程油路单元7供油,正常工作时由低压油源单元6直接供油,轧机的辊缝开启时经减压后供给较高压力的液压油。8为保护单元,对压下液压缸的有杆腔和无杆腔进行超载保护。

5.8.7　带钢跑偏液压控制系统

带钢经过连续轧制或酸洗等一系列加工处理后需卷成一定尺寸的钢卷。由于辊系的偏差及带材厚度不均和板型不齐等种种原因,使带材在作业线上产生随机偏离现象(称为跑偏)。跑偏使卷取机卷成的钢卷边缘不齐,直接影响包装、运输及降低成品率。卷取机采用跑偏控制装置后可使卷取精度在允许的范围内。

图5-107为带钢卷取机跑偏控制装置原理及液压系统图。卷取机的卷筒1将连续运动的带钢2卷成钢卷,带钢在卷取机前产生随机跑偏量 $\Delta\dot{x}$。卷取机及其传动装置安装在平台3上,在主液压缸4的驱动下平台3沿导轨5在卷筒轴线方向产生的轴向位移为 Δx_{p}。跑偏量 Δx 由跑偏传感器6感受后产生相应的电信号输入液压控制系统使卷筒产生相应的位移即纠偏 Δx_{p},

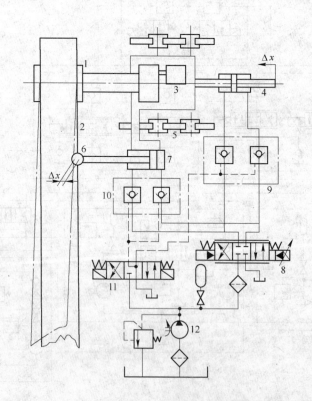

图5-107　带钢卷取机跑偏控制装置原理及液压系统图

使 Δx_p 跟踪缸 Δx，以保证卷取钢卷的边缘整齐。主液压缸 4 和跑偏传感器液压缸 7 都由电液伺服阀 8 进行控制。液控单向阀组 9、10 及换向阀 11 组成转换油路，12 为油源。系统投入工作前先使跑偏传感器液压缸 7 与电液伺服阀 8 相通，使跑偏传感器自动调零，然后转换油路使主液压缸 4 与电液伺服阀 8 相通，系统投入正常工作。

5.9 液压传动系统的安装调试和故障分析

本节主要介绍液压系统的安装、调试和使用工作过程中应注意的问题；液压传动系统常见故障的诊断和排除方法。

5.9.1 概述

液压系统的安装与调试是液压设备能否正常可靠运行的一个重要环节。液压系统安装工艺不合理，或出现安装错误，以及液压系统中有关参数调整得不合理，将会造成液压系统无法运行，给生产带来巨大的经济损失，甚至造成重大事故。因此必须重视液压系统安装与调试这一环节。

5.9.1.1 液压装置的配置形式

一个能完成一定功能的液压系统是由若干个液压阀有机地组合而成的。液压阀的安装连接形式与液压系统的结构形式和元件的配置形式有关。液压装置的结构形式有集中式和分散式两种。

集中式是将液压系统的动力源、阀类元件集中安装在主机外的液压泵站上，其优点是安装与维修方便，并能消除动力源振动和油温对主机工作的影响。

分散式是将液压系统的动力源、阀类元件分散在设备各处，如以机床床身或底座作油箱，把控制调节元件设置在便于操作的地方。这种结构形式的优点是结构紧凑，占地面积小；其缺点是动力源的振动、发热等都对设备的工作精度产生不利影响。对于生产线液压装置的结构形式属于分散式，生产线设备较多以及液压系统较庞大的情况，一般不设置集中泵站，而是以工位为基本单元自带油源、装置，阀类元件通过连接板配置在本工位的设备上。这样便于安装、调试及维修。

5.9.1.2 液压阀的连接

液压阀的连接方式有管式连接、板式连接、集成块式及叠加阀式等。

（1）管式连接。管式连接是将管式液压阀用管接头及油管将各阀连接起来，流量大的则用法兰连接。管式连接不需要其他专门的连接元件，其优点是系统中各阀间油液走向一目了然；缺点是结构分散，所占空间较大，管路交错，不便于装拆、维修，管接头处易漏油和空气侵入，而且易产生振动和噪声，目前很少采用。

（2）板式连接。板式连接是将板式液压阀统一安装在连接板上，采用的连接板有以下几种形式：

1）单层连接板。如图 5-108 所示，阀类元件装在竖立的连接板的前面，阀间油路在板后用油管连接。这种连接板简单，检查油路方便，但板上管路多，装拆不方便，占用空间也大。

2）双层连接板。在两板间加工出连接阀的油路，两块板再用粘结剂或螺钉固定在一起，工艺简单，结构紧凑，但系统压力高时易出现漏油窜腔问题。

3）整体连接板。如图 5-109 所示，在板中钻孔或铸孔作为连接油路，工作可靠，但钻孔工作量大，工艺较复杂，如用铸孔则清砂又较困难。

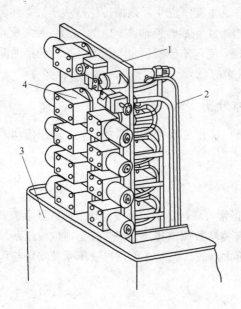

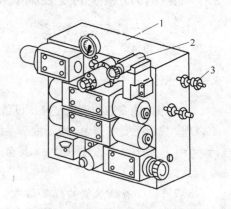

图 5-108　液压元件单层板式配置
1—连接板；2—油管；3—油箱；4—阀

图 5-109　液压元件整体式配置
1—油路板；2—阀；3—管接头

（3）集成块式。图 5-110 为集成块式液压装置示意图。将板式液压元件安装在集成块周围的三个面上，另外一面则安装管接头，通过油管连接到液压执行元件。在集成块内根据各控制油路设计加工出所需要的油路通道，而取代了油管连接。集成块的上下面是块与块的结合面，在结合面加工有相同位置的进油孔、回油孔、泄漏油孔、测压油路孔以及安装螺栓孔。集成块与装在其周围的元件构成一个集成块组，可以完成一定典型回路的功能，如调压回路块、调速回路块等。将所需的几种集成块叠加在一起，就可构成整个集成块式的液压传动系统。其优点是结构紧凑，占地面积小，便于装卸和维修，抗外界干扰性好，节省大量油管，并具有标准化、系列化产品，可以选用并组合成各种液压系统。它被广泛应用于各种中高压和中低压液压系统中。

（4）叠加阀式。叠加阀式是液压装置集成化的另一种方式，是由叠加阀直接连接而成，不需要另外的连接体，而是以它自身的阀体作为连接体直接叠加而组成所需的液压系统。叠加阀已有系列产品，每一种通径系列的叠加阀主油路通道的位置、直径、安装螺钉孔的大小、位置、数量都与相应通径的主换向阀相同。因此，每一通径系列的叠加阀都可以进行叠加。在叠加阀式液压系统中，

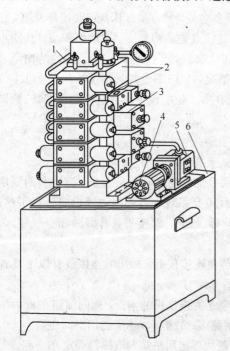

图 5-110　液压元件集成块式配置
1—油管；2—回路块；3—阀；4—电动机；
5—液压泵；6—油箱

一个主换向阀及相关的其他控制阀所组成的子系统可以叠加成一阀组，阀组与阀组之间可以用底板或油管连接形成总液压系统，如图 5-111 所示。叠加阀式液压装置一般在最下边为底板，在底板上有进油口、回油口以及通向液压执行元件的孔口，向上依次叠加各种压力阀和流量阀，最上层为换向阀，一个叠加阀组一般控制一个液压执行元件。若系统中有几个液压执行元件需要集中控制，可将几个竖向叠加阀组并排安装在多联底板块上。用叠加阀组成的液压系统，可实现液压元件间无管化集成连接，使液压系统连接方式大为简化，结构紧凑，体积小，功耗减少，设计安装周期缩短。

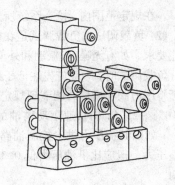

图 5-111 液压元件叠加阀式配置

在液压系统设计时，仅需按工艺要求绘制出叠加阀式液压系统原理图即可进行组装，为便于设计和选用，目前所生产的叠加阀都给出其型谱符号，有关部门已颁布了国产普通叠加阀的典型系列型谱。

5.9.2 液压系统的安装

液压系统是由各种液压元件、辅助元件组成，各元件之间由管路、管接头、连接体等零件有机地连接起来，组成一个完整的液压系统。液压系统安装的正确与否，直接影响设备的工作性能和可靠性。

(1) 安装前的准备工作与要求：

1) 认真分析液压系统工作原理图、管道连接图以及有关液压元件使用说明书。

2) 按图样准备好所需的液压元件、部件、辅件，并认真检查是否完好无损。

3) 用煤油清洗液压元件，专用件应进行必要的密封和耐压试验。

(2) 液压元件的安装与要求：

1) 安装各种泵、阀时，必须注意各油口的位置，不能接错；各油口要紧固，密封可靠，不得漏气和漏油。

2) 液压泵轴与电动机轴的同轴度偏差不应大于 $\phi0.1mm$，两轴中心线的倾角不应大于 $1°$。

3) 吸油管路上应设过滤精度为 $0.1\sim0.2mm$ 的过滤器，并有足够的通油能力。

4) 回油管应插入油面以下足够的深度，以免油液飞溅形成气泡。

5.9.3 液压系统的调试

(1) 空载调试。空载调试的目的是全面检查液压系统各回路、各元件工作是否正常，工作循环或各种动作的自动转换是否符合要求。

1) 将溢流阀的调压旋钮放松，使其控制压力能维持油液循环时的最低值，系统中如有节流阀、减压阀，则应将其调整到最大开度。

2) 启动液压泵，先点动确定泵的旋向，而后检查泵在卸荷状态下的运转。

3) 调整系统压力。在调整溢流阀时，压力从零开始逐步调高，直至达到规定的压力值。

4) 调整流量阀。先逐步关小流量阀，检查执行元件能否达到规定的最低速度及平稳性，然后按其工作要求的速度调整。

5) 调整自动工作循环和顺序动作等，检查各动作的协调性和正确性。

6) 在空载工况下，各工作部件按预定的工作循环连续运转 $2\sim4h$ 后，检查油温是否在 30～

60℃。在规定范围内，检查系统所要求的各项精度。一切正常后，方可进行负载调试。

（2）负载调试。负载调试是在规定负载工况下运转，进一步检查系统能否满足各种参数和性能要求。如有无噪声、振动和外泄漏现象，系统的功率损耗和油液温升等。

负载调试时，一般应先在低于最大负载和速度的工况下试车，如果轻载试车一切正常，才逐渐将压力阀和流量阀调节到规定值。溢流阀的调整压力一般要大于执行元件所需工作压力的 10%～25%；向快速运动供油的液压泵的压力阀其调整压力一般大于所需压力的 10%～20%；如以卸荷压力供给控制油路和润滑油路时，压力应保持在 0.3～0.6MPa；压力继电器调整压力一般应比供油压力低 0.3～0.6MPa，进行最大负载试车，若系统工作正常便可交付使用。

5.9.4　液压系统的使用与维护保养

（1）液压系统的使用。注意事项如下：

1）保持油液清洁。油箱在灌油前要进行清洗，加油时油液要用 120 目的滤网过滤，油箱应加以密封并设置空气过滤器。对油液进行定期检查，一般半年至一年更换一次。

2）随时清除液压系统中的气体，以防系统产生爬行和引起油液变质。

3）油箱油温一般控制在 30～60℃，温升过高时，可采取冷却措施。

4）设备若长期不用，应将各调节旋钮全部放松，防止弹簧产生永久变形而影响元件的性能。

（2）液压系统的维护保养。维护保养分日常维护、定期检查和综合检查三个阶段进行。

1）日常维护通常采用目视、耳听及手触感觉等较简单的方法。在泵启动前、后和停止运转前，检查油量、油温、压力、漏油、噪声及振动等情况，并随之进行维护和保养，对重要的设备应填写"日常维护卡"。

2）定期检查包括调查日常维护中发现异常现象的原因并进行排除。对需要维修的部位，必要时进行分解检修。一般与过滤器的检修期相同，通常为 2～3 个月。

3）综合检查大约一年一次。其主要内容是检查液压装置的各元件和部件，判断其性能和寿命，并对产生故障的部位进行检修，对经常发生故障的部位提出改进意见。定期检查和综合检查均应做好记录，作为设备出现故障时查找原因或设备大修的依据。

（3）管路的安装与要求如下：

1）系统管道先试装，之后用 20% 的硫酸或盐酸溶液进行酸洗，再用 10% 的苏打水中和10min，最后用温水冲洗，待干燥涂油后进行二次安装。

2）管道布置要整齐，短而平直，弯管的最小弯曲半径应不小于管外径的 3 倍。

3）泵的吸油高度要小于 0.5m，保证管路密封良好。

4）吸油管与回油管不能离得太近，以免将温度较高的油液吸入系统。

5）各元件的泄油管最好单设回油管路。

6）液压缸的安装应保证活塞（柱塞）的轴线与运动部件导轨面平行度的要求。

7）方向阀一般应水平安装，蓄能器应沿轴线安装。

5.9.5　液压系统的故障分析与排除

液压系统发生故障的几率随着时间而变化，大致可分为三个阶段，即初期故障阶段、正常工作阶段和寿命故障阶段。初期故障阶段时间较短，但发生故障的几率较高。此阶段发生故障的主要原因：一是新系统设计可能存在一定问题，这时要根据系统的性能要求改进设计；二是系统安装工艺不合理及系统调试不当。对于此类故障,一般由泵站到执行元件依次进行诊断。保证安装精度,进行合理调试后,故障会逐渐减少,从而转入正常工作阶段。在正常工作阶段中,系统故障只会偶然发生。对于此类故障,可根据发生故障的现象寻找造成故障的元件,给予修复或更换,不一定非得从液压泵开始依次查找。由于液压元件的磨损和疲劳等原因,使系统进入一个新的故障阶段,即寿命故障阶段。随着时间的延长发生故障的几率越来越高。

总之,设备在运行中出现的故障大致有五类,即漏油、发热、振动、压力不稳定和噪声。当液压系统发生故障时,应认真仔细地分析,这不仅要了解液压系统的工作原理,而且还要了解每个元件的结构原理及其作用。诊断方法有耳听、目测、手感等方式,必要时可用专用仪器和试验设备进行检测。通过理论知识的学习和不断积累实践经验,便可逐渐学会液压系统故障的分析和排除方法。液压系统故障诊断流程如图 5-112 所示。液压系统常见故障及排除方法可见表 5-8。

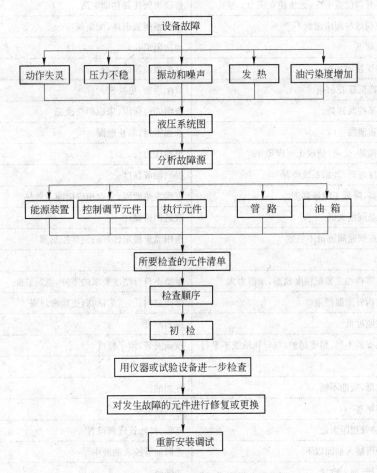

图 5-112　液压系统故障诊断流程图

液压系统故障的诊断必须遵循一定的程序进行,即根据液压系统的基本工作原理进行逻辑分析,减少怀疑对象,逐渐逼近找出故障发生的部位和元件。

(1) 液压系统出现故障大致可归纳为五大问题,即动作失灵、振动和噪声、系统压力不稳定、发热及油液污染严重。

表 5-8　液压系统常见故障及排除方法

故障	原　因	排　除　方　法
	1. 液压泵	
	(1)液压泵转向错误	改变转向
	(2)泵体或配流盘缺陷,吸压油腔互通	更换零件
	(3)零件磨损,间隙过大,泄漏严重	修复或更换零件
	(4)油面太低,液压泵吸空	补加油液
无	(5)吸油管路不严,造成吸空,进油吸气	拧紧接头,检查管路,加强密封
压	(6)压油管路密封不严,造成泄漏	拧紧接头,检查管路,加强密封
力	2. 溢流阀	
或	(1)弹簧疲劳变形或折断	更换弹簧
压	(2)滑阀在开口位置卡住,无法建立压力	修研滑阀使其移动灵活
力	(3)锥阀或钢球与阀座密封不严	更换锥阀或钢球,配研阀座
提	(4)阻尼孔堵塞	清洗阻尼孔
不	(5)遥控口误接回油箱	截断通油箱的油路
高	3. 液压缸高低压腔相通	修配活塞,更换密封件
	4. 系统中某些阀卸荷	查明卸荷原因,采取相应措施
	5. 系统严重泄漏	加强密封,防止泄漏
	6. 压力表损坏、失灵,造成无压现象	更换压力表
	7. 油液黏度过低,加剧系统泄漏	提高油液黏度
	8. 温度过高,降低了油液黏度	查明发热原因,采取相应措施或散热
	1. 系统负载刚度太低	改进回路设计
	2. 节流阀或调速阀流量不稳定	选用流量稳定性好的流量控制阀
	3. 液压缸	
	(1)液压缸零件加工装配精度超差,摩擦力大	更换不符合精度要求的零件,重新装配
	(2)液压缸内外泄漏严重	修研缸内孔,重配活塞,更换密封圈
	(3)液压缸刚度低	提高刚度
	(4)液压缸安装不当,精度超差,与导轨轴线不平行	重新安装,调平行度
爬	4. 混入空气	
	(1)油面过低,吸油不畅	补加油液
行	(2)过滤器堵塞	清洗过滤器
	(3)吸、排油管相距太近	将吸、排油管远离设置
	(4)回油管没插入油面以下	将回油管插入油液中
	(5)密封不严、混入空气	加强密封
	(6)运动部件停止运动时,液压缸油液流失	增设背压阀或单向阀,防止停机时油液流失
	5. 油液不洁	
	(1)污物卡住执行元件,增加摩擦阻力	清洗执行元件,更换油液或加强滤油
	(2)污物堵塞节流口,引起流量变化	清洗节流阀,更换油液或加强滤油

故障	原 因	排 除 方 法
爬行	6. 油液黏度不适当	换用指定黏度的液压油
	7. 外部摩擦力	
	(1)拖板模铁或压板调得过紧	重新调整
	(2)导轨等导向机构精度不高,接触不良	按规定刮研导轨,保证接触精度
	(3)润滑不良,油膜破坏	改善润滑条件
液压冲击	1. 液压缸	
	(1)运动速度过快,没设置缓冲装置	设置缓冲装置
	(2)缓冲装置中单向阀失灵	检修单向阀
	(3)液压缸与运动部件连接不牢固	紧固连接螺栓
	(4)液压缸缓冲柱塞锥度太小,间隙太小	按要求修理缓冲柱塞
	(5)缓冲柱塞严重磨损,间隙过大	配置缓冲柱塞或活塞
	2. 节流阀开口过大	调整节流阀
	3. 换向阀	
	(1)电液换向阀中的节流螺钉松动	调整节流螺钉
	(2)电液换向阀中的单向阀卡住或密封不良	修研单向阀
	(3)滑阀运动不灵活	修配滑阀
	4. 压力阀	
	(1)工作压力调得太高	调整压力阀,适当降低工作压力
	(2)溢流阀发生故障,压力突然升高	排除溢流阀故障
	(3)背压阀压力过低	适当提高背压力
	5. 没有设置背压阀	设置背压阀或节流阀使回油产生背压
	6. 垂直运动的液压缸下腔没采取平衡措施	设置平衡阀,平衡重力作用产生的冲击
	7. 混入空气	
	(1)系统密封不严,吸入空气	加强密封
	(2)停机时执行元件油液流失	回油管路设置单向阀或背压阀,防止元件油液流失
	(3)液压泵吸空	加强吸油管路密封,补足油液
	8. 运动部件惯性力引起换向冲击	设置制动阀
	9. 油液黏度太低	更换油液
振动和噪声	1. 液压泵	
	(1)油液不足,造成吸空	补足油液
	(2)液压泵位置太高	调整液压泵吸油高度
	(3)吸油管道密封不严,吸入空气	加强吸油管道的密封
	(4)油液黏度太大,吸油困难	更换液压油
	(5)工作温度太低	提高工作温度,油箱加热
	(6)吸油管截面太小	增大吸油管直径或将吸油管口斜切,以增加吸油面积
	(7)过滤器堵塞,吸油不畅	清洗过滤器

故障	原　　因	排　除　方　法
	(8)吸油管浸入油面太浅	将吸油管浸入油箱 2/3 处
	(9)液压泵转速太高	选择适当的转速
	(10)泵轴与电动机轴不同轴	重新安装调整或更换弹性联轴器
	(11)联轴器松动	拧紧联轴器
	(12)液压泵制造装配精度太低	更换精度差的零件,重新安装
	(13)液压泵零件磨损	更换磨损件
	(14)液压泵脉动太大	更换脉动小的液压泵
	2. 溢流阀	
	(1)阀座磨损	修复阀座
	(2)阻尼孔堵塞	清洗阻尼孔
	(3)阀心与阀体间隙过大	更换阀芯,重配间隙
	(4)弹簧疲劳或损坏,使阀移动不灵活	更换弹簧
	(5)阀体拉毛或污物卡住阀芯	去除毛刺,清洗污物,使阀芯移动灵活
振动和噪声	(6)实际流量超过额定值	选用流量较大的溢流阀
	(7)与其他元件发生共振	调整压力,避免共振,或改变振动系统的固有振动频率
	3. 换向阀	
	(1)电磁铁吸不紧	修理电磁铁
	(2)阀芯卡住	清洗或修整阀体和阀芯
	(3)电磁铁焊接不良	重新焊接
	(4)弹簧损坏或过硬	更换弹簧
	4. 管路	
	(1)管路直径太小	加大管路直径
	(2)管路过长或弯曲过多	改变管路布局
	(3)管路与阀产生共振	改变管路长度
	5. 由冲击引起振动和噪声	见"液压冲击"一栏
	6. 由外界振动引起液压系统振动	采取隔振措施
	7. 电动机、液压泵转动引起振动和噪声	采取缓振措施
	8. 液压缸密封过紧或加工装配误差运动阻力大	适当调整密封松紧,更换不合格零件,重新装配
	1. 液压系统设计不合理,压力损失大,效率低	改进设计,采用变量泵或卸荷措施
	2. 压力调整不当,压力偏高	合理调整系统压力
油温过高	3. 泄漏严重造成容积损失	加强密封
	4. 管路细长且弯曲,造成压力损失	加粗管径,缩短管路,使油液流动通畅
	5. 相对运动零件的摩擦力过大	提高零件加工装配精度,减小摩擦力
	6. 油液黏度大	选用黏度低的液压油
	7. 油箱容积小,散热条件差	增大油箱容积,改善散热条件
	8. 由外界热源引起温升	隔绝热源

故障	原　　因	排　除　方　法
泄漏	1. 密封件损坏或装反	更换密封件,改正安装方向
	2. 管接头松动	拧紧管接头
	3. 单向阀钢球不圆,阀座损坏	更换钢球,配研阀座
	4. 相互运动,表面间隙过大	更换某些零件,减小配合间隙
	5. 某些零件磨损	更换磨损的零件
	6. 某些铸件有气孔、砂眼等缺陷	更换铸件或修补缺陷
	7. 压力调整过高	降低工作压力
	8. 油液黏度太低	选用黏度较高的油液
	9. 工作温度太高	降低工作温度或采取冷却措施

(2) 审核液压系统图对于新系统在调试中出现的故障,首先要认真分析液压系统设计是否合理,各压力阀及流量阀调节是否合理;对于运行中的系统,要结合液压系统图检查各元件,确认其性能和作用,评定其质量状况。

(3) 分析故障源大致有五大部分,即能源装置、控制调节元件、执行元件、管路和油箱。分析故障可用"四觉"诊断法,即指检修人员运用触觉、视觉、听觉和嗅觉来分析判断液压系统故障。

1) 触觉。即检修人员通过手感判断油温的高低,元件及管道的振动大小。

2) 视觉。如执行元件无力、运动不稳定、泄漏和油液变色等现象,检修人员凭经验通过目测可做出一定的判断。

3) 听觉。检修人员通过耳听,根据液压泵和液压马达的异常声响、溢流阀的尖叫声及油管的振动等来判断噪声和振动大小。

4) 嗅觉。指检修人员通过嗅觉,判断油液变质和液压泵发热、烧结等故障。

(4) 列出与故障有关的元件清单,通过以上分析判断,将需要检修或更换的元件清单列出,但要注意,不要漏掉任何一个对故障有重要影响的元件。

(5) 对清单列出的元件,按其对引起故障的主次进行排队。

(6) 初步检查判断元件的选用和装配是否合理,元件的外部信号是否合适,对外部的输入信号是否有反应等。并注意观察出现故障的先兆,如噪声、振动、高温和泄漏等现象。

(7) 未检查出引起故障的元件,则应用仪器设备反复检查,以鉴定其性能参数是否合格。

(8) 对发生故障的元件进行修复或更换,应注意在安装前要认真清洗。

(9) 重新安装经过检修后的系统,进行重新启动调试,并认真总结系统出现故障的原因及排除的方法,为今后分析、判断和维修液压系统故障积累实践经验。

5.10　液压系统故障诊断技术的发展趋势

由于机械设备工作状态的多样性,其液压系统故障诊断技术的发展趋势是不解体化、高精度化、智能化及网络化。具体内容包括:

(1) 不解体化。不解体检测的研究方向是开发可预置于液压系统内的传感器。美国、日本等国家已成功将超微型传感器安置于液压系统内,对系统的温度及主要部件的工作参数进行监测,并利用光纤传感器监测系统的温度、液压油黏度和压力等参数的波动。

(2) 高精度化。对于高精度化,在信号技术处理方面,是指提高信号分析的信噪化,对于较复杂的液压系统而言，其信号、系数是瞬态的、非平稳的、突变的。将小波理论用于这些信号的分析处理上，则可大大提高其分辨率。在振动信号的处理上，全息谱分析方法则充分考虑了幅、频、相三者的结合，弥补了普通付氏谱只考虑幅、频关系的不足，能够比较全面地获取振动信号。

（3）智能化。智能化是指开发诊断型专家系统，使数据处理、分析、故障识别自动完成，以减轻诊断的工作量，并提高诊断速度及正确性。在故障诊断的专家系统的建立上，要深入故障形成机理的研究，丰富系统的知识库，解决专家系统所谓的"瓶颈问题"。同时，将模糊神经网络方法应用于故障诊断的专家系统中，使之具有一定的智能，具有自组织、自学习联想功能，从而使诊断系统自我完善，自我发展，此外诊断系统将由集中式走向分布式，系统的硬件生产标准化，软件设计规范化、模块化，这有利于缩短系统的开发周期，提高系统的可靠性。

（4）网络化。网络化是21世纪故障诊断技术的发展方向，随着计算机网络技术的发展及通讯技术的进步，利用各种通讯手段将多个故障诊断系统联系起来，实现资源共享，可提高诊断的质量和精度。将故障诊断系统与数据采集系统结合起来组成网络，有利于对机组的管理，减少设备的投资，提高设备的利用率，必要时可与企业的MIS系统相联结，促进企业管理的一体化、现代化。

思考题及习题

1. 何谓液压传动，液压传动的基本工作原理是什么？
2. 液压传动系统由哪几部分组成？试说明各部分的作用。
3. 液压泵完成吸油和排油，必须具备什么条件？
4. 液压泵的排量、流量、各取决于哪些参数，流量的理论和实际值有什么区别？
5. 试述齿轮泵、叶片泵的工作原理，这些泵的压力提高受哪些因素的影响，采取哪些措施来提高齿轮泵和叶片泵的压力？
6. 试说明电液动换向阀的组成特点及各部分的功用。
7. 溢流阀有哪些用途？
8. 若先导式溢流阀主阀芯上的阻尼孔堵塞，会出现什么故障，若其先导阀锥座上的进油孔堵塞，又会出现什么故障？
9. 溢流阀、顺序阀、减压阀各有什么作用，它们在原理上和图形符号上有何异同，顺序阀能否当溢流阀使用？
10. 调速阀与节流阀在结构和性能上有何异同，各适用于什么场合？
11. 液压阀常用的连接方式有哪些？
12. 使用液压系统时应注意哪些事项？
13. 液压系统的常见故障有哪些？
14. 试分析液压系统压力不稳定、压力波动大的原因。
15. 试分析液压系统压力提不高的原因。
16. 液压系统中流量不足的原因是什么，如何解决？
17. 液压系统调试应如何进行？

参 考 文 献

1　李铮．起重运输机械．修订版．北京:冶金工业出版社,1987
2　路甬祥．液压气动技术手册．北京:机械工业出版社,2002
3　陈榕林,张磊．液压技术与应用．北京:电子工业出版社,2002
4　张庭祥．通用机械设备．北京:冶金工业出版社,1998
5　黄心田,年大中．起重运输机械．北京:中国铁道出版社,1995
6　赵铨昌．通用机械设备．北京:冶金工业出版社,1981
7　张汉昶．通风机的使用与维修．北京:机械工业出版社,1985
8　商泰丰．通风机手册．北京:机械工业出版社,1994
9　陆望龙．使用液压机械故障排除与修理大全．长沙:湖南科学技术出版社,1995
10　王永忠．电炉炼钢除尘．北京:冶金工业出版社,2003
11　孟初阳．物流机械与装备．北京:人民交通出版社,2005
12　黄大卫．现代起重运输机械．北京:化学工业出版社,2006
13　周士昌．液压系统设计．北京:机械工业出版社,2004
14　黄志坚．冶金设备液压润滑实用技术．北京:冶金工业出版社,2006
15　陈汇龙．水泵原理、运行维护与泵站管理．北京:化学工业出版社,2004
16　马振福．液压与气压传动．北京:机械工业出版社,2006
17　刘立．流体力学泵与风机．北京:中国电力出版社,2004
18　丁树模．液压传动．北京:机械工业出版社,1999

冶金工业出版社部分图书推荐